Geographische,

naturhistorische und technologische

Beschreibung

des

souverainen Herzogthums

Schlesien.

Von

Johann Adam Valentin Weigel,

Evangelisch-lutherischem Prediger, Mitgliede der Gesellschaft naturforschender Freunde in Berlin, der naturforschenden zu Halle, und der ökonomisch-patriotischen des Fürstenthums Schweidnitz.

Dritter Theil.

Die Fürstenthümer Münsterberg und Brieg.

Berlin, 1801.

Bei Christian Friedrich Himburg.

Vorrede.

An Mühe, wahre Nachrichten aufzusuchen und auch hier zu liefern, habe ich es — man wird mir es, hoffe ich, als ehrlichem, wahrheitsliebenden Manne auf mein Wort glauben — nicht fehlen lassen. Aber, ich kann es nicht entscheiden, ob ich diese wahren Nachrichten immer gefunden habe, und ich sehe mich genöthiget, mich auf einige Aeußerungen in der Vorrede zum zweiten Theile zu berufen, mit der aufrichtigen Versicherung, daß mir jede Berichtigung von sachkundigen Männern höchst willkommen seyn wird. Zwei Männern, dem Herrn Kirchen- und Schulen-Inspector Mohaupt in Ohlau, und dem Herrn Dr. Gebel in Frankenstein, die mir einige Nachrichten mitgetheilt haben, sage ich öffentlich den verbindlichsten Dank für ihre Gefälligkeit.

Bei einem der künftig herauskommenden Theile werde ich Zusätze und Verbesserungen zu den ersten Bänden liefern, und damit bis zu Ende des Werkes fortfahren. Aber auch selbst nach Endigung dieses

Werkes, werde ich nicht aufhören, meine wenigen Muße- und Erhohlungsstunden dazu anzuwenden, das Land, das mir, einem Ausländer, seit drei und dreißig Jahren so manchen treuen Freund, so manche Freude in der Betrachtung der Werke Gottes — (ich denke immer, daß dieses einem Prediger, der seine Zuhörer auch durch Betrachtung der Werke der Natur zur Verehrung des Schöpfers derselben anleiten soll, eine anständige Erhohlung sei, und da selbst die H. Schrift uns so oft auf die Werke der Natur aufmerksam zu machen sucht, seine Bemühungen in diesem Fache ihn nicht zu einem unwürdigen Prediger herabsetzen. — Jesus wies ja selbst seine Zuhörer öfter dazu an) — und sein Fortkommen geschenkt hat, immer besser kennen zu lernen, und meine gesammleten Kenntnisse andern mitzutheilen; und so werden, wenn nach mir noch mehrere gleiche Schritte thun, die Reichthümer eines Landes, das so vorzüglich mit Natur-Producten gesegnet ist, immer mehr und mehr bekannt werden. Haselbach, den 26. März 1801.

Der Verfasser.

Inhalt.

Das unmittelbare Fürstenthum Münsterberg.

Erster Abschnitt. Physikalische Beschaffenheit.

Dritter Abschnitt. Politische Verfassung.

Inhalt.

Das unmittelbare Fürstenthum Brieg.

Erster Abschnitt. Physikalische Beschaffenheit.

Inhalt.

Das

unmittelbare

Fürstenthum Münsterberg.

Erster Abschnitt.

Physikalische Beschaffenheit.

Gewässer.

In dem Fürstenthume Münsterberg fließen nur zwei beträchtliche, jedoch unschiffbare, Flüsse, die Ohlau und die Neisse.

1) **Im Münsterbergischen Kreise:**

Die Ohlau.

Sie entspringt aus zwei Quellen, deren eine sich unweit Lindenau (im Grottgauischen Kreise des Fürstenthums Neisse), zu der sich noch ein von Koschpendorf herkommender Bach gesellt, und die andere bei Neu-Altmannsdorf, im Münsterbergischen Kreise befindet *) Sie treibt nicht weit von ihrem Ursprunge schon eine Mühle, und fließt, — darf ich so sagen? —

*) Das bei Bernsdorf entspringende Wasser wird von einigen fälschlich als eine Quelle der Ohlau angegeben; es fließt aber erst bei Münsterberg in die Ohlau.

mit trägem Gange Münsterberg und Kloster Heinrichau vorbei. Sie nimmt in ihrem Laufe in diesem Kreise, bis sie zwischen Schildberg und Gambitz in den Strehlenschen Kreis des Fürstenthums Brieg eintritt, noch folgende Bäche auf:

*) Am rechten Ufer, außer einigen ganz unbedeutenden Bächen:

a) Das Neuhofer Wasser.

b) Einen von Reumen herkommenden Bach.

c) Den Nätscher Bach, mit dem sich
   a) das Sackerauer und
   b) das Schön-Johnsdorfer Wasser vereinigen.

d) Einen am Leichnamsberge entstehenden Bach.

**) Am rechten Ufer:

e) Das Bernsdorfer Wasser, in das sich ein Feldbach ergießt, mit dem sich
   a) das Olbersdorfer Wasser, und
   b) das Bärwalder Wasser vereinigen, bei Münsterberg.

f) Den von Frömsdorf herströmenden Krellkauer Bach, zwischen Münsterberg und Kloster Heinrichau.

g) Einen von Alt-Heinrichau herfließenden Bach, bei Taschenberg.

h) Das Tarchwitzer Wasser, mit dem sich
   a) das Korschwitzer Wasser, und
   b) das Willwitzer Wasser vereinigen.

i) Das von Neobschütz herfließende Schildberger Wasser.

2) In dem Frankensteinischen Kreise:

Die Neisse.

Sie ist der Hauptfluß der Grafschaft Glatz, in welcher sie am westlichen Abhange des Schneeberges aus zwei Quellen, die wegen ihres starken Falles die schnellen Wasser genannt werden, bei Alt-Neißbach aber den Nahmen Neisse bekommen, entspringt. Sie nimmt, ehe sie die Grafschaft Glatz verläßt, nebst der bei dem Dorfe Steinau ($1\frac{1}{2}$ Meilen von Friedland) im Schweidnitzischen Kreise entspringenden, jetzt aus dem Braunauischen in Böhmen in die Grafschaft strömenden Steinau *), beinahe alle Quellen der Grafschaft, die sie bei Morischau verläßt, auf **).

Ihr Eintritt in dieses Fürstenthum ist zwischen Giersdorf und Eichau. Sie nimmt, ehe sie dieses Fürstenthum wieder verläßt und in das Fürstenthum Neisse eintritt, noch auf:

*) Am rechten Ufer:

a) Einen am Moberge zusammenfließenden Bach, bei Johnsbach.

b) Einen vom Spitzberge und Breiteberge, unter dem Hohenstein zusammenfließenden, Gierichswalde und Banau bewässernden Bach, bei Pilz.

c) Einen, unweit Follmersdorf aus mehrern kleinen Bächen entstehenden, durch Heinrichs-

*) S. Th. 1. S. 6.

**) Das nähere Detail in der Beschreibung der Grafschaft Glatz.

waldau und Hemmersdorf fließenden Bach, bei Camenz.

d) Einen am Rothenberge entstehenden Bach, mit dem sich, außer einigen Waldbächen, noch
   das Wolmsdorfer Wasser unterhalb Rogau vereinigt,
   auch unter Camenz,

e) das Reichenauer Wasser, nicht weit von dem Austritte der Neisse aus diesem Fürstenthum.

**) Am rechten Ufer:

f) Die Höllebach (Hüllebach), die an der Gränze der Grafschaft Glatz herfließt, bald nach ihrem Eintritte in dieses Fürstenthum, bei Giersdorf.

g) Die Kratzbach, unweit Harte, in die sich, außer einigen unbedeutenden Bächen,
   a) das Briesnitzer Wasser, am rechten Ufer,
   b) das Grachauer Wasser, am linken Ufer,
   c) das Riegersdorfer Wasser, mit dem sich das Giersdorfer Wasser vereinigt,
   ergießen, (am rechten Ufer).

h) Die Pausebach. Sie entspringt oberhalb Silberberg, durchströmt Schönwalde, Peterwitz, Olbersdorf, fließt Frankenstein und Zadel vorbei, und ergießt sich bei Kloster Camenz ins Mühlwasser der Neisse. Von Frankenstein an bis zu ihrem Einfall in die Neisse wird sie in der dortigen Gegend die Zadelbach genannt. Sie nimmt in ihrem Laufe auf:
   a) Die Bautzebach, (am rechten Ufer) die aus der Vereinigung

α) des Niklasdorfer und

β) des Herzogswalder Wassers entsteht, bei dem Vorwerk Bautze und unterwärts Tarnau vorbei fließt, und unter Frankenstein in der Gegend der Schloßmühle in die Pausebach fällt.

b) Das Weigelsdorfer Wasser (am linken Ufer) bei Peterwitz. Dieses Wasser entspringt im Reichenbachischen Kreise des Fürstenthums Schweidnitz, am Langenberge, tritt bei Lampersdorf in den Frankensteinischen Kreis, und nimmt während seines Laufes auf:

Am rechten Ufer:

α) Die obere Weißbach.

β) Die untere Weißbach. Diese beiden Bäche entspringen am Böhmsberge des Frankensteinischen Kreises, fließen aber in den Reichenbachischen Kreis, wo sie sich in Weigelsdorf mit diesem Wasser vereinigen, und mit demselben in den Kreis, wo sie entstanden sind, zurück.

γ) δ) ε) Drei unbenahmte Waldbäche in Ober-Lampersdorf.

ζ) Einen Waldbach in Nieder-Lampersdorf.

η) Einen in der Gegend des Fuchsberges entstehenden Waldbach, mit dem sich noch etliche Waldbäche vereinigen, bei Raudnitz,

ϑ) } Zwei Feldbäche in Nieder-Lam-
ι) } persdorf.
κ) Einen am Kleutschberge entstehenden Bach, der durch Schönheide, Rathsam und Neudorf fließt, bei der Bözenmühle. } Am linken Ufer.

c) Einen von Kleutsch kommenden, Löwenstein durchfließenden Bach, bei Olbersdorf.

d) Den Protzaner Bach, oberhalb Frankenstein.

e) Das Schräbsdorfer Wasser, bei Frankenstein.

f) Einen Bach, der am Scholzenberge entsteht, bei Kunzendorf.

g) Das Stolzer Wasser.

h) Das Laubnitzer Wasser.

Gewässer,

die zwar in dem Fürstenthume Münsterberg fließen, aber bald, theils in das Fürstenthum Brieg, theils in das Fürstenthum Schweidnitz fließen.

A. Im Münsterbergischen Kreise:

a) Ein von Gauersch, im Grottgauischen Kreise des Fürstenthums Neisse, herströmendes Wasser, fließt an der Gränze des Münsterbergischen Kreises, und betritt denselben unweit Merzdorf, vereinigt sich aber bald unter Haltauf mit einem andern

b) ebenfalls aus dem Grottgauischen Kreise, von Schützendorf herkommenden in den Münsterbergischen Kreis eintretenden Wasser. Es nimmt hier verschiedene kleine Bäche, unter denen der Weigelsdorfer Bach und der Deutsch-Neudorfer Bach (mit diesem letztern fließen das Pleßguther Wasser und das Allgersdorfer Wasser, die beide vor ihrem Eintritte sich vereinigen) die beträchtlichsten sind, auf. Beide verlassen, bald nach ihrem Zusammenflusse, das Fürstenthum, und treten in den Strehlenschen Kreis des Fürstenthums Brieg, wo sie mit mehrern zusammenfließenden Bächen das Krönwasser (Kryhnwasser) formieren.

c) Ein von Kobelau *) herkommendes Wasser, durchströmt Töppliwode, fließt aber gleich am Ende dieses Dorfes in den Nimptscher Kreis des Fürstenthums Brieg.

B. **Im Frankensteinischen Kreise:**

a) Die **Peilau** **). Sie entspringt am Kleutschberge, tritt aber bald in den Reichenbacher Kreis des Fürstenthums Schweidnitz.

b) Ein bei Haunold entstehender Bach fließt bald in den Nimptscher Kreis, und ergießt sich unter Ellgut in die Lohe.

---

*) Dieses zum Nimptscher Kreise gehörige Dorf liegt im Fürstenthume Münsterberg zwischen der Gränze des Frankensteinischen und Münsterbergischen Kreises.

**) Siehe Th. 1. S. 5.

c) Das Gläsendorfer **Wasser**, mit dem sich das **Tomnitzer Wasser** vereinigt, fließt ebenfalls in die **Lohe**.

* * *

Seen giebt es in diesem Fürstenthume nicht. Teiche sind:

im Münsterbergischen Kreise	91.
Der Heinrichauer Grasteich ist der ansehnlichste.	
In dem Frankensteinischen Kreise	87.
Der größeste gehört dem Stifte Camenz.	
	178.

Berge und Ebenen.

Ob sich gleich in dem **Münsterbergischen Kreise** eine beinahe drei Meilen lange Bergkette von Morgen gegen Mitternacht hinzieht, so sind doch die übrigen Gegenden dieses Kreises Ebene.

Der **Frankensteinische Kreis** ist zwar meist Ebene, und man findet nur hin und wieder einzelne, nicht sehr hohe, Berge und Hügel; doch zieht sich auch hier an den Gränzen gegen **das Fürstenthum Schweidnitz, die Grafschaft Glatz und das Fürstenthum Neisse** eine beträchtliche Kette von Bergen, die theils zum **Eulengebirge**, theils zum **Schlesisch-Mährer Gebirge** gehören. Die merkwürdigsten dieser Berge sind:

1. Im Münsterbergischen Kreise:

Der **Leichnamsberg**.

Der **Kalinkeberg**. Beide Berge liegen gegen

den Strehlenschen Kreis des Fürstenthums Brieg. Auf dem letztern hat man eine vortreffliche Aussicht.

Der **Fuchsberg** bei Bärzdorf.

Der **Puselberg** mit einer 1780 erbaueten Betkapelle, nahe bei Münsterberg; er ist von keiner beträchtlichen Höhe.

Der **Marienberg** gegen den Frankensteinischen Kreis, bei dem Dorfe Moschwitz, in der Mitte des Buchenwaldes. Auf diesem Berge ist eine Kapelle mit einem Gnadenbilde, zu dem viel gewallfahrtet wird.

Der **Rieferberg** bei Ober-Johnsdorf, ein Basaltberg. In dem Basalt ist Hornblende eingesprengt.

Der **Rafferberg**, mit den Ueberresten eines alten Thurms, bei Töppliwode.

Der **Rochberg**, an der Straße nach Brieg.

2. Im Frankensteinischen Kreise:

A. Gegen das Fürstenthum Schweidnitz, und zwar gegen den Reichenbachischen Kreis:

Der **Kleutschberg**, } bei Kleutsch.
Der **Eichberg**, }

Der **Wenzelberg**, bei Rosenbach.

B. Gegen die Grafschaft Glatz:

Der **Böhmsberg**.

Der **Fuchsberg**.

Der **Siebersberg**. Diese drei Berge gehören zum Eulengebirge*), welches mit dem letztern bei

*) S. Th. 1. S. 13.

Wartha steil in das **Neißthal**, am linken Ufer der Neisse, abfällt.

An dem rechten Ufer erhebt sich bald das Schlesisch-Mährer Gebirge, die Fortsetzung des Eulengebirges. Es ist diesem an Höhe gleich, oder auch niedriger, und zieht sich bis dahin fort, wo die Gränzen des Fürstenthums Neisse, der Grafschaft Glatz und Mähren zusammen kommen. Ich führe hier nur die Berge des Frankensteinischen Kreises auf.

Der **Wartheberg**, an dem Ufer der **Neisse**. Er ist steil und hoch, und besteht aus einem feinkörnigen **Gemenge von Feldspath und Hornblende**, bisweilen mit eingesprengtem **Schwefelkies**. Auf dem Gipfel steht eine Kapelle, die von denen, die nach Wartha zu dem in der dasigen großen Kirche befindlichen wunderthätigen Marienbilde, das auf diesem Berge gefunden worden ist, wallfahrten, sehr andächtig besucht wird. Am Fuße ist die Wohnung eines Einsiedlers. Man kann ihn auf drei Wegen besteigen. Der eine kürzere, den die Wallfahrtenden gewöhnlich wählen, ist steil und in 15 Stationen abgetheilt. An jeder Station steht ein Gemählde, das etwas aus der Leidensgeschichte Jesu darstellt; der andere ist etwas weiter, aber viel bequemer; der dritte, welcher der Böhmische genannt wird, ist der gefährlichste.

Der **Moberg**.

Der **Blattenberg**. }
Der **Hohestein**. } Bei Gierichswalde.
Der **Kahleberg**. }

Der **Spitzberg**.

Der **Breiteberg**. (Bräuberg.)

Der **Vogelsberg**.

Der **Rotheberg**.

Der **Jauersberg**, dessen Spitze nach Reichettstein gehört. Nur ein kleiner Theil zieht in diesen Kreis. Er besteht theils aus **körnigem Kalkstein**, theils aus **Glimmerschiefer** mit **Granaten**.

Der **Kohlberg**.

C. Gegen den Münsterbergischen Kreis:

Der **Schulzenberg**.

D. Gegen den Nimptscher Kreis:

Der **Buchberg**.

Die **Schräbsdorfer Berge**. Sie hängen mit dem folgenden zusammen, und bestehen zum Theil aus Serpentinstein. Man findet auf diesen Bergen bisweilen schönen **Chrysopras**.

Der **Gumberg**, bei Protzan. Er zieht sich bis in den Nimptscher Kreis gegen Rosemitz hin, und besteht durchaus aus **olivengrünem**, **grobsplitterigem Serpentinstein** mit Asbesttrümmern durchzogen. Bisweilen findet man hier auch **Opal** *).

Die **Gläsendorfer Berge**. Die Hauptmasse dieser Berge ist Serpentinstein mit Asbesttrümmern durchzogen, und mit Nestern von Stein-

*) Nach Völkelt auch Smaragd und Türkiß, welches jedoch noch großem Zweifel unterworfen ist.

mark. Einige Fuß unter der Dammerde findet man **Chalcedon**, **Opal**, **Hornstein** und **Chrysopras**. Der letztere ist hier vorzüglich schön, sehr quarzartig, von grünspangrüner Farbe. Man zieht die hiesigen Chrysoprase denen, die man bei Kosemitz findet, vor *). Alle diese Steinarten liegen in einzelnen losen Stücken unter einander, die man auch öfter beim Ausroden der alten Fichtenstöcke zwischen den Wurzeln findet. An der Abendseite dieser Berge hat man zu Aufsuchung des Chrysoprases viele Schürfe auf Königlichen Befehl geworfen. Sie liegen in einem schweren mit allerhand weißen und braunen Steinen gemengten lettenartigen groben Boden klumpenweise bei einander. Allein unter den vielen Stücken, die man findet, sind die brauchbaren sehr selten. Die meisten sind knorrig, klüftig, löcherig und weißfleckig. Außer diesen angezeigten Steinarten entdeckt man hier **rothen und hellbraunen Jaspiß**, durch den sich lichtgrüne Adern von **Chrysopras** ziehen. Oft sind die **Chrysopras-Klumpen** mit dieser **Jaspißart** wie mit einer Schale bedeckt, oder auch durchwachsen. Man kann von diesem Jaspiß solche große Stücke gewinnen, die zu Tischblättern gebraucht werden können **).

*) Man erzählt, daß man einst eine Tafel Chrysopras von 15 Zoll Länge, 13 Zoll Breite und 2 Zoll Dicke gefunden habe.

**) Beobachtungen und Entdeckungen aus der Naturkunde der Gesellschaft naturforschender Freunde zu Berlin Th. 2. St. 2. S. 272. f.

E. In der Mitte des Kreises:

Die Harte, die mit dem Gracheberge bei Grachau zusammenhängt.

Der Fuß der Harte besteht aus Sienit und Hornblendeschiefer, der sich dem Chlorit-Schiefer nähert. Der obere Theil hingegen besteht aus Serpentinstein. Auf dem Gracheberge findet man Chrysopras, von apfelgrüner, grünlichweißer, oliver und lauchgrüner Farbe, Chalcedon, grünlichweißen und berggrünen Thon, Alaunerde, Steinmark in dunkellauchgrünem und grünlichgrauem Serpentin mit weißen Adern und Flecken, mit Amianth und Asbest, die ihn in schmalen Trümmern durchsetzen, und sehr feinkörnigen Kalkstein, von hellweißer Farbe.

Der Buchenberg, bei Baumgarten.

Der Boden dieses Fürstenthums ist, im Ganzen genommen, etwas lehmig, und in beiden Kreisen zum Anbaue des Weizens, der auch häufig angebauet wird, vortrefflich. Im Münsterbergischen Kreise sind nur von Morgen gegen Mitternacht einige Sandhügel, und an den Bergen hinlaufende nur zum Anbaue des Rockens taugliche Gegenden. Eben so ist es auch im Frankensteinischen Kreise in den Gebirgsgegenden, wo der Boden etwas sandig und steinig ist.

Waldungen.

Die ansehnlichsten, meist aus Kiefern und Buchen bestehenden, Waldungen sind auf den obengenannten

Bergen. Im Münsterbergischen Kreise bei dem Dorfe Moschwitz ist ein zwei Meilen großer Buchenwald. Diese nebst den kleinern Waldungen, die sich noch hin und wieder befinden, liefern den Einwohnern ihren Holzbedarf.

P r o d u c t e.

A. Das Thierreich.

Pferde und **Rindvieh** sind von großem Schlage. Die **Schafzucht** und der Gewinn einer mehr als mittelmäßigen Wolle ist beträchtlich. Die **Zucht der Seidenwürmer** wird nur hier und da bloß im Kleinen getrieben. Die **Bienenwartung** hingegen ist ziemlich ansehnlich. Hasen, Füchse, wilde Schweine, besonders in den Buchenwäldern, Repphühner, Schnepfen ꝛc. liefern die Waldungen hinlänglich; nur das andere Wild ist nicht häufig.

Die Flüsse, Bäche und Teiche liefern zwar Karpfen, Schleye, Perschken und etwas Forellen; aber für den Bedarf der vielen katholischen Einwohner nicht hinreichend, so daß das Mangelnde aus dem Glatzischen und Rothschlosser Teichen ersetzt werden muß.

B. Das Pflanzenreich.

Die Waldungen bestehen meist aus Kiefern, Fichten, Buchen und andern Laubholzarten; Eichen findet man am wenigsten. Unter den gewöhnlichen Getreidearten und Hülsenfrüchten wird besonders viel und schöner Weizen, vorzüglich im Frankensteinischen, gewonnen. Um Münsterberg wendet man viel Fleiß auf den

Anbau des Hopfens. Flachs wird in beiden Kreisen, der meiste jedoch im Frankensteinischen, eingeärntet. Der Anbau der Kartoffeln, der Obstgewinn sind von Belang. Der Gewinn des Heues ist ansehnlich. Küchengewächse werden nur in den Küchengärten angebauet.

Noch zeige ich die seltnern Pflanzen, die man in diesem Fürstenthume findet, und mir bekannt geworden sind, an. Es ist zu vermuthen, daß auf den vielen Bergen noch mehrere seltnere Pflanzen wachsen, und es ist zu wünschen, daß ein Einwohner in jener Gegend sich die Mühe geben möchte, genauere Untersuchungen anzustellen, als es einem Reisenden möglich ist, der sich nur etliche Tage und nicht in allen Jahreszeiten in einer Gegend aufhalten, und folglich sie nicht ganz durchsuchen kann.

Am Fuße des Rieferberges.

Geranium phæum. Linn.

Bei Kloster Heinrichau.

Cytisus supinus. L.
Malva Alcea. L.

Am Böhmsberge und dessen Umgebungen.

Elymus europæus. L.
Echium vulgare, flore albo. L.
Atropa belladonna. L.
Campanula persicifolia, fl. albo. L.
Lonicera nigra. L.
—— *Xylosteum.* L.
Ribes alpinum. L.
Viburnum Opulus. L.

Sambucus racemoſa. L.
Allium urſinum. L.
Lilium Martagon. L.
Daphne Mezereum. L.
Pyrola uniflora. L.
Lychnis dioica, flore rubro. L.
Aſarum europæum. L.
Euphorbia Lathyris. L.
Rubus ſaxatilis. L.
Thalictrum flavum. L.
Trollius europæus. L.
Mentha viridis. L.
Ajuga pyramidalis, fl. rubro. L.
Digitalis lutea. L.
Pedicularis ſylvatica. L.
Dentaria enneaphyllos. L.
—— *bulbifera.* L.
Prenanthes purpurea. L.
Carlina acaulis. L.
Tuſſilago alba. L.
Viola hirta. L.
—— *montana.* L.
Orchis ſambucina fl. albo et rubro. L.
—— *conopſea.* L.
—— *odorata.*
Ophrys ovata. L.
Serapias longifolia. L.
Salix roſmarinifolia. L.
Acroſtichon ſeptentrionale. L.
Aſplenium Trichomanes. L.

Lichen

Lichen horizontalis. L.
Tremella juniperina. L.

Auf dem Wartheberge.

Circæa lutetiana. L.
——— *alpina.* L.
Phyteuma ſpicata. L.
Lonicera Xyloſteum. L.
Atropa belladonna. L.
Convallaria verticillata. L.
Epilobium montanum. L.
Monotropa Hypopithys. L.
Pyrola uniflora. L.
Stellaria dichotoma. L.
Reſeda lutea. L.
Spiræa Aruncus. L.
Actæa ſpicata. L.
Ciſtus Oelandicus. (*C. alpeſtris, Krock. Fl. Sil. n.* 827)
Dentaria bulbifera. L.
Cardamine petræa. L.
Siſymbrium ſtrictiſſimum. L.
Viola montana.
Serapias longifolia.
Holcus lanatus.

Bei Wartha.

Melica ciliata.
Levcojum æſtivum.
Arabis thaliana.
Poterium ſanguiſorba.
Valantia cruciata.

Bei Frankenstein.

Lilium bulbiferum.

Poa rigida.

In den Waldungen um Frankenstein.

Spartium scoparium.

C. Das Mineralreich. *)

I. Erdige Fossilien.

A. Kieselgeschlecht.

1) Chrysolith in dem Basalt des Kieferberges, bei Ober-Johnsdorf, äußerst wenig.

2) Olivin. Von lichtgrüner oder gelber Farbe, oft in gelben Ocher verwittert, in den um Münsterberg herumliegenden Basaltgeschieben; seltner in dem Basalt des Kieferberges bei Ober-Johnsdorf.

3) Granat. Gemeiner Granat, von rother Farbe, mittlerer Größe und ganz klein, im Glimmerschiefer, bei Camenz und am Jauersberge.

4) Schörl.

Schwarzer Schörl. In sehr kleinen Krystallen mit Granaten, dem Glimmerschiefer eingemengt, auf dem Jauersberge.

In Quarz und mit diesem im gneißartigen Granit, bei Bärzdorf; desgleichen in den Granitgeschieben um Münsterberg.

---

*) Ich ordne hier die Fossilien nach dem allerneuesten Systeme des Herrn Prof. Werner.

5) Quarz.

a) Amethyst. In stumpfeckigen Geschieben, an denen öfter die Krystallisation noch zu sehen ist, von unreiner violblauer Farbe, um Münsterberg; ebenfalls hier in einem Gemenge von Chalcedon, Jaspiß und viel Quarz (Achat).

b) Bergkrystall. In Drusen, die von außen mit einer Achatrinde überzogen sind, in den Thongruben bei Münsterberg; in zerstückten Geschieben auf den Feldern, ebendaselbst. Beide von der gewöhnlichen Krystallisation der sechsseitigen Säule oder in abgerundeten Stücken, meist durchsichtig, von weißlicher, bisweilen gelblicher, oft schwärzlicher Farbe (Rauchtopas).

c) Gemeiner Quarz. In stumpfeckigen oder kugelichten Geschieben, auch stängelicht, bei Münsterberg.

Ungestalt und zerfressen bei Grachau.

Als Bestandtheil des Granits, des ältern bei Bärzdorf, des neuern bei Follmersdorf, Mayfriedsdorf und Hemmersdorf.

Wenig in einem grobkörnigen Gemenge von Feldspath und schwarzem Glimmer, auf einem Berge zwischen Heinrichau und Leuthmannsdorf.

Als Bestandtheil des Gneißes, bei Tadelwitz, Neobschütz, Craswitz.

6) Hornstein. Auf den Gläsendorfer Bergen. In stumpfeckigen Geschieben um Münsterberg.

Der seltenste ist der von dunkelgrüner Farbe mit blaßröthlichen Flecken. Seine Oberfläche ist drusig und mit einer weißlichen Erde überzogen. Er ist schwach durchscheinend, haarbraun in Jaspiß übergehend, mit vielen mit kleinen Quarzkrystallen besetzten Höhlungen; er constituirt den ins Frankensteinische fortsetzenden Zug des Kosemitzer Berges in der Gegend von Protzan.

7) **Feuerstein.** Um Münsterberg in den Thongruben und hin und wieder auf den Feldern zerstreut, von mannigfaltigen Formen und Farben, ganz **dunkelschwarz**, der nur an den Kanten ganz durchscheinend ist, bis ins **weingelbe**, der meistens halb durchsichtig ist. Oft sitzen Versteinerungen darauf fest, oder der Stein selbst kommt in Gestalt eines Petrefacts vor, oder sie sind von der Steinmasse umschlossen. Dieses ist bei den gelblich durchscheinenden der Fall, so daß die Oberfläche, wenn sie angeschliffen ist, von den darin sitzenden Echinitenstacheln oder Koralliolithen, deren die meisten weißlich sind, schön gezeichnet erscheint.

8) **Chalcedon.**

a) **Gemeiner Chalcedon.** Auf den Gläsendorfer **Bergen**, bei **Grachau** (**kleintraubig, graulichweiß**, ganz durchsichtig); um **Münsterberg**, wo man ihn aber selten rein ohne alle Farbe, bisweilen **gelblich**, in **Pechstein** übergehend, auch bisweilen in **Basaltgeschieben** findet.

b) Carneol. Von verschiedener Höhe der Farbe, selten blutroth, meist braunroth und gelblichroth. Am meisten werden beide Fossilien in einem Gemenge (Achat) mit Quarz, Amethyst und Jaspißadern, entweder als Geschiebe auf den Feldern, oder als Kugeln um Münsterberg in Thon gefunden.

9) Chrysopras. Apfelgrün, grünlichweiß und lauchgrün, bei Grachau, Belmsdorf, auf den Gläsendorfer und Schräbsdorfer Bergen, selten bei Kalesche.

10) Kieselschiefer.

a) Gemeiner, mit durchziehenden Quarzadern, um Münsterberg auf den Feldern und in den Thongruben, in Geschieben.

b) Lydischer Stein. An den vorigen Orten in Geschieben.

11) Zeolith. Von weißlicher Farbe, in haarförmigen Krystallen, nicht häufig in den Basaltgeschieben, um Münsterberg.

B. Thongeschlecht.

1) Jaspiß.

Gemeiner. Von verschiedenen Farben und ziegelroth, seltner gelblich gemischt, in stumpfeckigen Geschieben, bei Münsterberg.

2) Opal.

Gemeiner. Bei Grachau, auf dem Gumberge bei Protzan, auf den Gläsendorfer und Schräbsdorfer Bergen; selten bei Münsterberg.

3) **Pechstein.** Von Farbe des Geigenharzes und einem Fettglanze, durchscheinend, in Geschieben, die von außen eine gelbe Haut haben (scheint dem Halbopal nahe verwandt zu seyn), um **Münsterberg**, bei **Grachau**.

4) **Feldspath.**

Gemeiner. Als **Bestandtheile des Granits** um **Münsterberg und bei Bärzdorf.**

Gelblichweiß im neuern Granit, bei **Follmersdorf, Mayfriedsdorf und Hemmersdorf.**

Mit **Hornblende,** an den letztern drei Orten im Gemenge.

In einem **feinkörnigen Gemenge** ebenfalls mit **Hornblende** auf dem **Warther Kapellenberge** und auf den **Heinrichswalder Bergen.**

Grünlich und gelblichweiß, sehr häufig in einem **grobkörnigen Gemenge mit lauchgrüner Hornblende,** dem Serpentinstein untergeordnet (auf den Klüften findet sich **weißer** Speckstein), bei **Briesnitz** und **Frankenberg.**

Als **Bestandtheil des Sienits** am Fuße der **Harte.**

In einem **grobkörnigen Gemenge** mit **Quarz** und **schwarzem Glimmer,** auf einem Berge zwischen **Heinrichau** und **Leuthmannsdorf.**

5) **Thon.**

a) **Gemeiner Töpferthon.**

Von **bläulichweißer** und **aschgrauer** Farbe, bei **Münsterberg,** wo er in seinen ziemlich mächtigen Lagern bisweilen **Versteinerungen** von Schalthieren oder deren Abdrücke enthält.

Grünlichweiß und berggrün in den Chrysopras-Lagern bei Grachau und auf den Glässendorfer Bergen.

b) Verhärteter Thon.

Von verschiedenen Farben und Mischungen, in Geschieben in der Nähe der Thongruben bei Münsterberg. Er enthält, doch selten, Spathkrystalle, bisweilen Abdrücke von Muscheln; er ist oft von einer solchen Härte, daß er eine ziemliche Politur annimmt.

6) Alaunerde, im Serpentinstein, am Grache-berge bei Grachau.

7) Thonschiefer. Bei Wartha. In nicht genau bestimmten Verhältnissen bei Eichau.

8) Glimmer.

Als Gemengtheil des Granits und der Glimmerschiefergeschiebe, bisweilen auch in den Basaltgeschieben bei Münsterberg.

Als vorzüglichster Bestandtheil des Glimmerschiefers, bei Camenz, Kunzendorf, Kleutsch und am Jauersberge.

Tombackbraun und bräunlichschwarz, im neuern Granit, bei Mayfriedsdorf, Hemmersdorf und Follmersdorf.

Silberweiß in dem Gneiße bei Silberberg.

Schwarz, in gneißartigem Granit bei Bärzdorf. In einem grobkörnigen Gemenge mit

Feldspath, auf einem Berge zwischen Heinrichau und Leuthmannsdorf.

Schwarz, dunkelschwarz, in kleinen, mehr oder weniger, dick auf einander liegenden Blättchen, in grobkörnigem Gneiße, bei Heinrichau, Neobschütz und Tadelwitz.

9) Hornblende.

a) Gemeine Hornblende.

Als Gemengtheil des Granits und in den Klüften des Hornblendeschiefers, bei Münsterberg.

Häufig in Feldspath eingemengt, selbst in kleinen Nieren, bei Hemmersdorf, Follmersdorf und Mayfriedsdorf.

Als Bestandtheil des Sienits, am Fuße der Harte.

Lauchgrün, ebenfalls mit Feldspath, in einem grobkörnigen Gemenge, bei Frankenberg und Briesnitz.

In Serpentinstein eingesprengt, am Gracheberge und am Gumberge bei Protzan.

In einem äußerst feinkörnigen Gemenge, auf dem Warther Kapellenberge, und bei Heinrichswalde auf den dasigen Bergen.

b) Basaltische Hornblende. Oft sehr häufig in den Basaltgeschieben bei Münsterberg und in dem Basalt des Kieferberges bei Ober-Johnsdorf.

c) Hornblendeschiefer *). Diese Steinart geht eine kleine Strecke von Münsterberg, nach Mittag zu, an einem nicht sonderlich beträchtlichen Bergabhange zu Tage aus, und wird bisweilen als Mauerstein gebrochen. Die Farbe ist grünlichschwarz, heller oder dunkler, auch blaugraulich. Sie zerspringt an der Luft leicht in grobe Splitter, und verwittert zuletzt in einen gelben Eisenocher, oder bildet auf der Oberfläche glänzende Eisenblumen. In der Tiefe ist das Fossil härter, springt schwerer, und scheint daselbst mit mehr Kieselerde vermischt zu seyn, weil es dann auch bisweilen am Stahle Funken giebt. In seinen Klüften findet man bisweilen Feldspathadern. Sonst hat dieser Hornblendeschiefer selten fremde sichtbare Gemengtheile, bisweilen nur etwas Glimmer. Er giebt stets einen grünlichgrauen Strich. In seiner Nachbarschaft brechen keine andere Steinarten. Bei Briesnitz auf der Harte.

10) Basalt. Auf dem Kieferberge bei Ober-Johnsdorf.

---

*) Ich führe dieses Fossil, das ich selbst weder an Ort und Stelle, noch in einer Stufe gesehen habe, auf Autorität des H. Accise-Einnehmers Luchs in Strehlen auf, der, während seines Aufenthalts in Münsterberg, die dasige Gegend, in mineralogischer und entomologischer Hinsicht, genau untersucht hat. Ich habe von diesem mittheilenden Freunde zu meinen mineralogischen und entomologischen Sammlungen mehrere Beiträge und manche Nachricht erhalten, und zolle ihm hiermit öffentlich meinen Dank.

In kleinen und großen, theils abgerundeten, theils säulenförmigen Geschieben in der Gegend um Münsterberg, mit basaltischer Hornblende, Olivin, Zeolith, Glimmer und Chalcedon *).

11) Steinmark. Bei Grachau, auf dem Gracheberge, nesterweise in dunkellauchgrünem und grünlichgrauem Serpentinstein.

C. Talkgeschlecht.

1) Walkererde Sehr gute bei Riegersdorf. Sie ist wahrscheinlich aus der Auflösung eines Gemenges von Hornblende und Feldspath entstanden.

2) Nephrit.

Gemeiner. In Geschieben von oliver und grünlichweißer Farbe mit Asbest eingesprengt, selten um Münsterberg.

3) Speckstein. Auf den Klüften eines grobkörnigen Gemenges von grünlich und gelblichweißem Feldspath und lauchgrüner Hornblende, bei Briesnitz und Frankenberg.

In Serpentinstein, am Gracheberge.

4) Serpentin.

Gemeiner. Grobsplitterig von olivengrüner Farbe mit eingemengtem Asbest, Hornblende

---

*) Man findet um Münsterberg auch eine Art Kugeln, die, den äußern Kennzeichen nach, Basalt zu seyn scheinen. Sie unterscheiden sich aber von dem Basalt dadurch, daß sie keine fremdartigen Gemengtheile haben und specifisch schwerer sind, als der Basalt. Sie scheinen viel Eisen zu enthalten, und lassen sich äußerst schwer sprengen.

und gemeinem Talk; er constituirt den ganzen Gumberg bei Prozan.

Dunkellauchgrün, mit grünlichgrauen und weißen Adern und Flecken mit gemeinem Asbest, der ihn in Trümmern durchzieht, bei Briesnitz am Ziegenrücken, am Gracheberge und auf der Höhe der Harte, desgleichen auf den Schräbsdorfer Bergen.

5) Talk.

Gemeiner. Bei Kunzendorf und in dem vorhin angezeigten Serpentin des Gumberges und am Gracheberge.

6) Asbest.

a) Amianth und

b) Gemeiner Asbest. In dem Serpentin des Gumberges, des Gracheberges, der Harte, des Ziegenrückens bei Briesnitz und auf den Schräbsdorfer Bergen.

D. Kalkgeschlecht.

*) Luftsaure Kalkgattungen.

1) Kalkstein.

a) Dichter Kalkstein.

Gemeiner dichter Kalkstein. Von verschiedenen, oft sehr lebhaften Farben, häufig in Geschieben, um Münsterberg; oft in Gestalt des völligen Originals versteinter Schnecken, Muscheln, Korallen, bisweilen mit Spathkrystallen. Zuweilen haben die in ihm sitzenden Muscheln noch ihren eigenthümlichen opalisirenden Glanz. Geschliffen könnten die schönern

Sorten zu allerhand Kunstwerken angewendet werden, da selbst bisweilen Geschiebe von der Größe eines Kubik=Fußes und darüber vorkommen, auch die meisten eine vortreffliche Politur annehmen. Ebenfalls mit vielen Versteinerungen in Lagern bei Schönwalde und Herzogswalde.

b) Blätteriger Kalkstein.

α) Körniger. Bei Stolz, er ist von blauer Türkißfarbe, und nimmt eine gute Politur an.

Röthlichweiß, bei Follmersdorf.

Hellweiß, als Lager im Glimmerschiefer, am Gracheberge und am Jauersberge.

β) Kalkspath. Meist von schneeweißer Farbe, in dem Kalkstein der vorhin angeführten Orte.

2) Mergel. Bei Münsterberg, Stolz und noch einigen andern Orten.

**) Vitriolsaure Kalkgattungen.

3) Gyps.

Blätteriger. In unbestimmten Krystallen auf und im bituminösen Holze, bei Frömsdorf.

II. Salzige Fossilien.

Schwefelsaures Geschlecht.

Natürlicher Vitriol. Als Drusen, deren Krystalle geschobene Vierecke, mit abgestumpften Ecken und von schmutziggrüner Farbe sind.

III. Brennliche Fossilien.

A. **Schwefelgeschlecht.**

Natürlicher Schwefel.

Gemeiner. Angeflogen auf dem folgenden bituminösen Holze.

B. **Erdharzgeschlecht.**

Bituminöses Holz.

Gemeines. In mehrern mächtigen Flötzen zwischen Sand und Letten, auf der Grube Fortuna bei Frömsdorf. Der Breslauer Scheffel kostet 2 Sgr. 4 Den.

IV. Metallische Fossilien.

A. **Eisengeschlecht.**

Schwefelkies.

Gemeiner. Eingesprengt und in Trümmern in dem feinkörnigen Gemenge von Feldspath und Hornblende am Wartheberge.

B. **Bleigeschlecht.**

Bleiglanz.

Gemeiner. Er wurde ehedem bei Schönwalde gefödert.

C. **Spießglasgeschlecht.**

Grau Spießglaserz.

Strahliges. Auf einer ½ Lachter mächtigen Lagerstätte im Thonschiefer, angeblich ½ Loth Silbergehalt, bei Eichau.

D. **Scheelgeschlecht.**

Wolfram, zu Naschdorf unweit Silberberg *).

---

*) Gerhard Mineralsystem, ält. Ausg. S. 278.

Noch führe ich die Versteinerungen an, die um Münsterberg herum gefunden werden, nach einem Verzeichnisse, welches H. Accise-Einnehmer Luchs in Strehlen, in der litterarischen Beilage zu den Schlesischen Provinzialblättern geliefert hat.

Tetrapodolithen.

Versteinte Knochen und Zähne von vielleicht noch unbekannten vierfüßigen Thieren. Bisweilen ist nur ein Theil versteinert, der andere Theil aber calciniert oder natürlich.

Helmintholithen.

I. **Weichschalige.**

1) **Echiniten.** Ganze sind selten, und, wie meistens, überall ohne Stacheln. Hingegen sind

2) **Echinitenstacheln** — Judennadeln — häufig von verschiedener Form und Größe, theils in und auf Feuersteinen, oder mit andern Versteinerungen in und auf einem durch zermalmte Conchilien entstandenen **Kalkstein** oder **Muschelmarmor.**

II. **Hartschalige.**

A. **Cochliten.**

1) **Dendaliten**, glatte Tubuliten.

2) **Entaliten**, gerippte oder knotige Tubuliten.

3) **Belemniten**, selten unbeschädigt, oft von besonderer Größe.

4) **Orthoceratiten.** Oft sehr groß und schön erhalten. Ungeschliffen kann man meistens Kammern und Nerven unterscheiden. Man findet sie einzeln lose, auch mehrere in einem

Stein beisammen, bisweilen das Petrefact von anderer Masse oder Farbe, als die Mutter, wo es sich dann besonders schön ausnimmt.

5) **Nautiliten.** Von der kleinern Art habe ich ein einziges Exemplar gefunden, das ich für einen Nautilit halte, ob es gleich etwas zweifelhaft ist.

6) **Ammoniten**, kleine, doch gut erhalten.

7) **Heliciten** sind selten.

8) **Globositen**, mit andern Versteinerungen zusammen.

9) **Turbiniten** werden oft sehr groß und vollkommen erhalten gefunden; die kleinern häufig. Die großen findet man bisweilen lose, die kleinern aber meist nesterweise in einer Kalksteinmutter.

10) **Cochliten.** Einzeln im vollkommenen Zustande, oder, besonders die kleinern, mit mehrern Versteinerungen beisammen.

11) **Nabelschnecken** sind selten.

B. **Conchiten.**

1) **Mytuliten** sind selten.

2) **Musculiten** sind nicht selten. Bisweilen farbig und gut erhalten, bisweilen in verhärtetem Thon, sonst wie die andern Versteinerungen in dichtem Kalkstein. Oft sind sie kaum calciniert, selten, wie die andern Petrefacten, ganz versteinert.

3) Pectiniten und Pectunculiten. Letztere besonders häufig, bisweilen auf Feuerstein.
4) Chamiten sind nicht selten.
5) Ostraciten, mit Falten, selten.
6) Anomiten, nicht häufig.
7) Terebratuliten, von allen Arten, häufig, oft sehr unverletzt erhalten.

III. Koralliolithen.

1) Tubiporiten. Versteinte Röhrenkorallen. Man findet sie häufig genug von verschiedenen Arten, deutlich und schön conservirt. Z. E. die Seeorgel, die Kettenkoralle, Walchs korallinische Tubuliten.

2) Madreporiten. Versteinte Seekorallen. Ebenfalls verschiedene Arten, Astroiten, Kometiten.

3) Milleporiten. Versteinte Punctkorallen, seltner, als die andern Gattungen.

4) Hippuriten sind, so wie mehrere sogenannte Fungitenarten, nicht selten: vielleicht beide ehemahlige Sternkorallen.

5) Enkriniten. Liliensteine. Versteinte Räderkorallen. Vollkommene sind noch nicht gefunden worden, wohl aber in Menge

a) Entrochiten, oder deren Stängel, von mannigfaltiger Form und Größe, bisweilen von der Dicke eines Zolles im Durchmesser und drei Zoll Länge. Desgleichen

b) Trochiten, oder einzelne Stücke davon. Eben so findet man

6) Pen-

6) **Pentakriniten** im vollkommenen Zustande nicht, sondern nur zuweilen

a) Stängel davon, sogenannte **Asteriensäulen**;

b) **Asterien.**

7) **Alzionien.** Versteinter Seekork.

8) **Escharien.** Versteinte Seerinde.

Beträchtliche Steinbrüche sind:

1) **Im Münsterbergischen Kreise:**

Zu Bärzdorf. **Gneißartiger Granit** *).
„ Dobrischau.
„ Heinrichau. **Grobkörniger Gneiß.**
„ Krellkau.
„ Kummelwitz.
„ Schön-Johnsdorf.

Zu Neobschütz. **Grobkörniger Gneiß.**
„ Neudorf.
„ Neumen.
„ Sackerau.
„ Tarchwitz.
„ Töppliwode.
„ Willwitz.

2) **Im Frankensteinischen Kreise:**

Zu Baumgarten.
„ Belmsdorf.
„ Beizen.
„ Dittmannsdorf.
„ Eichau. **Thonschiefer.**
„ Giersdorf.
„ Gläsendorf.

Zu Grachau. **Serpentinstein.**
„ Heinersdorf.
„ Heinrichswalde.
„ Kaupitz.
„ Kleutsch.
„ Lampersdorf.
„ Löwenstein.

*) Gern zeigte ich alle Gebirgsarten an, die in diesen Steinbrüchen gebrochen werden; ich habe sie aber nicht alle selbst besuchen, und auch sonst keine zuverlässigen Nachrichten erhalten können.

Zu Olbersdorf.
= Protzan.
= Quickendorf.
= Raudnitz.
= Rosenbach.
= Schönheide.
= Schönwalde. Gneiß.

Zu Schröbsdorf. Serpentinstein.
= Schromm.
= Seitendorf.
= Stolz. **Kalkstein.**
= Tädelwitz.
= Tamnitz.

Mineralische Quellen sind in diesem Fürstenthume:

A. **Im Münsterbergischen Kreise:**

1) **Bei der Stadt Münsterberg.**

a) Der Brunnen in der **Erlichsgasse**, auf dem Gebiete des Stiftes Heinrichau, zur Vorstadt Ohlgut gehörig. Er setzt sehr viel Ocher ab. Sein vorzüglichster Bestandtheil ist, nach den Versuchen des H. D. Gebel in Frankenstein und des H. D. Friese in Breslau, **luftsaures Eisen.**

b) Ein schwächerer Brunnen dieser Art, auf eben dieser Gasse am Eingange, auf städtischem Gebiete.

c) Auf dem zur Stadt gehörigen Bürgerbezirke, der so genannte Zehr-**Hunger**- oder **Freßbrunnen**, weil der Genuß desselben den Appetit verstärken soll; er enthält **schwefelsaures Eisen.**

2) Zu **Wenig**-(Klein-) **Nossen**; enthält **schwefelsaures Eisen**; sie wurde in ältern Zeiten als Bad gebraucht.

3) Zu Töppliwode, im herrschaftlichen Hofe; enthält luftsaures Eisen.

B. Im Frankensteinischen Kreise:

1) Zu Giersdorf, bei Wartha; sie soll reines Brunnenwasser, wenig seifenartige weiße Erde, und einen fast unmerklichen Schwefeldunst enthalten *). Sie ist im Ganzen wenig bekannt, und wird daher auch selten, oder nie gebraucht.

2) Zu Lampersdorf sind zwei Quellen:

a) In dem zum herrschaftlichen Garten gehörigen Erlich; sie ist mit Quadersteinen eingefaßt, und mit einem hölzernen Deckel versehen. Sie enthält nach den mit Reagentien angestellten Versuchen des H. D. Gebel luftsaures Eisen.

b) Unter dem Fenster eines Bauergutes, gegen Morgen gelegen, (der Besitzer ist Gottlob Lorenz) quillt aus einer weißen Thonerde hervor, und ist mit Pflastersteinen ausgesetzt; sie enthält, nach den Versuchen des H. D. Gebel mit Reagentien, Schwefelleberluft mit wenig darin aufgelöstem Eisen.

3) Zu Olbersdorf sind ebenfalls zwei Quellen:

a) Die eigentliche Badequelle ist ganz offen, mit Holz ins Gevierte ausgesetzt. Das Wasser

*) S. Vater Preuß. Schles. Medicinal- und Sanitätsverfassung S. 510.

wird vermittelst einer Pumpe in einen eisernen Kessel des nebenstehenden Badehauses gebracht, da warm gemacht, und in Kannen in die zwei Wannen des Bade-Cabinettes gebracht: das kalte wird aber unmittelbar aus der Quelle herbeigehohlt.

Diese Quelle wurde schon im sechzehnten Jahrhundert entdeckt, und von Heinrich Röthel in seiner Chron. Siles. vom Jahre 1601 p. 275 bekannt gemacht. Er sagt: sie sey schwefelicht, und diene den innern Gliedmaßen gut. Im Jahre 1670 wurde sie von neuem untersucht, und der Chymicus D. Thomas Titius zu Breslau rühmt in seinem weitläufigen Berichte seiner spätern Untersuchung viel Gutes von ihr. Bei dem Breslauischen Collegio medico soll ein Verzeichniß von Patienten liegen, die beinahe seit hundert Jahren diesen Brunnen mit Nutzen gebraucht haben, „aber dessen ungeachtet (schreibt mir mein lieber D. Gebel aus Frankenstein) muß ich ihr nach meinen zuerst im Jahre 1794 (Schles. Provinzialbl. Mon. Sept. 1794) vorgenommenen, und seit jener Zeit öfters wiederhohlten Untersuchungen fast allen mineralischen Gehalt absprechen, da das unter der Spiegelfläche geschöpfte Wasser nur eine ganz unbedeutende Wirkung auf das weiße Quecksilberwasser hervorbringt, und die Galläpfel-Tinctur nur eine äußerst geringe, fast gar nicht zu erwähnende,

Färbung hervorbringt, die übrigen Reagentien aber fast gar keine Veränderung. Hieraus ergiebt sich dann, daß die Angabe des H. Assistenz-Raths **Vater**, die dieser Quelle sulphurisch-martialische Theile, besonders Spiritum, Blei, Schwefel, Harz, Lasur, Galmei rc. zuschreibt, und sie mit dem Redeberger, Lauchstädter und Biberischen Wasser vergleicht, noch zu prüfen sey. Diese aus den ältesten Zeiten hergenommenen Untersuchungen, wo man mit der eigentlichen Art der Untersuchung noch nicht genug bekannt war, können für uns höchstens nur eine historische Merkwürdigkeit seyn. Dessen ungeachtet sind die guten Wirkungen in Krankheiten, die von Schwäche herrühren, dieser Quelle nicht abzusprechen. Denn die Ursache liegt nicht in den mineralischen Bestandtheilen, sondern in dem heilsamen, reizenden Erfolge, den alle warme Bäder überhaupt hervorbringen."

b) Unweit der vorigen, nahe am Wehre der **Pausebach**, ist noch eine, mit Brettern eingefaßt, zum Trinken, deren Hauptbestandtheil **schwefelsaures Eisen** ist; sie ist erst seit etlichen Jahren entdeckt.

4) Die Quellen auf der **Weinhackerei**, nach **Peterwitz** gehörig.

a) Die eigentliche Badequelle. Herr Landrath von Salis auf Peterwitz ließ zu Ende des Jahres 1794 aufgraben, das folgende Jahr ein Haus mit 5 Stuben und 2 Bade-Cabinetten hinbauen, und den Brunnen selbst gehörig eindecken. Seit dieser Zeit sind Bäder in Krankheiten von Schwäche mit häufig gutem Erfolge gebraucht worden. Der reichlichste Bestandtheil ist nach den Untersuchungen des H. D. Gebel **schwefelsaures Eisen.**

b) Unweit davon bei einem Gärtner befindet sich im Garten eine Quelle, mit einer Tonne umgeben, die ein helles, nach Tinte schmeckendes Wasser enthält, dessen Hauptbestandtheil ebenfalls, nach den Untersuchungen des H. D. Gebel, **schwefelsaures Eisen** ist.

5) Die Quelle zu **Quickendorf.** Sie liegt am Ende des Dorfes, gleich links am Wege nach **Raudnitz** zu, und ist weder bedeckt, noch eingefaßt. Sie enthält **schwefelsaures Eisen** in Menge.

6) Die Quellen zu **Kunzendorf.** Hier sind drei Queilen. Eine ist im **Oberdorfe**, einem Bauergute gerade gegen über; die andere im Mitteldorfe, ebenfalls einem Bauergute gerade gegen über; die dritte der Schulzerei gerade gegen über. Alle drei liegen auf der Aue, und sind nur mit einigen Weiden umsetzt. Alle drei enthalten **Eisen:** die oberste und unterste **schwefelsaures** in reicher Menge, die mittelste weniger, doch ist bei dieser noch nicht entschieden, ob es nicht etwa in **Schwefelleberluft** aufgelöst sey. Weitere Untersuchungen werden entscheiden.

Was die Wirkung aller dieser Quellen anbelangt, so möchte sie sich bei Olbersdorf und Giersdorf bloß auf die Wirkung eines warmen oder kalten Bades von ordinärem Wasser einschränken. Bei den Quellen bei **Münsterberg, Wenig=Nossen, Töppliwode, Lampersdorf, Peterwitz, Quickendorf** und **Kunzendorf** ist nicht zu läugnen, daß sie außer der reizenden Kraft eines warmen oder kalten Bades, noch eine tonische verbinden werden, mithin in dem Heere der Krankheiten von Schwäche nützlich seyn können *).

*) Nähere Beschreibungen dieser Mineralquellen findet man in Francisci Kurzii Diss. de acidulis alcalino - martialibus Ducatuum Munsterbergensis Wohlani 1780; in Aloysii Alberti Diss. de fontibus Silesiacis medicatis martialibus simplicibus 1777; in Antonii Wenzelii Diss. de fontibus Silesiacis sulphureis medicatis 1776.

Zweiter Abschnitt.

Manufacturen und Fabriken.

Um diesen Abschnitt nicht ganz wegzulassen, will ich, da in diesem Fürstenthume wenige Manufactur- und Fabriken-Anstalten sind, doch folgendes Wenige anzeigen.

Kraftmehl und **Haarpuder** wird in Münsterberg und Frankenstein bereitet.

Wachsbleichen sind: eine in Münsterberg und zwei in Frankenstein.

In Münsterberg wird sehr gutes **Töpfergefäß** gemacht.

Die **Tuch-Manufactur** ist in **Frankenstein** von einigem Belange.

In Frankenstein werden **Strohhüte** gemacht, so wie hier auch eine **Pottaschsiederei** ist.

Die ehemahlige **Schärpen-Manufactur** in Münsterberg ist eingegangen; statt ihrer hat sich ein **Manchester-Manufacturist** etablirt.

In dem ganzen Fürstenthume, besonders in dem Münsterbergischen Kreise, wird die **Flachsspinnerei** stark betrieben, und von den Böhmischen Colonisten in Münsterberg wird etwas **Baumwolle** gesponnen und **gewebt**. Das leinene Garn wird von den sogenannten Garnsammlern aufgekauft, und in das Gebirge abgesetzt.

In Merzdorf ist eine **Garn- und Leinwandbleiche**.

In Mäyfriedsdorf ist eine **Pulvermühle**.

Dritter Abschnitt.

Politische Verfassung.

Gränzen.

Das unmittelbare Fürstenthum Münsterberg gränzt gegen Morgen an die Fürstenthümer Brieg und Neisse; gegen Mittag ebenfalls an das Fürstenthum Neisse und die Grafschaft Glatz; gegen Abend an die Grafschaft Glatz und das Fürstenthum Schweidnitz; gegen Mitternacht an die Fürstenthümer Schweidnitz und Brieg.

Größe.

Zimmermann *) und die Schlesischen Provinzialblätter **) geben die Größe dieses kleinsten der Schlesischen Fürstenthümer auf 17 Quadrat-Meilen an. Nach des H. Rectors Scheibel Berechnung ist es $13\frac{1}{2}$, und nach der des H. Hofraths Sack ***) 15 Quadrat-Meilen groß.

Kreise.

Dieses ehedem dem Fürsten von Auersberg, nun aber seit 1791 durch Kauf dem Könige von Preußen

*) Beiträge zur Beschreibung von Schlesien B. 4. S. 5.

**) Jahrg. 1791. Februar S. 153.

***) Schles. Provinzialblätter 1790. Mon. Decemb. S. 534.

gehörige Fürstenthum wird in zwei Kreise 1) den Münsterbergischen und 2) den Frankensteinischen eingetheilt. Unter diesen Kreisen ist die freie Standesherrschaft Münsterberg = Frankenstein mit begriffen. Sie besteht aus den ehemahligen Kammergütern, die **Friedrich Wilhelm II.** an den Erblandbaumeister Grafen von Schlaberndorf durch Verkauf erb = und eigenthümlich überließ, und zu einer freien Standesherrschaft erklärte. Die dazu gehörigen Dörfer sind:

A. Im Münsterbergischen Kreise:

Neu = Altmannsdorf.
Bärdorf.
Bärwalde 1 Antheil.
Berg Vorwerk.
Eichau.

B. Im Frankensteinischen Kreise:

Bauße.
Briesnitz.
Rossenbach.
Tarnau.

Volksmenge.

In den Jahren 1791, 1793, 1794, 1795 und 1796 lebten in diesem Fürstenthume:

	1791.	1793.	1794.	1795.	1796.
I. In dem Münsterbergischen Kreise:					
A. In der Stadt Münsterberg . . .	2092	2230	2084	2047	2020
B. Auf dem Lande .	16244	16439	16151	15965	16019
Sa.	18336	18669	18235	18012	18039
II. Im Frankensteinischen Kreise:					
A. In den Städten:					
1) In Frankenstein	2995	3640	3527	3486	3143
2) In Warthe .	616	601	684	611	609
B. Auf dem Lande .	24256	24733	24537	24496	24678
Sa.	27867	28974	28748	28593	28430
In den Städten .	5703	6471	6295	5144	5772
Auf dem Lande . .	40500	41172	40688	40461	40697
Sa.	46203	47643	46983	45605	46469
Es kommen also, nimmt man nach Sack 15 Quadr. Meilen an, auf jede Meile . .	3080	3176	3132	3040	3098

Sprache.

Man spricht durchgehends Deutsch; nur in Münsterberg bedienen sich die Böhmischen Colonisten unter sich und bei dem Gottesdienste der Böhmischen Sprache.

Aeußere Verfassung.

Das Fürstenthum Münsterberg steht, in Ansehung der Justiz, unter der Breslauischen Ober-Amts-Regierung.

In Ansehung der Steuer und Contribution steht es unter der Krieges- und Domainen-Kammer zu Breslau.

In Ansehung der Steuer gehört es zur ersten Classe, und zum zweiten steuerräthlichen Departement (Breslauer Kammer), das in Brieg seinen Sitz hat.

In Ansehung der Vieh-Assecuranz gehört das Fürstenthum zur ersten Societät.

In Ansehung des Accise- und Zollwesens gehören Frankenstein und Warthe zur Breslauischen, und Münsterberg zur Neisser Direction.

Die Stadt Münsterberg mit dem Kreise gehören zur Salzfactorei Breslau. Die Städte Frankenstein und Warthe nebst dem Kreise zu der Factorei zu Glatz.

Der Adel und die Güter besitzenden Klöster machen mit der Grafschaft Glatz ein System aus.

Jeder Kreis ist einem Infanterie-Regimente zum Canton angewiesen.

In Ansehung der etwanigen Bergwerksgeschäfte steht dieses Fürstenthum unter dem Bergamte zu Reichenstein, das unter dem Ober-Bergamte zu Breslau steht.

Aeußere kirchliche Verfassung.

Der größeste Theil der Einwohner bekennt sich zur katholischen Religion. Nur etliche Dörfer sind ganz protestantisch, in mehrern Dörfern aber wohnen Katholiken und Protestanten brüderlich unter einander. Folgende Tabelle zeigt die Kirchen und Klöster dieses Fürstenthums.

Kreise.	Kirchen				Klöster.	
	In Städt.		Auf Dörf.			
	Luth.	Kath.	Luth.	Kath.	Mönche.	Nonnen.
Münsterberger Kreis . .	1	4	3	12	1	—
Frankensteinischer Kreis .	1	4	5	18	2	—
Summa	2	8	8	30	3	—

Die lutherischen Kirchen stehen unter der Schweidnitzer Kirchen-Inspection.

Von den katholischen Kirchen.

Die Archipresbyteriate Münsterberg und Frankenstein gehören unter das Archidiakonat Breslau.

I. Archipresbyteriat Münsterberg; unter diesem stehen die Parochi zu:

1) Neu-Altmannsdorf. W. *)

2) Bärdorf. W.

3) Bärwalde. W.

4) Bärzdorf. Cist. Heinrichau.

*) W. zeigt Weltgeistlicher an.

5) Frömsdorf. Cist. Heinrichau.
6) Alt=Heinrichau. Cist. Heinrichau.
7) Kreükau. Cist. Heinr.
8) Polnisch=Neudorf. W.
9) Groß=Nossen. Cist. Camenz.
10) Weigelsdorf. Cist. Heinrichau.
11) Wiesenthal. Cist. Heinr.

II. Archipresbyteriat Frankenstein.

1) Baumgarten. W.
2) Beizen. Cist. Camenz.
3) Frankenberg. Cist. Camenz.
4) Heinrichswalde. Cist. Cam.
5) Hemmersdorf. Cist. Cam.
6) Meyfriedsdorf. Cist. Cam.
7) Peterwitz. W.
8) Protzan. W.
9) Reichenau. Cist. Cam.
10) Schönwalde. Cist. Heinrichau.
11) Seitendorf. W.

I.

Der Münsterbergische Kreis.

Der **Münsterbergische Kreis** gränzt: gegen **Morgen** an die Fürstenthümer Brieg und Neisse; gegen **Mittag** ebenfalls an Neisse; gegen **Abend** an den Frankensteinischen Kreis; gegen **Mitternacht** an Brieg.

Er wird von der Ohlau bewässert, dem einzigen beträchtlichen Wasser. Die übrigen Gewässer sind unbeträchtliche Bäche, und ergießen sich beinahe alle in die **Ohlau** *). Er enthält auf 7½ Quadrat-Meilen eine Stadt, **Münsterberg**, 59 Dörfer.

A. Die Stadt
Münsterberg.

Münsterberg **), die Hauptstadt des Fürstenthums, eine Immediat- und die Kreisstadt, liegt am rechten Ufer der Ohlau. Sie hat vier Thore: das Breslauer, Patschkauer, Neisser und Burgthor, und enthält:

I. **An städtischen Gebäuden:**

Bloß das Rathhaus.

II. **An kirchlichen und Schulgebäuden:**

1) Die katholische Stadtpfarrkirche;

2) Die Capelle Corporis Christi, eine Begräbnißkirche.

---

*) S. oben S. 1 u. f.

**) Sie soll in alten Zeiten Zam, auch Sambize geheißen haben.

3) Die Kirche St. Nicolai vor dem Neisser Thore, auch eine Begräbnißkirche.

4) Die Kirche zu St. Peter und Paul vor dem Breslauer Thore, die ein Eigenthum des Matthiästiftes zu Breslau ist.

5) Die ev. luth. Kirche, in welcher Deutsch und Böhmisch für die Böhmischen Colonisten gepredigt wird.

6) Die Wohnung des kath. Pfarrers.

7) Das luth. Pfarrhaus und Schule.

8) Das Böhmische Pfarrhaus und Schule.

9) Die katholische Schule.

III. **An bürgerlichen** oder **Privat-Häusern:**

In der Stadt 274 *)
In der Vorstadt 20
294

Außer diesen sind hier noch mehrere wüste Stellen, und in der Vorstadt 30 Scheunen.

Königliche Aemter sind hier:

Das Accise- und Zollamt.
Das Steueramt.
Das Fabriken-Steueramt.
Das Postamt.

Bürgerliche Nahrungszweige sind: der **Acker-** besonders der **Hopfenbau**, auf den man sich sehr befleißigt; das **Bierbrauen** (29 Dörfer müssen ihr Bier von

*) Zimmermann giebt 311 Privat-Häuser an. S. dessen allgemeine Nachrichten von Schlesien. S. 9.

von der Stadt nehmen); einiger Handel, der aber nicht beträchtlich, und nur Consumtions-Handel ist, der von etlichen Krämern en Detail getrieben wird; das erlernte Handwerk oder die erlernte Kunst.

Sonnabends ist Wochenmarkt. Sonst sind noch drei Jahrmärkte: am Dienstage nach dem H. Drey Königstage, den Sonntag Cantate, und den Sonntag nach Crucis.

Die Kämmerei besitzt 3 Dörfer mit 3 Vorwerken: Bürgerbezirk, Leipe und Reindörfel, und Dörnigs Vorwerk.

Die Garnison besteht aus den Grenadieren von 2 Regimentern: No. 28 und 50.

Das Stadtwapen ist ein Schild mit einer Krone. In der ersten Reihe des Schildes befindet sich ein Adler halb schwarz und halb roth. Auf der Brust hat er einen weißen halben Mond, der die Spitzen über sich kehrt; das Feld ist gelb und weiß. Neben dem Adler steht in rothem Felde ein weißer Löwe mit rother Zunge, und einem doppelt aufgeschlagenen Schwanze. Neben diesem steht, ebenfalls in rothem Felde, ein solcher Löwe. In der zweiten Reihe steht in rothem Felde ein gelber Stier mit einem Ringe im Maule. Neben ihm steht in gelbem Felde ein rother Löwe mit doppelt aufgeschlagenem Schwanze, und neben diesem in gelbem Felde ein schwarzer Adler mit rother Zunge und einem halben Monde auf der Brust. In der dritten Reihe ist in gelbem Felde ein schwarzer Adler mit rother Zunge ohne halben Mond. Neben ihm in gelbem Felde ein eben solcher Adler, und neben diesem in rothem Felde ein

Stier ohne Ring im Maule. Die drei auf dem Wapen befindlichen Löwen haben Kronen auf den Köpfen *).

B. Das Stift Heinrichau.

Heinrichau, eine Abtei Cistercienser Ordens (43 Geistliche), ist eines der schönsten und zugleich reichsten Klöster in Schlesien, von **Heinrich dem Bärtigen** gestiftet **). Es liegt an der Ohlau in einer fruchtbaren angenehmen Ebene, eine Meile von Münsterberg. Die ersten 12 Geistlichen wurden nebst dem Abte (Heinrich I.) aus dem Stifte Leubus genommen, und Kirche und Kloster, die anfänglich nur von Holz waren, den 28sten May 1227 eingeweihet. Das Kloster wurde nachher

*) Die Städte Reichenstein und Silberberg sieh bei dem Fürstenthum Brieg.

**) Der eigentliche Stifter ist Nicolaus von Henrichow, Domherr zu Breslau, und Kanzler Heinrichs des Bärtigen. Dieser wollte seine Güter gern den Cisterciensern zuwenden, und ein neües Kloster dieses Ordens bauen. Heinrich wollte, weil nach Nicolaus Tode diese Güter ihm zufallen würden, lange nicht einwilligen. Endlich gab er doch bei einem Gastmahle, zu welchem Nicolaus ihn geladen hatte, auf Bitten dreier Bischöfe (des Laurentius zu Breslau, Paulus zu Posen, Laurentius zu Lebus) nicht nur die Einwilligung zur Stiftung (im Jahre 1222), unter der Bedingung, daß sie ihm, dem Herzoge, zugeeignet würde, welches dann auch Nicolaus nachgab; sondern schenkte nachher, als er 1228 die Confirmation ausfertigen ließ, selbst noch 100 Hufen Land zu besserm Auskommen der Geistlichen. Man siehet daher unter dem Thurm beim Eingange in der Halle folgende Inschrift: Anno Domini M. C. C. XXVII. Monasterium hoc Ordinis Cisterciensis fundatum est ab Henrico duce Silesiæ, ex testamento domini Nicolai olim ejusdem Principis notarii; stetit nunc annos trecentos quinquaginta quinque.

verschiedene Mahle nebst der Kirche ausgeplündert und abgebrannt *), die Geistlichen mehrere Mahle verjagt, bis endlich Heinrich III., der 1681 zum Abte erwählt wurde, und bis 1702 regierte, Kloster und Kirche, so wie man sie jetzt sieht, massiv erbauete. Kloster, Prälatur und Kirche sind schöne Gebäude. Der hohe Altar, Chor und Orgel sind vortrefflich. In der Kirche findet man unter andern Merkwürdigkeiten viele Gemählde von Willmann. Bei dem Kloster sind außer den übrigen dazu gehörigen Gebäuden, ein schöner Garten mit einer ansehnlichen Orangerie, 2 Vorwerke, davon eines den Nahmen **Wiesenvorwerk** führt, und 47 von verschiedenen Handwerksleuten bewohnte Häuser.

Das Stift besitzt folgende Güter:

1) **Im Münsterbergischen Kreise:** Bälmsdorf, Bärzdorf, Bernsdorf, Neu-Carlshof, Craswitz, Dobrischau, Frömsdorf, Heinzendorf, Alt-Heinrichau, Schön-Johnsdorf, Krelkau, Moschwitz, Deutsch-Neudorf, Polnisch-Neudorf, Neuhof, Ohlgut, Polnisch-Peterwitz, Pleßgut, Raatz, Rätsch, Reumen, Sackerau, Schildberg, Tarchwitz (1 Antheil), Taschenberg, Wiesenthal, Willwitz, Zesselwitz, Zinkwitz.

2) **Im Frankensteinischen Kreise:** Herzogswalde, Raschgrund, Schönwalde, Seitendorf, Sebottendorf.

*) Einmahl von den Tartarn unter dem Abte Bodo. Unter dem Abte Nicolaus IV. 1429 von den Hussiten. 1438 auf Anstiften der Herzoginn Ephemia, durch Siegmund von Racheuau, und 1442 von Hynko Kruschina.

C. Dörfe

Nahmen der Dörfer.	Oeffentl. Gebäude.						Herrschaftl. Schlösser und Wohnhäuser.
	Kirchen.		Schulen		Pfarrhäuser.	Gemeinhäuser.	
	Protest.	Kathol.	Protest.	Kathol.			
Allgersdorf, (Alrdorf)	—	—	—	—	—	1	—
Altmannsdorf, Alt- (Alzendorf). .	—	—	—	—	—	—	—
Altmannsdorf, Neu-	—	1	—	1	3	1	—
Bälmsdorf, (Balsdorf)	—	—	—	—	—	2	—
Bärdorf, (Baierdorf)	—	1	—	1	1	2	—
Bärwalde, (2 Antheile)	—	1	—	1	1	1	—
Bärzdorf, (Bertholdi Villa) . .	—	1	—	1	1	2	—
Bernsdorf, (Bernhardsdorf) . .	—	—	—	—	—	2	—
Bergvorwerk	—	—	—	—	—	—	—
Bürgerbezirk	—	—	—	—	—	—	—
Commende	—	1	—	—	—	—	1
Carlshof, Neu-	—	—	—	—	—	—	—
Craswitz	—	—	—	—	—	1	—
Dobrischau, (Dobrickau)	—	1	—	—	—	1	—
Dörnigs Vorwerk	—	—	—	—	—	1	—
Eichau	—	—	—	—	—	2	—
Frömsdorf	—	1	—	1	2	2	—
Glambach	—	—	—	—	—	2	—
Haltauf	—	—	—	—	—	1	—
Heinrichau, Alt-	—	1	—	1	1	2	—
Heinzendorf	—	—	—	—	—	1	—
Johnsdorf, Ober-	—	—	—	—	—	—	—
Johnsdorf, Schön- (Johusdorf, Nieder- Jansdorph)	—	—	—	—	—	2	1
Krelkau, (Crelkow)	—	1	—	1	1	2	—
Korschwitz, (Skorsowitz)	—	—	—	—	—	1	—
Kuhnern, (Konowska, Konyr) . .	—	—	—	—	—	2	—
Kummelwitz	—	—	—	—	—	—	—
{Kunzendorf, Ober-	—	—	—	—	—	1	—
{Kunzendorf, Nieder-	—	—	—	—	—	2	—
Leipe, (Lypa, Lipáw)	—	—	—	—	—	1	—
Löwengut	—	—	—	—	—	—	—
Merzdorf, (Markzniovska, Marzinkowa	—	—	—	—	—	—	—

Bauern.	Gärtner.	Häusler.	Wassermühlen.	Windmühlen.	Herrschaft.	Anmerkungen und Merkwürdigkeiten.
1	9	—	1	—	Adelig.	
2	11	2	—	—	desgl.	
[illegible]8	44	6	6	—	Standesh.	
9	3	15	—	—	Kl. Heinr.	
[illegible]7	40	52	1	—	Standesh.	
[illegible]0	18	33	2	—	{ Standesh. Adelig.	
[illegible]9	22	15	—	—	Kl. Heinr.	
[illegible]1	12	25	3	—	desgl.	
—	—	4	—	—	Standesh.	
[illegible]	53	16	—	—	Kämm. Münsterberg	Ist ein Theil der Vorstadt von Münsterberg.
[illegible]	22	—	—	—	Stift Matthias zu Breslau.	
[illegible]	22	13	—	—	Kl. Heinr.	
[illegible]5	8	4	—	—	desgl.	
[illegible]	7	13	—	—	desgl	
—	4	—	—	—	Kämm. Münsterberg.	
[illegible]1	22	10	1	—	Standesh.	
[illegible]7	—	43	1	—	Kl. Heinr.	
3	23	18	1	—	Adelig.	
—	9	—	1	—	desgl.	
[illegible]8	11	11	—	—	Kl. Heinr.	
—	14	6	1	—	desgl.	
—	14	3	—	—	Adelig.	
[illegible]	2	15	1	—	Kl. Heinr.	
[illegible]	11	14	—	—	desgl.	
—	13	—	1	—	Adelig.	
—	22	3	2	—	desgl.	
—	19	2	—	—	desgl.	
7	17	6	—	1	desgl.	
7	19	3	—	—	desgl.	
0	3	5	—	—	Kämm. Münsterberg.	
—	—	—	—	—	Adelig.	Gehört zu Nieder-Kunzendorf.
—	10	—	1	—	desgl.	Eine Garn- und Leinwandbleiche.

Nahmen der Dörfer.	Oeffentl. Gebäude.						Herrschaftl. Schlösser und Wohnhäuser.
	Kirchen.		Schulen		Pfarrhäuser.	Gemeinhäuser.	
	Protest.	Kathol.	Protest.	Kathol.			
Mischkowitz, (Mischwitz)	—	—	—	—	—	1	—
Moschwitz, (Muschuwitz, Muschkowitz)	—	—	—	—	—	1	—
Münchhof	—	—	—	—	—	2	1
Neobischütz (Noschwitz)	1	—	1	—	1	1	1
Neudorf, Deutsch=	—	—	—	—	—	2	—
Neudorf, Polnisch=	—	1	—	1	1	1	—
Neuhof, (Nova Curia)	—	—	—	—	—	1	—
Nossen, Groß= (Nuzzin, Ossina) .	—	1	—	1	1	3	—
Nossen, Klein= oder Wenig= . . .	—	—	—	—	—	—	—
Oblgut	—	—	—	—	—	1	—
Olbersdorf, (Ulbersdorf, Albrechtsdorf)	1	—	1	—	1	1	—
Peterwitz, Polnisch= (Przewicz) .	—	—	—	—	—	1	—
Pleßgut, (Pleßig)	—	—	—	—	—	1	—
Raatz, (Radestau)	—	—	—	—	—	—	—
Rätsch, (Ratschütz Javorium) . .	—	—	—	—	—	1	—
Reindörfel	—	—	—	—	—	1	—
Reumen	—	—	—	—	—	2	—
Sackerau	—	—	—	—	—	1	—
Schildberg	—	—	—	—	—	2	—
Schlaußze, (Slawse)	—	—	—	—	—	3	1
Tarchwitz { 1 Antheil	—	—	—	—	—	—	—
Tarchwitz { 2 Antheil	—	—	—	—	—	2	—
Taschenberg	—	—	—	—	—	1	—
Töppliwode	1	—	1	—	1	4	—
Tschammerhof	—	—	—	—	—	—	—
Viehofen	—	—	—	—	—	—	—
Weigelsdorf, (Villa Vigandi, Weigandsdorf)	—	1	—	1	1	2	—
Wiesenthal	—	1	—	1	1	2	—
Willwitz, (Willhelmowitz)	—	—	—	—	—	2	—
Zesselwitz, (Zeßlawitz)	—	—	—	—	—	1	—
Zinkwitz	—	—	—	—	—	2	—

Bauern.	Gärtner.	Häusler.	Wassermühlen.	Windmühlen.	Herrschaft.	Anmerkungen und Merkwürdigkeiten.
—	6	3	—	—	Adelig.	In dem dazu gehörigen Walde ist ein Gnadenbild.
2	14	41	1	—	Kl. Heinr.	
—	9	21	1	—	Adelig.	
3	29	1	1	—	desgl.	
3	16	6	1	—	Kl. Heinr.	
19	24	11	—	1	desgl.	
11	13	26	—	—	desgl.	
27	11	37	—	—	Kl. Camenz.	
—	10	5	2	—	desgl.	Eine mineralische Quelle.
—	55	—	1	—	Kl. Heinr.	
19	24	11	—	1	Adelig.	
12	4	31	—	—	Kl. Heinr.	
—	22	—	—	—	desgl.	
—	6	1	—	—	desgl.	
9	9	6	—	—	desgl.	
—	28	6	4	—	Kāñi. Münsterberg.	Hierher gehört Viehofen.
9	—	1	—	—	Kl. Heinr.	
4	17	6	—	—	desgl.	
8	21	6	1	—	desgl.	
11	14	5	1	—	Adelig.	
14	—	—	—	—	Kl. Heinr.	
—	11	1	1	—	Adelig.	
—	9	10	1	—	Kl. Heinr.	
46	46	37	1	1	Adelig.	Eine mineralische Quelle.
—	5	—	1	—	desgl.	Dieses Vorwerk mit dem Zubehör liegt in Weigelsdorf.
—	—	—	—	—	— —	Gehört zu Reindörfel.
44	13	18	2	—	Kl. Trebnitz.	
23	5	11	1	—	Kl. Heinr.	
12	4	15	—	—	desgl.	
1	11	23	—	—	desgl.	
7	7	11	1	—	desgl.	

II.

Der Frankensteinische Kreis.

Der **Frankensteinische Kreis** gränzt gegen **Morgen** an den Münsterbergischen Kreis; gegen **Mittag** an das Fürstenthum Neiße und die Grafschaft Glatz; gegen **Abend** an die Grafschaft Glatz; gegen **Mitternacht** an das Fürstenthum Schweidnitz, und der kleinste Theil an das Fürstenthum Brieg.

Die **Neiße**, die bei Warthe in den Kreis eintritt, in demselben die **Pausebach** und die **Höllebach**, nebst den meisten andern in dem Kreise fließenden Wassern *) aufnimmt, durchläuft diesen Kreis und tritt aus demselben in das Fürstenthum Neiße.

Er enthält, nimmt man die von Zimmermann und den Provinzial-Blättern angegebene Größe des Fürstenthums (17 Quadrat-Meilen) an, auf 9½ Quadrat-Meile 2 Städte, **Frankenstein** und **Warthe**, außer dem Stift Camenz, 67 Dörfer.

A. Städte.

1. Frankenstein.

Die Stadt Frankenstein **) ist eine Immediat- und die Kreisstadt. Sie liegt an der **Pausebach**, ist ziemlich gut gebauet, mit einer Mauer umgeben, und hat

*) Siehe oben Seite 3. u. f.

**) Frankenstein liegt nach der Messung des H. v. Gersdorf, im rothen Hirsch daselbst, 877 Par. Fuß über der Meeresfläche.

vier Thore und vier Vorstädte. Sie enthält, außer dem in Ruinen liegenden Schlosse, oder der ehemahligen Burg,

I. An königlichen Gebäuden:

1) Das königliche Rentamthaus.

2) Eine Caserne.

II. An städtischen Gebäuden:

1) Das Rathhaus.

2) Ein Hospital.

III. An kirchlichen und Schulgebäuden:

1) Die katholische Pfarrkirche St. Anna.

2) Die Dominicaner-Kirche zum H. Kreuz nebst dem Kloster (6 Geistliche).

3) Eine Begräbnißkirche vor dem Breslauer Thore.

4) Eine evangel. luther. Garnison-Kirche, in welcher auch die Civilgemeine nunmehr seit 1793 durch ihren eigenen Prediger, der zugleich Rector der Schule ist, ihre Gottesverehrungen hält.

5) Eine kleine Kirche bei dem Hospital.

6) Die katholische Pfarrwohnung.

7) Die katholische Schule.

8) Die lutherische Schule.

IV. An bürgerlichen oder Privat-Häusern:

in der Stadt	428
in der Vorstadt . . .	96
	524 *)

außer 49 Scheunen in der Vorstadt.

---

*) Zimmermann giebt 567 Privat-Häuser und 29 öffentliche Gebäude an. S. dessen allgemeine Nachrichten von Schlesien. S. 9.

Königliche Aemter sind hier:

1) Das Accise- und Zollamt.
2) Das Steueramt.
3) Das Postamt.
4) Die Filial-Salzfactorei von Glatz.

Die ehemahlige fürstliche Regierung, die hier ihren Sitz hatte, ist, seit das Fürstenthum von dem Könige erkauft worden, aufgehoben, und mit der königlichen Regierung des Landes vereinigt.

Die Bürger ziehen ihre Nahrung nebst einigem Ackerbau, dem Bierbrauen (21 Dörfer sind dem Bierzwange unterworfen) und ihrem Handwerke oder ihrer Kunst, auch zum Theil aus einiger Handlung mit Spezerey, Zeug, Tuch, Korn, Flachs, Garn, Eisen und Leder. Die Leinwand- und Tuch-Manufactur ist so wie die wollene Strumpfstrickerei von einigem Belange. Man macht hier auch Strohhüte, und auf den zwei Wachsbleichen wird eine ansehnliche Quantität Wachs gebleicht. Der stärkste Verkehr ist der mit Getreide. Es wird Mittwochs auf den Kornmarkt aus der umliegenden Gegend hierher gebracht, und von den Gebirgsleuten aufgekauft. Montags ist Garn-, Donnerstags Flachs- und Victualien-Markt. Im Januar, Junius, September und November sind Jahrmärkte.

Die Stadtkämmerei besitzt

1) einen Theil von Warthe;
2) das Dorf Zadel;
3) das Dorf Olbersdorf.

Die Garnison besteht aus einem Infanterie-Regiment (No. 50.) ohne die Grenadiere, welches zum Theil in der Caserne, zum Theil bei den Bürgern liegt.

Das Stadtwapen ist ein Stück Mauer mit drei Thürmen und einem Thore.

2. Warthe.

Warthe ist eine offene, ziemlich gut gebauete, aber nicht durchgängig gepflasterte, theils der Stadtkämmerei zu Frankenstein, theils dem Stifte Camenz gehörige Mediatstadt, bei welcher eine steinerne Brücke über die Neiße geht. Sie enthält:

I. An kirchlichen Gebäuden:

1) Eine, von einigen Geistlichen aus dem Stifte Camenz bewohnte Probstei.

2) Eine schöne, große massive Kirche mit einer 1760 von Eberhard in Breslau gebaueten Orgel, die für eine der besten in Schlesien gehalten wird. Zu dem in dieser Kirche auf dem hohen Altar befindlichen Marienbilde wallfahrten jährlich wohl 40000 Menschen *). Daher hängen alle Wände der Kirche voll Votiv-Tafeln, silbernen Herzen, geweihten Kerzen rc.

3) Die Schule.

II. An bürgerlichen oder Privat-Häusern:

In der Stadt	. . . .	64
In den Vorstädten; in Haag	. . .	22
in Brunow	. .	14
	Summa	100 **).

Die Bürger treiben zwar Handwerke; aber ihre meiste Nahrung ziehen sie von den Wallfahrenden, die

*) Sieh oben S. 10.

**) Zimmermann a. a. O. S. 10. giebt 98 Privat- und 2 öffentliche Häuser an.

den ganzen Sommer über hinkommen, ihre Andacht bei dem Gnadenbilde zu verrichten, und zum Theil Hülfe bei demselben zu suchen.

Die Garnison besteht aus einer Eskadron Husaren, Reg. N. 4.

B. Das Stift
Camenz.

Camenz ist ebenfalls eine Abtei Cistercienser Ordens (43 Geistliche). Es liegt in einer angenehmen Gegend 1½ Meile von Münsterberg, 1 Meile von Frankenstein und 2 Meilen von Glatz an der Neiße. Der Böhmische Herzog Brezetislaus soll an das von ihm, statt des von ihm eroberten und zerstörten Gränzschlosses Bardun, das auf der Stelle, wo jetzt Warthe steht, gestanden haben soll, erbauete Schloß Kamgruck (Kameneck, Camenz) eine dem H. Procopius gewidmete Capelle erbauet haben. Nachher haben Augustiner vom Sande zu Breslau hier eine Probstei errichtet, und eine größere Kirche erbauet, die sie der Jungfrau Maria widmeten. Heinrich der Bärtige schenkte den Geistlichen dieser Probstei 1228 einhundert und funfzig Hufen wüstliegendes Land, auf welchem sie einige Dörfer anlegten. Nachher wurden von dem Bischofe von Breslau, Thomas I, statt der Augustiner Cistercienser, es ist nicht ausgemacht, ob aus Heinrichau oder Leubus, in die Probstei eingesetzt. Dagegen protestierte das Breslauer Sandstift zwar heftig, so daß die Cistercienser zwar einmahl weichen mußten, aber doch nachher die Probstei wieder erhielten. Aus dieser Probstei ist nun nach und nach, da die Geistlichen von den Herzogen nicht nur mehrere Privilegien, sondern auch mehrere Güter geschenkt erhielten, die gegenwärtige Abtei, deren erster Abt (1239) Ludwig I war, entstanden. Auch dieses Kloster hat von dem Einfalle der Tartarn (Mungoln) und Hussiten manche Unfälle erduldet. Einige Ueberschwemmungen der Neiße und der dreißigjährige Krieg versetzten es ebenfalls in traurige Umstände. Abt Friedrich erbaute nachher das jetzige Kloster, die Prälatur und die Kirche, die auf einem Felsen stehet.

Außer den Klöstergebäuden sind hier noch zwei Vorwerke, davon eines den Nahmen Eichvorwerk führt, eine Mahl- und eine Walkmühle.

Dieses Stift besitzt folgende Güter:

A. **Im Münsterbergischen Kreise:**

Groß-Nossen, Wenig-Nossen.

B. **Im Frankensteinischen Kreise:**

Alt-Altmannsdorf (1 Antheil), Bahnau, Baumgarten, Beizen, Dörndorf, Eichau, Follmersdorf, Frankenberg (1 Antheil), Gierswalde, Grachwitz, Grunau, Haag (die Vorstadt von Warthe), Dürr-Harte, Heinrichswalde, Hemmersdorf, Johnsbach, Laubnitz, Meifriedsdorf, Paulwitz, Pilz, Reichenau, Rogau, Schlottendorf, Schromm, Wollmsdorf, Warthe (1 Antheil).

C. **Im Briegischen Kreise:** Michelau.

D. **Im Neißischen Kreise:** Plotnitz.

Ehedem besaß es noch die Stadt **Mittelwalde** im Glatzischen. Die Herrschaft **Goldenstein** mit 10 Dörfern in Mähren. Die Stadt **Reichenstein**, **Olbendorf** im Strehlenschen rc.

C. Dörfer:

Nahmen der Dörfer.	Oeffentl. Gebäude: Kirchen Protest.	Kirchen Kathol.	Schulen Protest.	Schulen Kathol.	Pfarrhäuser.	Gemeinhäuser.	Herrschaftl. Schlösser und Wohnhäuser.	Vorwerke.	Große Scholtiseyen.	Bauern.
Altmannsdorf, Alt-	—	1	—	1	1	1	—	—	—	26
Bahnau	—	—	—	—	—	—	—	1	—	13
Baumgarten	—	1	—	1	1	2	—	—	—	48
Bauße oder Bauze	—	—	—	—	—	—	—	1	—	—
Bälmsdorf, Klein- (Kalesche)	—	—	—	—	—	—	—	1	—	—
Beizen, (Biczano)	—	1	—	1	1	1	—	—	—	13
Briesnitz	—	1	—	1	1	—	—	1	—	20
Dittmannsdorf	1	—	1	—	1	—	—	2	—	8
Dörndorf	—	—	—	—	—	—	—	—	—	11
Eichau	—	—	—	—	—	—	—	—	—	9
Follmersdorf	—	—	—	1	—	—	—	—	—	21
Frankenberg 1 Antheil	—	—	—	—	—	—	—	—	—	19
Frankenberg 2 Antheil	—	1	—	1	—	—	—	—	1	—
Giersdorf, (Gerhardsdorf)	1	—	1	—	1	—	1	2	—	15
Gierswalde, (Georgswalde)	—	1	—	1	1	1	—	—	—	13
Gläsersdorf, (Gläsendorf)	—	—	—	—	—	—	—	—	—	6
Grachwitz	—	—	—	—	—	1	—	—	—	11
Grachau	—	—	—	—	—	1	1	1	—	6
Grunau	—	—	—	—	—	—	—	—	—	4
Harte, Dürr-	—	—	—	—	—	—	—	—	—	9
Haunold	—	—	—	—	—	—	1	1	—	—
Heinersdorf, (Heinrichsdorf, Hennersdorf)	—	—	—	—	—	—	—	—	—	22
Heinrichswalde (Henrici Villa)	—	1	—	1	1	—	—	—	1	36
Hemmersdorf	—	1	—	1	1	—	—	2	—	32
Herzogswalde	—	—	—	—	—	—	—	—	—	4
Johnsbach	—	—	—	—	—	—	—	—	—	5
Kaubitz	—	1	—	1	—	—	—	1	—	—
Kleutsch	—	—	—	—	—	—	—	2	—	1
Künheide	—	—	—	—	—	—	—	1	—	—

Gärtner.	Häusler.	Mühlen: Wassermühlen	Mühlen: Windmühlen.	Mühlen: Walkmühlen.	Herrschaft.	Anmerkungen und Merkwürdigkeiten.
4	45	—	—	—	Kl. Camenz.	Ein Theil dieses Dorfs liegt im Münsterbergischen Kreise.
16	34	—	—	—	desgl.	Das Vorwerk aber hat einen andern Besitzer.
10	67	—	—	—	desgl.	Unter den Gärtnern ist eine Schmiede.
—	—	—	—	—	Standesh.	Gehört zu Tarnau.
4	1	—	—	—	Adelig.	Gehört zu Kaubitz.
33	11	1	—	—	Kl. Camenz.	Dazu gehört noch eine Schmiede.
14	45	2	—	—	Standesh	Dazu noch eine Schmiede.
23	3	—	—	—	Adelig	Dazu gehört noch ein Schäferhaus.
23	28	—	—	—	Kl. Camenz.	
4	20	—	—	—	desgl.	
5	58	1	—	—	desgl	Dazu gehört eine Schmiede.
28	44	1	—	—	Bresl. Domcap.	Dazu gehört noch eine Schmiede.
—	10	1	—	—	Kl. Camenz.	
23	33	—	—	—	Adelig.	Eine mineralische Quelle
16	22	1	—	—	Kl. Camenz.	Dazu geh. 1 Schmiede u. 1 Schäferhaus.
6	2	—	—	—	Adelig	
2	5	—	—	—	Kl. Camenz.	Noch eine Schmiede.
17	10	—	—	—	Adelig.	
31	43	1	—	—	Kl. Camenz.	
6	6	—	—	—	desgl.	Noch eine Schmiede.
7	1	—	—	—	Adelig.	
4	3	—	—	—	Kl. Trebnitz.	Noch 1 Schmiede und 1 Schäferhaus.
22	105	2	—	—	Kl. Camenz.	Außerdem sind hier noch 1 Scholtiseihaus, 1 Schmiede, 1 Schäferhaus.
28	66	2	—	—	desgl.	Noch eine Schmiede.
23	26	1	—	—	Kl. Heinrichau.	
4	27	1	—	—	Kl Camenz.	Noch 1 Schmiede und 1 Schäferhaus.
23	5	—	1	—	Adelig.	In der Kirche ist ein wunderthätiges Marienbild.
26	3	—	—	—	desgl.	Noch ein Schäferhaus.
—	1	—	—	—	— —	Geh. dem Frankensteiner Fleischermittel.

Nahmen der Dörfer.	Oeffentl. Gebäude. Kirchen. Protest.	Kirchen. Kathol.	Schulen Protest.	Schulen Kathol.	Pfarrhäuser.	Gemeinhäuser.	Herrschaftl. Schlösser und Wohnhäuser.	Vorwerke.	Große Scholtiseyen.	Bauern.
Kunzendorf, (Strankowa, Gunzonis Villa)	—	—	—	—	1	1	—	—	—	19
Lampersdorf	1	—	1	—	1	—	1	2	—	21
Laubnitz, (Lupeniez) . . .	—	—	—	—	—	1	—	1	—	7
Löwenstein	—	—	—	1	—	—	—	2	—	6
Meifriedsdorf, (Meyfriedsdorf)	—	1	—	1	1	—	—	—	—	21
Niklasdorf	—	—	—	—	—	—	—	1	—	—
Olbersdorf, (Ulbersdorf, Albrechtsdorf, Alberti Villa) .	—	—	—	1	—	—	—	—	—	36
Paulwitz	—	—	—	—	—	1	—	—	—	12
Peterwitz, Groß-	—	1	—	1	1	1	1	1	—	43
Pilz	—	—	—	—	—	1	—	—	—	16
Prozan	—	1	—	1	1	1	—	—	—	19
Quickendorf	1	—	1	—	1	—	1	1	—	13
Racksdorf	—	—	—	—	—	—	—	1	—	—
Raschdorf	—	—	—	—	—	—	—	1	—	[illegible]
Raschgrund	—	—	—	—	—	—	—	—	—	[illegible]
Raudnitz	—	—	—	1	—	—	1	2	—	13
Reichenau	—	1	—	1	1	1	—	—	—	18
Reisezagel, (Reiszahl) . . .	—	—	—	—	—	—	—	1	—	—
Rogau	—	—	—	—	—	—	—	—	—	—
Rossenbach	1	—	1	—	1	—	—	1	—	9
Rathsam	—	—	—	—	—	—	—	1	—	—
Rügersdorf	—	—	—	—	—	—	—	—	—	16
Schadelwitz	—	—	—	—	—	—	1	—	—	—
Schönheide	—	1	—	2	—	—	1	4	—	2
Schönwalde, (Schonimwalde)	—	1	—	1	1	—	—	1	—	7
Schlottendorf	—	—	—	—	—	—	—	—	—	13
Schräbsdorf	—	—	—	—	—	1	1	1	—	4
Schreibersdorf	—	—	—	—	—	—	—	—	—	—
Schromm	—	—	—	—	—	—	—	—	—	

Gärtner.	Häusler.	Mühlen: Wassermühlen.	Mühlen: Windmühlen.	Mühlen: Walkmühlen.	Herrschaften.	Anmerkungen und Merkwürdigkeiten.
19	10	1	—	—	Kl. Trebnitz.	Noch 1 Schmiede und 1 Schäferhaus. Drei mineralische Quellen.
36	26	5	—	—	Adelig	Noch 2 Schmieden. Zwei miner. Quellen.
37	35	—	—	—	Kl. Camenz.	
19	5	—	—	—	Bresl. Domcap.	Ein Vorwerk ist adelig. Noch 1 Schmiede.
20	51	3	—	—	Kl. Camenz.	
16	5	—	—	—	Adelig.	
38	36	1	—	—	Käm. Frankenst.	Noch 1 Schmiede, 1 Schäfer- 1 Hirtenhaus, zwei mineral. Quellen.
21	20	—	—	—	Kl. Camenz.	
14	80	3	—	—	Br. Domc. / Adelig.	Hat 2 Antheile. Zwei mineral. Quellen.
29	13	—	—	—	Kl. Camenz.	
28	30	1	1	—	Bresl. Domcap.	Noch 1 Schmiede und 1 Schäferhaus.
18	21	—	—	—	Adelig	Eine mineralische Quelle.
14	2	1	—	—	desgl.	Noch 1 Schmiede. Hierher gehört auch Pantelwitz.
13	11	1	—	—	desgl.	
2	16	—	—	1	Kl. Heinrichau.	
14	18	—	—	—	Adelig.	Hierher gehört auch Schreibersdorf.
23	10	—	—	—	Kl. Camenz.	Noch eine Schmiede.
10	14	—	—	—	Adelig.	Noch eine Schmiede. Zehn Häusler sind Colonie.
—	—	1	—	—	Kl. Heinrichau.	Gehört zu Raschgrund.
10	8	—	—	—	Standesh.	Noch eine Schmiede.
5	4	—	—	—	Adelig.	Gehört zu Schönheide.
12	31	—	—	—	desgl.	Noch eine Schmiede.
1	3	—	—	—	desgl.	Gehört zu Schräbsdorf.
44	35	—	—	—	desgl.	
16	102	3	—	—	Kl. Heinrichau.	Noch 6 Auszughäuser, 8 Bäudler, 3 Kretscham, 1 Baderei, 1 Fleischerei.
15	17	—	—	—	Kl. Camenz.	Noch 1 Schmiede und 1 Schäferhaus.
1	2	1	—	—	Adelig.	Noch 1 Schäferhaus, 2 Domestikenhäuser.
—	—	—	—	—	— —	Gehört zu Baudnitz
7	10	—	—	—	Kl. Camenz.	Noch 1 Schmiede und 1 Auszughaus.

Nahmen der Dörfer.	Oeffentl. Gebäude.						Herrschaftl. Schlösser und Wohnhäuser	Vorwerke.	Große Scholtiseyen.	Bauern.
	Kirchen.		Schulen		Pfarrhäuser.	Gemeinhäuser.				
	Protest.	Kathol.	Protest.	Kathol.						
Seitendorf, (Sebottonis Villa, Sebottendorf, Seidinbottendorf)	—	1	—	1	1	—	1	1	—	21
Siebersdorf, s. Wiltsch.										
Stolz, (Skorolezo)	1	—	1	—	1	1	1	2	—	54
Ulbersdorf, s. Olbersdorf.										
Tädtelwitz	—	—	—	—	—	—	—	1	—	—
Tarnau	—	—	—	—	—	—	—	2	—	20
Tomnitz, (Tumpnitz) . . .	—	—	—	—	—	—	1	1	—	—
Wiltsch	—	—	—	—	—	—	—	—	—	—
Wollmsdorf, (Willmdorf) .	—	—	—	1	—	—	—	—	—	13
Zadel, (Sadilao)	—	1	—	1	—	1	—	—	1	26

Gärtner.	Häusler.	Mühlen Wassermühlen	Mühlen Windmühlen.	Mühlen Walkmühlen.	Herrschaft.	Anmerkungen und Merkwürdigkeiten.
9	44	1	—	—	Kl. Heinrichau.	
48	15	1	—	—	Adelig.	Noch 1 Hirtenhaus. Mergel. Kalkstein.
8	2	1	—	—	desgl.	Noch eine Schmiede.
5	42	2	—	—	Standesh.	
9	5	1	—	—	Adelig	Noch eine Schmiede.
9	6	5	—	—	desgl	Hierher gehört Siebersdorf.
21	22	—	—	—	Kl Camenz.	Noch ein Schäferhaus.
41	16	—	—	—	Käm. Frankenst.	Die Scholtisei gehört Kl. Trebnitz. Die Kirche soll auf dem Platze stehen, wo einst der Wind der heil. Hedwig den Schleier hingewehet hat.

Das unmittelbare Fürstenthum Brieg.

Erster Abschnitt. Physikalische Beschaffenheit.

Gewässer.

Dieses Fürstenthum durchströmen viele Flüsse und Bäche. Man kann hier nur die wichtigsten und benahmten anführen, da die minder wichtigen Bäche entweder gar keine Nahmen haben, oder nur von dem Dorfe, durch welches sie fließen, benannt werden.

Die ansehnlichsten Gewässer sind:

A. Die Oder.

Sie tritt aus dem Fürstenthume Oppeln, zwischen den Dörfern **Riebnitz** und **Lichten** in den Briegischen Kreis ein, fließt Brieg vorbei, und dann in den Ohlauischen Kreis, an dessen Gränze sie sich hinschlängelt, und in das Breslauische eintritt. Sie ist der einzige schiffbare Fluß dieses Fürstenthums, und nimmt in demselben auf:

I. Im Briegischen Kreise:

a) Am rechten Ufer:

1) Die Stober, unter Stoberau. Sie tritt aus dem Rosenbergischen Kreise des Fürstenthums Oppeln in den Kreuzburgischen, fließt Kreuzburg vorbei, und schlängelt sich meist nahe an der Gränze der Fürstenthümer Oppeln und Brieg, durch das Constädter Ländel, den Skreisauer Halt, und den Namslauer Kreis des Fürstenthums Breslau, in den Briegischen Kreis bis zu ihrem Eintritt im letztern in die Oder, hin. Sie nimmt nebst kleinern Bächen auf:

a) Die Bartsch, am rechten Ufer, bei Tschappel, im Kreuzburgischen Kreise.

b) Das Schwarzwasser, unweit Dammer, im Namslauer Kreise.

2) Das Döberner Wasser (Moslacher Vorfluthgraben).

b) Am linken Ufer:

1) Die Neisse. Sie kommt aus dem Grottgauischen an der Gränze des Falkenbergischen Kreises des Fürstenthums Oppeln, an welchem letztern sie sich auch an der Gränze des Briegischen hinschlängelt, bis gegen Löwen, wo sie die Krasse aufnimmt, tritt bei Rauschke wieder eine kleine Strecke in den Falkenbergischen Kreis, und fällt unterhalb Schürgast und Frohnau in die Oder, gleich beim Eintritte derselben in den Briegischen Kreis.

2) Den **Buchitzer Bach**, unter **Lichten**.
3) Den **Rosenthaler Bach** zwischen **Lichten** und **Koppen**.
4) Das **Paulauer Wasser**, das bei Gierschdorf aus dem Zusammenflusse einiger kleinen Bäche entsteht.
5) Den **neuen Graben bei Brieg**.
6) Den **Briesner**, und
7) Den **Lindener Bach**, unweit **Linden**.

II. **Im Ohlauischen Kreise:**

Das **Hünnersche Wasser**. Es entsteht aus dem Zusammenflusse etlicher Bäche, bei **Herzogswalde**, im Grottgauischen Kreise, fließt bald in den Briegischen, nimmt hier ein von Groß-Jänkau herkommendes, durch **Pampitz** fließendes Wasser auf, tritt endlich in den Ohlauischen Kreis, und fällt bei **Polnisch-Steine**, am linken Ufer, in die **Oder**.

B. Die Ohlau

tritt aus dem Münsterbergischen Kreise, wo sie entspringt *), bei **Gambitz** in den **Strehlenschen Kreis** ein, fließt (Strehlen vorbei) in den **Halt Wansen**, (**Wansen** vorbei) in den **Ohlauischen Kreis**, (**Ohlau** vorbei) und strömt bei **Gräbelwitz** in das **Fürstenthum Breslau**. Sie nimmt in ihrem Laufe im **Fürstenthum Brieg** auf:

---

*) Siehe oben S. 1.

I. Im Strehlenschen Kreise:

Das Krönwasser *) (Kryhnwasser), das aus dem Münsterbergischen kommt, bei Glambach, am rechten Ufer.

II. Im Ohlauischen Kreise:

Einen bei Ulbendorf, im Strehlenschen Kreise entstehenden Bach, der bei den Wülschehäusern in den Ohlauischen Kreis, aus diesem in den Briegischen Kreis tritt, durch Bankau fließt, (nimmt vor Bankau aber noch ein bei Crain, im Strehlenschen Kreise entstehendes, durch Marienau, im Ohlauischen Kreise, fließendes Wasser auf) aber bald wieder in den Ohlauischen Kreis hinströmt, Klein Oels und Nichmen vorbeifließt, am rechten Ufer.

C. Die Lohe,

die an der Gränze des Nimptscher Kreises mit dem Frankensteinischen Kreise entspringt. Sie strömt Nimptsch vorbei, nimmt mehrere unbenahmte Bäche auf, und tritt zwischen Groß-Tinz und Bohrau, wo sich die kleine Lohe, die aus dem Strehlenschen kommt, am rechten Ufer mit ihr vereinigt, in das Breslauische.

D. Das Schwarzwasser (Mimiska)

kommt aus dem Namslauischen in den Briegischen Kreis, aus welchem es in den Ohlauischen Kreis, und aus diesem in den Halt Wansen und in das Breslauische fließt, wo es sich bei Langen in die Oder ergießt.

---

*) Siehe oben S. 7.

E. Das Schwarzwasser.

Ein anderes Wasser dieses Nahmens, welches in der Gegend des Zobtenberges aus einigen Bächen entsteht; es tritt bei Klein-Knicgwitz in den Nimptscher Kreis, verläßt ihn aber bei Grunau bald wieder, tritt in den Schweidnitzischen Kreis zurück, und aus diesem in den Neumärkischen, wo es in die Weistritz fällt.

F. Die Briesnitz

kommt aus dem Rosenbergischen Kreise des Fürstenthums Oppeln, schlängelt sich an der Gränze des Pitschenschen Weichbildes mit Südpreußen hin, wo sie oberhalb Bunzlau in Südpreußen

die Brawa *), die aus dem Kreuzburgischen und Pitschenschen herströmt, aufnimmt.

G. Die Scheluna **),

strömt an der linken Seite der Oder in einem Theile des Ohlauischen Kreises, fließt aber bald in das Breslauische, wo sie sich bei Klein-Tschantsch in die Ohlau ergießt.

H. Die Kleineiche

entsteht im Oelsnischen im Walde, fließt zwischen Razor und Trataschine in den Ohlauischen Kreis, und fällt unter Kranst im Breslauischen in die Weide.

---

*) Auf der Schubartschen Charte Pratwa.

**) Ebendaselbst Schelona.

I. Die Schmottkowa. (Smorttawa.)

Sie kommt von **Moslach** und **Döbern** im Briegischen, treibt die **Peisterwitzer Mühle** und fällt in die alte Oder.

Noch führe ich die **Pausebach** *) (**Pausa**) an, die bei **Silberberg** entsteht, weil diese Stadt, die zwar im Fürstenthum Münsterberg, im Frankensteinischen Kreise liegt, zum Fürstenthum Brieg gerechnet wird.

Seen giebt es, außer denen im Briegischen Kreise bei **Pogarell** und **Böhmischdorf** (man nennt sie dort **Kessel** **)) und den kleinern bei **Koppen**, **Neudorf**, **Schönau** und **Schwanowitz** in diesem Fürstenthume nicht.

Teiche sind:

1) Im Briegischen Kreise	42
Die beträchtlichsten darunter sind bei **Karlsmarkt**, **Lossen** und **Briesen**.	
2) Im Ohlauischen Kreise	41
Die ansehnlichsten sind bei **Heidau**, **Hünern** und **Klein-Oels**.	
3) Im Strehlenschen Kreise	112
4) Im Nimptschischen Kreise	44
Die beiden Rothschlosser Teiche sind die größesten.	
Latus -	239

*) Siehe oben Seite 4.

**) In einem dieser Kessel zwischen Brieg und Leubusch verlor ein Herzog von Anhalt-Dessau (1657), als er auf der Jagd mit dem Pferde stürzte, sein Leben.

Transport 239

5) Im Kreuzburgischen Kreise:

a) Im Kreuzburgischen . . .	41	
b) Im Pitschenschen	74	. . 157
c) Im Constädtschen Ländchen	42	

In allem - 396

Berge und Ebenen.

Der Briegische, Ohlauische, Creuzburg-Pitschensche Kreis sind ganz Ebene. Der Nimptscher Kreis ist gegen das Fürstenthum Breslau und den Strehlenschen Kreis Ebene, gegen den Zobtenberg und das Fürstenthum Münsterberg bergig. Der Strehlensche Kreis ist gegen den Ohlauischen Ebene, gegen das Fürstenthum Münsterberg bergig. Die mir bekannt gewordenen Berge sind:

A. **Im Briegischen Kreise:**

Der **Kalkberg**, bei Carlsmarkt, mit einem Kalksteinbruche.

B. **Im Ohlauischen Kreise** ist außer verschiedenen Sandhügeln an der Oder ein unbeträchtlicher Berg bei **Goy**.

C. **Im Strehlenschen Kreise:**

Von Strehlen bis gen **Krummendorf** zieht sich aus Mitternacht gegen Mittagmorgen und gegen Mittag eine Reihe von Bergen, deren ganze Masse aus **Granit**, bald von gelblicher (vom **Feldspath**), bald graulicher (vom Quarz) und beinahe ganz schwarzer Farbe (von der Menge des schwarzen **Glimmers**) besteht. Dieser **Granit** wird hin und wieder von Quarzgängen oder Trümmern durchschnitten und geht gegen **Krummendorf** hin in **Quarzfels** über, der nicht selten das Ansehen eines grobkörnigen Sandsteins hat. Die Nahmen dieser Berge sind:

Der **Marienberg**, in der Vorstadt von Strehlen bei der Marienkirche.

Der **Ochsenberg**, nahe bei **Strehlen**.

Der **Ziegenberg**, bei **Striege**.

Der höchste Punct dieser Bergreihe ist:

Der **Rumberg** (Rummelsberg, Ruhmberg), bei **Krummendorf**, an dessen Fuße **Bergkrystalle**, von verschiedener Größe und Reinheit gegraben werden. Dieses Graben und Aufsuchen der Krystalle ist für die armen Leute, die sich damit abgeben, äußerst mühevoll und gefährlich. Sie machen auf ein Gerathewohl von oben hinunter trichterförmige Löcher, ungefähr von sieben Lachter Tiefe. Finden sie einen **Quarzgang** (sie nennen ihn **Krystallmutter**); so arbeiten sie sich hinein, bis sie eine Kluft treffen, aus welcher sie die Krystalle **einzeln**, oder **in Drusen** heraushacken. Die guten Leute müssen diese Arbeit in der elendesten Lage und, wie gesagt, mit großer Lebensgefahr verrichten, weil sie in steter Besorgniß schweben müssen, das Loch möchte von oben zusammengehen und sie verschütten. Sie erhalten für das Pfund große und reine Krystalle acht, für die geringern sechs, und für die kleinern zwei Silbergroschen. Jeder, der Krystalle graben will, muß sich von dem königlichen Amte zu Priborn einen Erlaubnißschein lösen, und von jedem Manne monathlich einen Ducaten an das Amt bezahlen.

D. Im Nimptscher Kreise:

Der **Panglerberg**, bei **Pangel**. Ich setze die Beschreibung dieses merkwürdigen Berges her, wie ihn die Beobachtungen und Entdeckungen aus der Naturkunde von der Gesellschaft naturforschender Freunde zu Berlin (Band 2. Stück 2. S. 197. f.) enthalten. „Dieser Berg besteht aus Granit, durch welchen ein Trumm mit **kugel- und säulenförmigem Basalt und Traß** 20 Zoll stark gangweise setzt, dessen Streichen in der Stunde 4 und sein Fallen des 70 Grad ist. Auf dem rechten Stoß, oder was man das Liegende nennt, ist ein Strich von etwa 12 Zoll starkem **gelblichem Granit**, worin hin und wieder auch einzelne **Basaltkugeln** von gleicher Beschaffenheit liegen; sie schalen sich ab, und lösen sich an der Luft und im Wetter auf; in der Feuchtigkeit aber bleiben sie hart; schlägt man sie von einander, und trifft eine **Höhlung** oder **Druse** darin an, so ist solche gemeiniglich **voller Wasser**. Der übrige graue Granit dieses

Berges ist mit grünem Schörl *) und Zeolith durchtrümmert, wovon in den Klüften und Druſenlöchern der Schörl zum Theil so hell und klar, wie Chrysolith, und der Zeolith so fein als ein Haar krystallisiert ist."

„Hinter dem Granit, gegen Morgen, wechselt blauer (Thon) Schiefer und Lagen von Schiefer mit Eisenbraune ab; der grüne Schörl findet sich überall dabei."

„Ich" (schreibt H. Berg-Commissions-Rath Danz, der der Verfasser dieser Beschreibung ist) „habe eine Stufe von blauem Schiefer mit grünem Schörl, Kalkspath und Blende daselbst gefunden."

„Nach diesem kommt gneißiger Schiefer und dann Hornschiefer, der auf etliche Meilen sein Streichen behält."

*) „Der hier sogenannte grüne Schörl scheint nach dem kleinen mitgeschickten Probestücke zu urtheilen, eher zum sogenannten vulkanischen Chrysolith zu gehören, wie H. Voigt in seinen mineralogischen Reisen, Th. 2. S. 109, anführt. Er ist von zeisiggrüner Farbe, schlägt mit dem Stahle Funken, und besteht zum Theil aus durchsichtigen ½ Linie langen, 4 auch mehrseitigen, und dann der Länge nach gereiften säulenförmigen Krystallen. Der Traß besteht nicht, wie der von Andernach, aus einer erhärteten vulkanischen Asche, sondern aus einer grauen mit rothen und gelben Flecken in unförmlichen und halbkugeligen Stücken zusammengebackenen Thonerde, und kommt besonders mit der Beschreibung des H. Leske, in seiner Reise durch Sachsen S. 322. ff. und 464 überein."

Kapfs Skizzen S. 99. erklären den Traß für aufgelöseten Granit.

Der Johnsberg, bei Ober-Johnsdorf, besteht aus Serpentinstein.

Der Weinberg, bei Schwentnig, besteht ebenfalls aus Serpentinstein.

Der Gumberg, er fängt sich bei Protzan, im Frankensteinischen Kreise an, und zieht sich bis gegen Kosemitz *) hin. Bei diesem Dorfe Kosemitz **) ist ein Berg, den man dort

den Windmühlberg nennt, dessen Richtung, der Länge nach, meist von Mitternacht nach Mittag ist, und dessen Höhe ungefähr 20 Lachter beträgt. Dieses ist eigentlich der Berg, wo man die Chrysoprase am ersten entdeckt und am meisten aufgesucht hat. Die oben angeführten Schriften der Gesellschaft naturforschender Freunde in Berlin liefern (Th. 2. St. 2. S. 276.) einige Nachrichten von dieser Chrysopras-Gräberei. Da diese Schriften nicht in jedermanns Händen sind, und doch vielleicht hier oder da jemand seyn möchte, der einige Belehrung oder Nachricht von diesem unserer Provinz eigenthümlich zugehörigen Steine zu haben, wünschen könnte; so erlaube ich mir einen Theil dieser Nachrichten, deren Verfasser Hr. Berg-Commissions-Rath Danz ist, der vier Jahre lang die Aufsicht über diese Gräberei gehabt hat, herzusetzen.

---

*) Sieh oben Seite 11.

**) Auf der Schubartschen Charte des Fürstenthums Münsterberg steht Cosmitz.

Er sagt: „Die Nachrichten, die ich von Aufsuchung des Chrysoprases erhalten können, gehen nicht weiter, als bis auf die Jahre 1740 und 41 zurück ganz in der Stille. Es hat nähmlich der **Hr. von Goldbach**, damahliger Besitzer von Kosemitz, durch dienstpflichtige Unterthanen, fleißig darnach wühlen lassen, und vorzüglich ist dieses geschehen, wenn seine Frau in die Wochen kommen sollte, nach deren Niederkunft er sodann die gefundenen grünen Steine mit einem Gevatterbriefe nach Hofe geschickt hat. Dieser Familien-Vorfall soll die Chrysopras-Gräberei nicht selten veranlaßt haben, so daß am Ende ein solcher Transport nicht mehr angenommen worden; fast möchte man glauben, daß die Steine nicht recht viel getaugt haben, unerachtet des Lärmens, der noch heut zu Tage von der vorzüglichen Güte dieser Steine gemacht wird. Es sind nähmlich bloße Röschen gemacht, und solche am tiefsten vier bis sechs Fuß gemacht worden. Auf eben diese Art wird auch auf den **Gläsendorfer und Schräbsdorfer Bergen**, eine halbe Meile davon, zu Werke gegangen: es wird eigentlich nur gewühlt, und ist nicht zu läugnen, daß unter diesen Steinen manchmahl gute Stücke vorkommen: wie ich denn selbst so glücklich gewesen bin, ein sehr schönes, und zwar das beste Stück in der ganzen Zeit von vier Jahren, in welcher ich die Aufsicht dabei gehabt, gleich unter der Dammerde im Letten

1½ Schuh

$1\frac{1}{2}$ Schuh tief zu finden. Es liegen sowohl auf den Kosemitzer als Gläsendorfer Bergen große Stücke einzeln und in unförmlichen Klumpen, zu Kosemitz aber mehr in ungleichen und gebogenen unebenen Platten, welche wohl bisweilen eine Elle lang und breit sind, und zwar sowohl in der gewöhnlichen Erdart unter der Dammerde, als auch in den obern lockern Serpentinsteinlagen; derjenige Theil des Berges aber, wo bisher noch Chrysopras gegraben worden, welches zu Kosemitz nur meistens auf der Anhöhe geschehen, ist ganz durchwühlt, und nur selten trifft man noch eine feste Stelle an. Es war aber diese Art die allerwohlfeilste, und ich bin der festen Meinung, daß nur auf diese Weise Chrysopras mit Vortheil gesucht werden kann: indem die Gruben- und Schachtarbeiten sehr kostbar und dabei sehr ungewiß sind. Der **Herr von Netz**, nachmahliger Besitzer von Kosemitz, hat hierauf ebenfalls durch Hofgärtner diejenigen Stellen durchwühlen lassen, welche der von Goldbach unberührt gelassen; dabei ist an das Zufüllen der Löcher und Ebenmachen des Bodens nicht gedacht worden, daher der Berg sehr wüst aussieht, und wo noch fester Berg ist, wird solcher erst unter den geworfenen Schürfen 1 oder $1\frac{1}{2}$ Elle tief gefunden."

„Nach der Zeit des v. Goldbach und v. Netz, hat der **Goldschmid Lösch** und andere mehr Erlaubniß zum Schürfen gehabt, und man hat bis zu einer Tiefe von 40 Fuß abgesenkt, und guten Chrysopras heraus gefördert. Se. Majestät der König zahlten damahls für eine Kiste ¾ Ellen ins Gevierte 40 Rthlr., und es kam auf die Menge grüner Steine an, wenn einer zu seinen Kosten gelangen, oder dabei noch gewinnen wollte: so viel habe ich erfahren, daß sowohl der Lösch, als der Steinschneider Friedrich zu Friedeberg, und ein gewisser Goldschmid zu Gnadenfrei auf keine Weise dabei gewonnen, sondern alle zugesetzt haben.

Dazu kommt noch, daß dieß Unternehmen eine unabwendliche Aufmerksamkeit erfordert, und eine einzige gefehlte Minute, in welcher etwa ein guter Stein von den Arbeitsleuten auf die Seite geschafft wird, ein unersetzlicher Verlust seyn kann; weil es wirklich etwas seltenes ist, diesen Stein in der vollkommenen Güte und in der Art zu finden, worin er geschätzt wird.

Von den geführten Gruben zu Kosemitz.

Es ist schon angemerkt worden, daß man einmahl eine Menge schöner Chrysopras-Steine, und wenigstens so viel gefunden, daß die Kosten einer Grube von ungefähr 40 Fuß tief, hinlänglich belohnt wurden, daß seit dem Jahre 1781 mehr in der Tiefe als nur obenhin, und zwar durch Absenkung eines ordentlichen Schachtes oder einer Grube nach dergleichen Steinen gesucht worden ist. Die Länge einer

Grube war ungefähr 2 Lachter ins Gevierte, manchmahl auch eine Elle mehr, kurz so, daß darin ungehindert von vier Mann gefördert werden konnte; zwei mit Spitzhauen zum Lösen der Erde oder Steine, und die beiden andern mit Schaufeln, den Abraum fortzuschaffen: wenn denn schon 6 bis 7 Schuh abgesenkt war, so daß nicht mehr über sich geworfen werden konnte, so ließ man an einer Seite der Grube, und zwar außerhalb derselben, wo es das schlechteste Geschick hatte, einen Theil zu einer Bank bis nach und nach wiederum 6 bis 7 Fuß tief, absenken. Wenn daher die Grube schon 4 Absätze oder Bänke hatte, so waren schon 8 Arbeitsleute nöthig, um die durch den Abraum entstehenden Halden, etwa 2 Ellen von dem Rande der Grube, wegzuschaffen, und da noch dicht vor den Halden ein Wassergraben gezogen werden mußte, so waren oben schon 2 Mann erforderlich, daher ist leicht einzusehen, daß bei mehrerer Tiefe, und wenn von beiden Seiten auf diese Art gefördert wurde, über 20 Mann erforderlich gewesen, besonders wenn die Halden sehr hoch wurden. Dessen ungeachtet sind die Kosten lange nicht so beträchtlich, wie durch bergmännische Methode und Arbeiten *); denn da diese Leute als Taglöhner, wozu noch dazu starke, robuste beurlaubte Soldaten und in Steinbrüchen geübte Steinbrecher genommen wurden,

*) Kapf thut in seinen Skizzen Vorschläge zu einer bergmännischen Gewinnungs-Methode. S. 150.

für 16 Stunden des Tages (worunter freilich vier Feierstunden gehören, folglich nur 12 Stunden zu rechnen sind) 4 Groschen Lohn erhielten; so arbeitete ein solcher doch für diese 4 Groschen in 12 Stunden mehr, als 2 Bergleute in 2 Schichten für 12 Groschen.

Da man aus öfterer Erfahrung wahrgenommen, daß **gute Steine meist in einer sehr fetten dunkel ochergelben Erde** sich gefunden, so gleich nach geführter Rösche unter der Dammerde sich gezeigt, so ist dieses als ein Merkmahl angenommen worden, daß man da einschlagen könne; wo sich aber fortgehende Felsen oder gewöhnliche graue Lehmart gezeigt, von weitern Versuchen abgelassen worden. Allein es ist dem erstern so wenig zu trauen, wie bey letzterm die Hoffnung aufzugeben. Es giebt wohl auch **keine untrüglichen Merkmahle**: denn da der Chrysopras, welcher gesucht wird, nur nach dem Grade der Farbe, der Reinheit, der Durchsichtigkeit, und dann nach der Größe seinen Werth hat, so ist auch leicht einzusehen, daß dieser Zufall nicht von der Einsicht und Geschicklichkeit in der Art zu verfahren abhängt, und folglich der Kostenbetrag bei Gewinnung derselben allemahl sehr ungleich ausfallen muß, weil, wie gesagt, es nicht **auf die Menge sondern Güte derselben** hauptsächlich ankommt, und bei der größten Härte und schönsten Farbe solche entweder zu satt sind, oder doch nicht auf einen Zoll im Quadrat gleiche Reinheit haben. Wenn man aber alle grüne Steine auf diesen Bergen Chrysopras nennen will, so geht diese Benennung auf alle Steinarten fort, und findet sich solcher in großer Menge. Dieses wäre aber wohl nicht charactermäßig, indem die Opalarten dazu nicht, sondern bloß der Hornstein, oder vorzüglich die Quarzarten dazu gerechnet werden können. Es sind diese Steinarten, welche man durchgängig Chrysopras nennt, auch noch eben so unterschieden, in Ansehung der mehrern oder wenigern Farbe, als der Bestandtheile selbst, folglich auch in dem Grade der Härte. Ja, dieser letztere Unterschied wird oft bloß erst in dem Anschleifen sichtbar, da dann die den festern Quarzstein durchsetzende weiche Opalart, sie mag klar oder wolkig seyn, wenn sie auch die schönste grüne Farbe hat, beim Schleifen keinen Glanz annimmt, selbst wenn die größte Mühe dabei angewendet wird, die übrigen Theile aber die Politur annehmen. Es kann aber ein solcher grüner Stein, der ganz opalartig ist, welches wohl leicht an dem zu glänzenden oder auch unschälartigen Bruche zu sehen ist, doch auch noch einen Grad der Härte haben, welcher eine schöne Politur annimmt. Diese Steine aber sind es, welche den sämmtlichen Chrysopras in den Verdacht gebracht haben, daß er seine Farbe verändere. Uebrigens aber liegt der Chrysopras in mehrerer Tiefe selten ordentlich zu Gange, sondern er setzt durch die schichtenweise unter einander liegenden Erd- und Steinmassen durch, welche sich theils flach ausbreiten, auch sich oft niederwärts senken, und so kommt er aus einer Lage in die andere, und steigt und fällt mit den unterschiedenen Arten des unter einander liegenden Gesteins, oder der kalkartigen auch oft nur gewöhnlichen Lettenart. Oefters vertrümmern sich die grünen starken Klüfte in den Stein- und Erdlagen ganz und gar, und es giebt nur selten an den bröckligen milden grünen Kreuz- und Querklüften, welche alles durchziehen, kleine Ecken von Chrysopras-Steinen. Noch muß ich anmerken, daß solcher auch oft in den zwischen dem festen Gestein befindlichen breiten Fäulen oder Erdklüften, nester- oder nierenweise zu finden ist, eine Chrysoprasart, die meist zwischen dem Opal und Chalcedon das Mittel hält.

Oft ist solcher auch nur ein Uebergang des Chalcedons, und finden sich davon gelbe, chrysolithgrüne und dunkelgrüne Stückchen oder Schalen, so wie von denselben Farben ganz opalartige.

Aus allem diesen ist wohl leicht zu ersehen, daß zu der Wahl des Ortes, wo man einschlagen lassen will, gut Glück zustehen muß. Man hat z. E. an einem Orte, wo beständig und noch in einer Tiefe von 16 Fuß, und weiterhin von 24 Fuß, bloß derbe graue gewöhnliche Lettenart, unbesorgt fortgefahren und einen anhaltenden Gang von Chrysopras, plattenweise, gerade nach Mittag zu, senkrecht fortgehend gefunden. Es waren hier viel mehr gute Steine befindlich, als da, wo sich dem Anscheine nach alles gut anließ, wo alle Steinart sich grünlich zeigte, und es waren an den ersten Platten oft handbreite große und gute Stücken Chrysopras, nur bestand seine Güte mehr in der Farbe, als in der Durchsichtigkeit, auch waren sie mit viel gelben auch dunkelgrünen, sehr hellen aber weichen Adern durchzogen. Noch habe ich auch in einem lockern gleich nach der Dammerde vorgefundenen Dache von Serpentin-Steinen, in welchem mit unter onyxartige braungelb und weißgestreifte Steine lagen, sehr gute Chrysopras-Steine gefunden, welche mehr smaragd- als grünspanfarbig waren; darauf kam die sonst erwünschte rothe helle Erdart, welche den Magnet sehr anzieht, mit einer erstaunlichen Menge Chrysopras-Platten und irregulären Klumpen, die aber alle, so schön sie aussahen, wenn sie frisch aus dem Berge kamen, bei näherer Untersuchung und fernerer Behandlung nichts taugten.

Allgemeine Beschreibung der Stein- und Erdarten auf dem Kosemitzer Berge.

Die Hauptsteinart auf diesem Berge ist Serpentinstein mit eingemengtem Asbest, Amianth, Talk, oder auch Specksteinart, Steinmark, Glimmer u. s. w. Dieser Serpentinstein ist es auch, welcher auf dem Kosemitzer Berge zu Tage aussteht, und zwar zweierlei Serpentinstein, welcher in mehrerer Tiefe sehr bröcklig, mit vielen weißen ganz kleberigen Gängen und Klüften anhält, welche oft zwei Finger breit seigergeraden Gang nehmen, oder es ist diese einem Steinmarke ähnliche Masse von grüner Farbe. Oft verändert sich derselbe in einer Tiefe von 26 und mehr Fuß, in ein Gemisch, welches das Mittel von der Erd- und Steinart hält, und schwer zu unterscheiden ist, oder in sehr nassen und kleberigen Lagern von lauter kurzen unordentlich figurirten Steinen, oder variirt auf andere Art.

Was an Erdarten gleich nach der Dammerde sich zeigt, oder auch hier und da zu Tage aussteht, ist eine dunkelbraune, rothe, fast wie Bolus aussehende Erde, dann folgt manchmahl eine sehr bunte, grüngelb, roth und weiß gemischte Erde, mit fetten grünen Gängen, wie Berggrün an Farbe, auch öfters eine wie dunkel Ocher aussehende Erde: sehr oft, besonders in der Tiefe von 18 bis 20 Fuß, fand sich auch nach diesen fetten Erdlagen der Serpentinstein wieder, oder ein anderes festes, knorriges Gestein, welches bloß wie ein Steingewebe aussieht, und wovon die Stükken, wenn sie am Tage eine Weile der Luft ausgesetzt sind, ausgelaugt, beinahe wie Bimsstein aussehen: dieß ist allemahl sehr schwer zu gewinnen, weil das kleine Geäder oder Gewebe sehr fest, und die großen knorrigen Klumpen davon oft die einzige feste Masse ausmachen, worauf die obere Wand der Grube steht, und wenn solche, wie es geschiehet, sich gerade nicht weit von der abgesenkten Wand ausschneiden, so ist übel fortzukommen, weil solche oft sehr tief ausreißen, und dadurch die Wand unsicher machen. Uebrigens sieht dieses Gestein wie die bunte daran gränzende Erde aus. Sehr oft folgte nach dieser oder statt dieser gleich der Serpentin, nur sehr klüftig mit einer klebenden weißen, oder ganz grünen Steinmark ähnlichen Masse, da man denn oft 7 bis 8 Fuß in eine beschwerliche Arbeit geräth, indem alles kurzklüftig, und bei jedem Hiebe mit der Spitzhaue nur kleine Stücke sich lösen, und der Stein nie in großen Lagen vorkommt; nach diesem aber folgen öfters wieder ordentliche flache flötzähnliche Lagen von Erde, welche sich in Asbestlagern, bauch- oder muldenförmig ausschneiden, und ganz schmale bunte Saalbänder, sowohl an der Decke, als an der Sohle haben, welche aber so blätterig und kleberig, daß man davon nichts ganz erhalten können, besonders da die Hauptgräberei allemahl in der nassen Jahreszeit vorgenommen wurde, wodurch, und weil der Berg weder einen Baum, noch sonst eine trockne schattige Stelle hatte, alles immer verdorben ward; sehr oft aber erfolgt da, wo die feinen senkrechten milden weißen Gänge sich anheben, und dann im Fortgange weiße oder grüne Platten formieren, eine Bank von einer granitartigen Sandlage, die oft über einen Schuh breit alles durchschneidet, mit einem sehr festigen knorrigen, bunten Saalbande, und mit lauter fetten, durchziehenden, bröckligen, grünspangrünen Adern durchwebt ist. Man hat mir versichern wollen, daß dadurch alle Hoffnung, auf guten Chrysopras zu kommen, abgeschnitten sei. Allein ich habe eben darauf verschiedene sehr dunkelgrüne, wiewohl nur an den bröckligen Kreuz- und Querklüften hier und da befindliche Ecken von guten Steinen gefunden, und in mehrerer Tiefe lichtgrünen seigergerade heruntersetzenden Chrysopras, wovon ein Stück im Quadrat 3 Zoll ganz klar, aber von blasser Farbe war. Auf diese granitartige Sandlage bin ich manchmahl in einer Tiefe von 15 Ellen zweimahl gekommen, aber es kam nie solcher körnige glimmerige Sand in Menge, in der Tiefe von 3 bis 4 Ellen ohne Saalband vor.

Ich übergehe, um nicht zu wiederhohlen, die Beschreibung der einzelnen Gruben, die nun in diesen Nachrichten folgen.

Ich hoffe sehr, Verzeihung wenigstens von denjenigen Lesern dieser Schrift zu erhalten, die dergleichen Nachrichten wünschen, wenn ich es wage, noch eine, von der vorhergehenden Nachricht von diesem Berge etwas verschiedene, mitzutheilen. Es ist die, welche Herr Gerhard in seiner Schrift von der **Umwandlung einer Steinart in die andere** S. 60 f. f. giebt:

„Am Fuße des Zobtenberges fängt sich ein Gebirge an, welches aus einem grünen mit schwarzen Flecken und dergleichen Adern gezeichneten, sehr festen kleinspritterigen Serpentinstein bestehet, und welches sich bis gegen Frankenstein fortzieht. Dieser Serpentin ist sehr hart, läßt sich schwer drehen, nimmt aber bei dem Schleifen eine außerordentlich=schöne Politur an, und besteht aus mächtigen, öfters etliche Fuß dicken Bänken. Er ist dicht, und nicht klüftig, so daß man die ansehnlichsten Blöcke zu Säulen, Tischplatten und andern dergleichen großen Stücken der Bildhauerkunst daraus erhalten kann. In der Gegend von Kosemitz fängt dieser Serpentinstein an, sehr klüftig und rissig zu werden, dergestalt, daß man bei der Abtiefung der Schächte glauben sollte, man habe mit lauter zusammengeschwemmten Stücken (Eboulaux) zu thun. Diese Stücke sind bloß aufgelöster oder in der Auflösung befindlicher Serpentin, welcher sowohl seine Farbe, als auch seine Festigkeit verwandelt hat. Man kann dieß am deutlichsten an den unweit der Mühle freistehenden Felsen sehen, wo der aufgelöste Serpentin durch verschiedene Stufenfolgen mit dem aufgelösten unmittelbar zusammenhängt. Die Auflösung an den einzelnen zerklüfteten Stücken fängt von außen an, und geht nach innen fort, dergestalt, daß man in dem innern noch festern Kern die Ueberreste des ersten Serpentins noch deutlich erkennen kann. Zuweilen wird er an Farbe dunkler, und sodann beschlägt er mit einer grünen, gelblichen und weißen Erde. Ein andermahl wird die Farbe leimgelb, und die dunklern Flecken zeigen sich noch darin, doch sehr verschossen, und auf diese Art von Auflösung kommt bisweilen ein dunkelrother Beschlag zum Vorschein, so daß aus der Auflösung des Serpentins grüne, gelbe, rothe, weiße Erden in den Klüften desselben entstehen. Bisweilen sind diese Erden rein und ohne Mischung, ein andermahl finden sie sich mit einander vermischt, und eine durchsetzt öfters die andere. In den Klüften nur, in welchen sich diese aus dem Serpentin entstandenen Erden befinden, liegen ohne alle Ordnung die Stücke von Chrysopras, Opal, weicher Chalcedon oder Cachalong unter einander, und man kann deutlich sehen, daß dieselben aus den beschriebenen Erden entstanden sind. Denn so findet man

1) grüne staubige Erde;
2) dergleichen mehr verhärtet mit noch erdigem Bruche;
3) dergleichen noch mehr verhärtet mit noch erdigem Bruche;
4) eben diese Verhärtung getropft;
5) Opal von grüner und gelblicher Farbe, welcher häufig mit Braunstein = Dendriten gezeichnet ist, und einen völligen muscheligen Bruch hat;
6) Anfang des grünen Chrysoprases, dessen Bruch sich aus dem erdigen in den splitterigen zieht;
7) weiteren Fortgang desselben mit etwas grobsplitterigem Bruche;

8) reifen Chrysopras, mit sehr feinsplittrigem, öfters in den muschligen sich ziehenden Bruche;
9) getropften Chrysopras mit eben diesem Bruche;
10) rothe Erde;
11) dergleichen mehr verhärtet;
12) rothen Opal;
13) dergleichen Hornstein;
14) dergleichen Chrysopras;
15) dunkelbraunen Opal;
16) dunkelrothbraunen Hornstein;
17) gelbe Erde;
18) dergleichen mehr verhärtet;
19) Isabellfarbnes Weltauge;
20) gelben Opal;
21) Anfang des gelben Chrysoprases;
22) gelben Chrysopras;
23) weiße, scharf anzufühlende Erde mit einigen Glimmerblättern eingesprengt;
24) dergleichen etwas härter mit erdigem Bruche;
25 und 26) dergleichen noch mehr erhärtet mit glattem etwas muscheligem Bruche, ein wahres Steinmark;
27) Anfang des weißen Opals, hat den völlig muscheligen Bruch, schlägt schon etwas Feuer, und ist milchfarben und undurchsichtig;
28) weißen vollkommenen Opal, ist völlig halbdurchsichtig, mit muscheligem Bruche, und schlägt stark Feuer;

29) getropften Opal;

30) weißen Cachalong, ist meist durchsichtig, und schlägt noch mehr Feuer, wie der vorige;

31) Anfang des weißen Chrysoprases mit einem aus dem erdigen in den splittrigen sich ziehenden Bruche;

32) weißen Hornstein, oder groben weißen Chrysopras mit etwas grobsplittrigem Bruche;

33) weißen, sehr feinsplittrigen, beinahe ins muschelige sich ziehenden Chrysopras;

34) zerfressenen Wasser-Chrysopras.

An sehr vielen Stücken von No. 24 — 30. finden sich Braunstein-Dendriten und dergleichen Zeichnungen.

Zuweilen findet man diese jetzt beschriebenen Stücke völlig rein, ohne andere Beimischung. Gewöhnlich befinden sie sich mit einem Rande des braun und gelb aufgelöseten Serpentins umgeben, durch welche sie in einer oder mehreren Adern durchsetzen oder fleckweise in ihr liegen. Sehr oft sind sie mit einander vermischt, so daß man grünen, gelben, weißen Opal mit einander vermischt, ja mit einander ordentlich stratificirt, weißen Opal in rothem oder gelben Hornstein antrifft, und es kommt die individuelle Lage dieser Steinarten, mit der oben angeführten Beschaffenheit der Erden, aus denen sie entstanden sind, völlig überein. Zuweilen findet man in einem einzigen Stücke Chrysopras, Cachalong und Opalarten beisammen. In andern trifft man noch die lockern

Erden und die verschiedenen Grade der Erhärtungen beisammen an. Ich besitze ein ganz poröses lavenartiges Stück, wo in den Löchern weiße Erde, und deren Erhärtungen bis zum vollkommenen weißen Opal vorkommen. — — — —

Außer dieser Stufenfolge findet man mitten, unter und bei den einzelnen Stücken der vorhergehenden Arten noch

35) immergrünen Talk;

36) weißen Talk;

37) weißen und grauen Amianth; — —

38) weißen noch nicht ganz erhärteten und undurchsichtigen Feuerstein, den ich aber nur ein einziges Mahl bemerkt habe;

39) Basalt mit Glimmerflecken;

40) schwarzen feinen Strahlschörl;

41) eine sehr schöne fleischfarbne Steinart von sehr feinsplittrigem Gewebe und anliegendem Spathschörl und grünen specksteinartigen Flecken;

42) wahren Granit aus Quarz, Feldspath und Glimmer, der sich auch im Feuer als solcher verhält, der unter der Erde bisweilen noch ziemlich weich ist, und an der Luft erhärtet.“ So weit H. Gerhard.

Die Tartarschanze, ein Berg bei **Pristram**. Man hat hier Münzen, Dolche, und eine besondere Art von Hufeisen ausgegraben.

E. **Bei Reichenstein** *):

Der Hüttenberg.

Der Hummelsberg.

Der Kuhberg.

Der Scholzenberg (Klang).

Der Jauersberg. Dieses Gebirge ist für den Mineralogen sehr merkwürdig **). „Man findet hier außer dem Glimmerschiefer, in dessen Masse bräunlich- und blutrothe kleine und sehr kleine Granaten und kleine säulenförmige Krystalle von schwarzem Schörl verstreut liegen, nebst vielen andern hier brechenden merkwürdigen Fossilien zwei, die dieser Gegend eigenthümlich sind; sehr häufig grünlich schwarzen Serpentin matt von ebenem oder sehr flachmuscheligem Bruche, sehr leicht zersprengbar, fast immer mit sehr kleinen Arsenik-Rieskrystallen gemengt. Auf den Klüften bedeckt ihn fast stets grünlichweißer Speckstein, der in milchweiß, endlich vollkommen in himmelblau übergeht, und so, auszeichnend ist für den Serpentin selbst. Nicht selten sind jedoch diese Klüfte auch mit einer Krystallhaut bedeckt,

---

*) Reichenstein und Silberberg gehören zwar topographisch betrachtet zum Fürstenthume Münsterberg; ich habe sie aber, weil sie zum Fürstenthume Brieg gerechnet werden, auch bei diesem Fürstenthume anführen müssen.

**) L. von Buch Versuch einer mineralogischen Beschreibung von Landeck. S. 10. f.

bedeckt, von kleinen sechsseitigen, starkglänzenden, durchsichtigen **Quarz-Pyramiden**, auf denen größere doppeltdreiseitige Pyramiden von Kalkspath zerstreuet liegen, und oft wird noch die feste Masse von lauchgrünem, glänzendem feinfaserigem Asbest von Seidenglanz in mehrern Richtungen, durchtrümmert; alle ihrem äußern Ansehen nach, würdige Begleiter dieses in der That schönen Fossils. Es ist überdieß noch die besondere Lagerstätte der hiesigen Erze, die sich ohne dasselbe nicht zeigen. Denn mit vielen Krystallen von silberweißem Arsenik- und mit tombackbraunem magnetischen Kiese gemengt, giebt es dem Auge noch mannigfaltigere Abwechselungen. In großen, derben Massen von unebenem Bruche von feinem Korne oder flachmuschelig liegt der magnetische Kies, wohl öfters unvermengt in der Lagerstätte; allein bei dem Arsenik-Kiese scheinen die derben Massen selbst, nur sehr gehäufte Sammlungen von Krystallen zu seyn; lange und dünne geschobene vierseitige Säulen, mit einer, auf die scharfen Seitenkanten, aufgesetzten Zuschärfung.

Tremolith ist diesen Erzen sehr häufig beigemengt; es ist, bis jetzt der einzig bekannte Ort in Schlesien, wo er vorkommt, aber in ganz gleichen Verhältnissen, als derjenige vom **Termola-Thale**, von **Schebesch**, von **Thiersheim** bei **Wunsiedel**, von **Kongsberg in Norwegen**.

Er ist hier von

gelblich- und grünlichweißer, grünlich und rauchgrauer Farbe, derb in ziemlich ansehnlichen Massen;

im Bruche wenig glänzend, ins Glänzende übergehend, von Fett- und Seidenglanz.

Der Bruch selbst ist schmalstrahlig, das ins breitstrahlige und faserige übergeht. Theils gleich, theils büschelförmig aus einander laufend, immer mit vielen Quersprüngen. Er geht sehr deutlich in den blätterigen Bruch von dreifachem, fast rechtwinkeligem Durchgange der Blätter über, und springt in diesem Falle in

kleinen, wenig rhomboidalen Bruchstücken;

er ist von groß- und langkörnig-abgesonderten Stücken

halb hart

schwer zersprengbar.

Sehr oft ist er mit Arsenik-Kies gemengt; selten aber mit Serpentin- oder Kalkstein. Man findet ihn am schönsten im Fürstenstollen, ob er gleich auch auf dem Reichentrost und goldenen Esel und auf dem alten Esel nicht selten ist."

I. Bei Silberberg:

Der Spitzberg.

Der Klußenberg. Der Gipfel dieses Berges wird der Hohestein genannt.

Der Schloßberg (ehedem Wunderhau) mit der Hauptfestung.

Die kleine Strohhaube.
Die große Strohhaube.
Der Hahnenkamm.

Alle diese Berge sind nach dem siebenjährigen Kriege von **Friedrich** II, unter der Aufsicht und nach dem Plane des damahligen Oberst-Lieutenants, nachherigen Generals **von Regeler**, um, wie er selbst in seinen Oeuvres posthumes (T. V. p. 177.) sagt, Herr von den Pässen zu seyn, die links nach **Glatz** und rechts nach **Braunau** führen, stark befestigt worden. Der Anfang zu dieser Befestigung wurde 1765 gemacht und an dem Hauptbaue derselben zwölf Jahre lang, mit Aufwendung mehrerer Millionen fortgefahren. Ein Herkulisches, bewundernswürdiges, herrliches Werk, ganz seines Urhebers würdig. Felsen mußten gesprengt und wegsam gemacht werden. Da, wo sich vielleicht der kühnste Wagehals nicht hinzuklettern getrauete, sind jetzt in die mit Pulver gesprengten Felsen *) schöne breite Chausseen (der Colonnenweg) angelegt. Die Gipfel der Berge mußten zum Theil abgetragen und geebnet werden. Die Hauptfestung mit dem Walle Donjon **)

*) Einst als der König die Festung besah, bat der Herr v. Regeler um die Erlaubniß, eine Probe mit dem Sprengen vor seinen Augen machen zu dürfen. Es waren eben 200 Löcher in einer Reihe zum Sprengen gebohrt, mit Pulver gefüllt und mit Zündern versehen. Auf einmahl brannten diese 200 Schüsse, gleich einem Lauffeuer, nach einander ab, so daß die Erde erbebte.

**) Man sieht von hier aus die Festung Glatz und den größten Theil der Grafschaft, die Böhmischen Gebirge, eine Menge Dörfer, die Stadt Reichenbach, Schweidnitz, die Striezauer Berge und den Zobtenberg.

ist Mittag-Abend über der Stadt Silberberg, auf dem **Schloßberge**, in der Mitte von fünf andern Bergen, von denen sie gedeckt wird, angelegt. Zwischen beiden, Mitternacht, ist der **Hohestein**. Gegen Mittag wird sie von dem **Spitzberge**; gegen Mittag-Abend von der **kleinen** und weiter gegen Mitternacht von der **großen Strohhaube**, und noch weiterhin von dem **Hahnenkamm** gedeckt. Auf der **Hauptfestung**, auf dem **Hohenstein**, auf dem **Spitzberge** und der **kleinen Strohhaube** sind über hundert Fuß tiefe Brunnen, die von Zeit zu Zeit gereinigt werden, in den Felsen gehauen, so daß es der Besatzung nie an reinem Wasser mangeln kann. Die Casernen sind terrassenweise über einander gebauet. Die Casematten waren sonst sehr feucht oder vielmehr voll Wasser: sie sind aber unter **Friedrich Wilhelm** II umgebauet worden.

Die Fruchtbarkeit des Bodens ist sehr verschieden. Im Briegischen Kreise, auf der Deutschen Seite (am linken Ufer der Oder) im Ohlauischen gegen Brieg und den Grottgauischen Kreis ist der Boden lehmig, und hin und wieder mit Sand vermengt. Guter, fetter, schwarzer Boden findet sich im Ohlauischen Kreise gegen den Strehlenschen und Grottgauischen Kreis (man rechnet den Ertrag auf 15 — 20 Korn) und im Strehlenschen Kreise. Im Briegischen und Ohlauischen Kreise auf der Polnischen Seite (am rechten Ufer der Oder) und im letztern auch auf der Deutschen Seite gegen Breslau hin findet man, so wie in einigen Gegenden des Strehlenschen Kreises Sandboden. Der Nimptscher Kreis, wo viel Weizen und Gerste gebauet wird, ist sehr fruchtbar; man rechnet den Ertrag durchgängig auf das zehnte Korn. Im Kreuzburgischen ist der schlechteste Boden, er ist feucht und kalt (der Ertrag wird auf das dritte Korn berechnet. Im Pitschenschen ist hingegen der Boden leicht und lehmig, so daß der Ertrag auf das vierte Korn gerechnet werden kann. Eben so ist der Boden im Constädtschen Ländel, Lehm mit Sand gemengt. Auch hier wird der Ertrag nur auf das vierte Korn angenommen.

Waldungen.

Die größten Waldungen sind auf der sogenannten Polnischen Seite (am rechten Ufer der Oder) des Briegischen und des Ohlauischen Kreises. Im Kreuzburg-Pitschenschen Kreise, desgleichen im Constädtschen Ländel ist zwar auch viel Wald, er ist aber doch nicht so beträchtlich, wie der in den vorhergehenden beiden Kreisen. Der Strehlensche Kreis liefert seinen Bewohnern den hinlänglichen Holzbedarf. Der Nimptschische Kreis hingegen, besonders der niedere Theil, leidet Mangel am Holze, und muß es größtentheils vom Zobten- und Geiersberge und aus den Ohlauischen Forsten ziehen. Einigen Ersatz leisten jedoch die vielen Weiden-Alleen und das Rohr aus den Rothschlosser Teichen, welches in der dasigen Gegend gebrannt wird.

Producte.

1. Das Thierreich.

Die Pferde und das Rindvieh sind, die Polnischen Seiten des Briegischen und Ohlauischen Kreises, desgleichen den Kreuzburg-Pitschenschen Kreis ausgenommen (im erstern sind sie mittelmäßig, und in den beiden letztern klein) meistentheils von großem Schlage. Zu Praus im Nimptschischen ist eine Stuterei. Die Schafe liefern meist feine, jedoch auch hier und da etwas mittelmäßige Wolle (im Kreuzburgischen); die im Strehlenschen und Nimptschischen Kreise wird am meisten geschätzt. Die Seidenwürmerzucht wird an verschiedenen Orten, vorzüglich in Brieg, wo in der Vorstadt ein besonderes Haus dazu eingerichtet ist, in Strehlen, Friedersdorf und in Ohlau (hier sind im Schlosse mehrere Zimmer dazu bestimmt) betrieben. Die Bienenwartung ist in dem Nimptschischen Kreise nicht so beträchtlich, wie in den andern Kreisen. Im Briegischen und im Kreuzburgischen Kreise giebt es auch Waldbienenschwärme, jedoch in dem letztern die meisten. An Wild liefern die Waldungen: Hirsche, Rehe, Füchse, Repphühner, wilde Auerhühner, Krammetsvögel, Schnepfen. Die Gewässer liefern an Geflügel: Wasserhühner, wilde Aenten, wilde Gänse, Schwäne (auf den Rothschlosser Teichen); an Fischen: Karpfen, Hechte, Schleien, Perschken, Aalruppen; in der Oder werden Zärten, Welse, und bisweilen auch Lachse gefangen. Bei Hochwald ist eine Fasanerie.

2. Das Pflanzenreich.

Die Waldungen bestehen aus Laub- und Nadelholz. Das letztere ist das häufigste. Zu Zedlitz im Ohlauischen, zu Scheidelwitz und bei Brieg sind **Weinberge** angelegt. Ueberall, besonders im Briegischen, wird **viel Obst** gewonnen. In den höher gelegenen Dörfern des Strehlenschen Kreises, z. E. zu **Ratschwitz**, **Habendorf**, **Dätzdorf** und **Tschammendorf**, so wie zu **Pangel** und **Strachau** im Nimptschischen Kreise sind besonders die **Kirschen** häufig. Im Strehlenschen hat man auch einige **Kastanienbäume** (Fagus castanea Lin.) angepflanzt. Aus den Seen (Kesseln) bei Brieg sammlet man die **Wassernüsse** (Trapa natans Linn.) Man bauet die gewöhnlichen Getreidearten und Hülsenfrüchte, Hirse, Heidekraut (Buchweizen), Flachs, Kartoffeln, und in Gärten die gewöhnlichen Küchengewächse. Im Ohlauischen wird viel **Toback** (seit mehrern Jahren auch Amerikanischer) und **Cichorie**, im Nimptschischen und Ohlauischen **Färberröthe**; im letztern Kreise und bei Brieg **Waid**; im Briegischen und bei Rothschloß, wo die ansehnlichen Teiche viel **Rohr** liefern, wird einiger **Hopfen** gewonnen. Im Ohlauischen, wo an der Oder und Ohlau sehr gute Wiesen liegen, wird **das meiste Heu**, in den andern Kreisen, den Strehlenschen ausgenommen, wo es verschiedenen Dörfern mangelt, wird für den Bedarf hinlänglich eingesammlet. Noch zeige ich die Orte an, wo man einige seltnere Pflanzen, die mir bekannt geworden sind, findet *).

*) Sollte denn in dem ganzen Briegischen Fürstenthume gar niemand zu finden seyn, der die Pflanzen, wenigstens seines Kreises, aufsuchte. Es ist wirklich zu bedauern, daß wir in unserm Lande so wenige Freunde der Naturkunde, wenigstens der Pflanzenkunde, zählen können. Was mag doch wohl die Ursache seyn? — — — Sollten sich denn die Herren Aerzte und Apotheker nicht mehr auf Kenntniß, wenigstens der officinellen Pflanzen legen? Es wächst manche Pflanze in unserm Lande, die noch von

Bei Silberberg:

Valeriana dioica. Linn.

Eupatorium cannabinum. L.

Bei Rothschloß:

Scirpus maritimus. L.

Colchicum autumnale. L.

Galega officinalis. L.

Bei Ohlau und Polnisch-Steine:

Dipsacus laciniatus. L.

Carduus palustris. L.

Bei Groß-Tinz:

Cerinthe aspera.

Stachys arvensis. L.

Scutellaria alpina. L.

Bei Prieborn:

Orobanche major. L.

Stachys annua. L., auch bei Schönbrunn im Strehlenschen, und bei Vogelgesang im Nimptschischen.

Bei Merzdorf im Ohlauischen Kr.:

Sium angustifolium. L.

Cardamine amara. L

Lathyrus palustris. L.

---

auswärts verschrieben wird. Wie können die Apotheken gehörig visitirt werden, wenn der Hr. Kreis-Physikus Inula Helenium und Arnica montana, Scabiosa arvensis und Jasione montana, Lychnis dioica und Saponaria officinalis, Delphinium Ajacis und Aconitum Napellus nicht zu unterscheiden weiß. Nur das Wohl meiner Nebenmenschen nöthigt mir diese Anmerkung ab. Exempla sunt odiosa.

Bei Brieg:

Ledum paluſtre. L.

Ranunculus Sardous Cranzii.

Bei Vogelgeſang:

Stachys recta. L.

Bei Schönbrunn:

Sambucus Ebulus. L.

Ciſtus Helianthemum. L.

Im Briegiſchen und Ohlauiſchen *):

Ononis hircina Jacq.

Bei Strehlen:

Carduus tuberoſus. L.

Ariſtolochia Clematitis. L.

Bei Reichenſtein:

Carduus polyanthemus. L.

——— *acaulis.* L.

Filago pyramidata. L.

Auf dem Rumberge:

Lilium Martagon. L.

Phyteuma ſpicata. L.

Lathyrus ſylveſtris. L.

Orobus niger. L.

Campanula glomerata.

3. Das Mineralreich.

I. Erdige Foſſilien.

A. Kieſelgeſchlecht.

1) Chryſolith. Bisweilen in dem Chryſopras bei Roſemitz.

*) Krock. Fl. Sil. Vol. 2. P. II. p. 159.

2) Granat.

Gemeiner, dem Glimmerschiefer eingemengt, auf dem großen Jauersberge bei Reichenstein.

3) Schörl.

Gemeiner, schwarzer, bei Rosemitz; in sehr kleinen säulenförmigen Krystallen, mit Granaten, ebenfalls dem Glimmerschiefer eingemengt, an dem vorigen Berge, bisweilen im Granit des Gebirges, das sich von Strehlen gen Krummendorf hinzieht; strahliger am Windmühlberge bei Rosemitz.

4) Quarz.

a) Bergkrystall. In den Quarzlagern, theils lose, theils in feinkörnigem Quarze festsitzend; 1½ Zoll breit bis 6 Zoll lang, ganz durchsichtig, oft mit dazwischen liegendem weißen Thon, bei Krummendorf, Schönbrunn, Prieborn und besonders auf dem Rumberge *); einzeln und in Drusen, bei Töppendorf und Mehltheuer.

b) Gemeiner Quarz. In Lagern oder Gängen: im Granit, bei Krummendorf (hier sehr mächtig in kleinen Krystallen, von wenigem Zusammenhalt, die ihn dem Sandsteine ähnlich machen), bei Schönbrunn, Prieborn, Podiebrat, am Rumberge;

im Gneiß, bei Woinwitz. Graulich, als Bestandtheil des Granits, bei Streh-

*) Siehe S. 76.

len, am Ochsen= und Ziegenberge, am Panglerberge, bei Mehltheuer, Steinkirche, Riegersdorf, Woinwitz, Pogart, Kreßwitz, Berzdorf, Kunsdorf, Kosemitz, Krummendorf, Nimptsch und im neuern bei Reichenstein.

Als Bestandtheil des Gneißes, bei Diersdorf, Dürre=Brokkut, Kunsdorf, Woinwitz, Panthenau, Langenöls, Rothschloß, Pogart, Dankwitz, Neudecke, Silberberg, Tadelwitz, Willwitz und Tarchwitz, an beiden letztern Orten mit viel Quarz und wenig Glimmer.

In großen und kleinen Geschieben bei Mehltheuer und Töppendorf.

Quarzfels. Man findet in der Gegend um Schönbrunn mehrere Felsen von verschiedenen Farben zu Tage ausstehen. Einige geben diesen Quarz für unreifen Achat, andere für Jaspiß aus. Er nimmt eine gute Politur an, und nähert sich geschliffen dem Aventurino.

5) Hornstein. Graulich, gelblichweiß, gelblichgrau, roth und dunkelbraunroth, am Kosemitzer Berge (Windmühlberg); gelblich und haarbraun, mit vielen durch ganz kleine Quarzkrystalle besetzte Höhlungen, als Gebirgsmasse, ebendaselbst.

6) Chalcedon.

a) Gemeiner Chalcedon, blaßrauchgrau, und blaulichgrau, auch milchweiß, in großen derben Massen, in Opal und Hornstein übergehend, nicht selten im Serpentinstein mit Chrysopras, ebendaselbst.

b) Carneol, ebendaselbst.

7) Chrysopras, apfelgrün, grünlichweiß und graulichweiß, oliven= und lichtgrün, gelb, wahrscheinlich als kleines Lager, auf dem Windmühlberge bei Kosemitz.

8) Zeolith, in Tafeln und haarfein krystallisirt, desgleichen derb in Trümmern in kleinkörnigem Granit und dem darin liegenden Traßlager, am Panglerberge im Nimptschischen.

*) Achat, bei Kosemitz und Nimptsch in Geschieben.

B. Thongeschlecht.

1) Jaspiß, hellgrün mit rothen Flecken, bei Nimptsch und Silberberg. Roth= und lichtbraun bei Kosemitz.

2) Opal.

Gemeiner Opal, milchweiß, gelblichweiß, apfelgrün, wachsgelb, röthlichbraun und dunkelbraun, oft lagenweise verschiedene Farben in einem Stücke, häufig mit Braunstein=Dendriten, muschelig im Bruche, auf der Lagerstätte des Chrysoprases im Serpentinstein am Windmühlberge bei Kosemitz.

3) Feldspath.

Gemeiner Feldspath.

Als Bestandtheil des Granits, bei Strehlen, am Ochsenberge, am Ziegenberge, am Panglerberge, bei Kosemitz, Krummendorf, Mehltheuer, Steinkirch, Riegersdorf, Woinwitz, Pogart, Kreßwitz, Berzdorf, Kunsdorf, Nimptsch und im neuern bei Reichenstein.

Als Bestandtheil des Gneißes, bei Diersdorf, Dürre-Brokkut, Kunsdorf, Woinwitz, Panthenau, Langenöls, Rothschloß, Pogart, Dankwitz, Neudecke, Silberberg, Tadelwitz, Willwitz und Tarchwitz.

4) Thon. Gemeiner.

a) Töpferthon.

Grau, bei Lossen im Briegischen, Klein-Oels und Goy, im Ohlauischen, Pangel im Nimptschischen, Siebenhuben und Töppendorf im Strehlenschen.

Weiß, bei Schönau im Briegischen; bei Töppendorf und Kosemitz.

Roth, bei Sackerau, bei Türpitz und Töppendorf (er kann zu Farbe gebraucht werden).

Grün und rothgelb, bei Tschammendorf (er erhärtet an der Luft).

Grünlichweiß und berggrün in dem Chrysopraslager bei Kosemitz.

Graulichweiß, bei Ludwigsdorf im Kreuzburgischen.

b) Verhärteter Thon, blaßgrün, auf dem Panglerberge bei Pangel.

5) Alaunschiefer.

Gemeiner, aufgelöster, zwischen Woinwitz und Silbitz, auch bei Dürre-Brokkut.

6) Glimmer.

Gelb, auf schieferartigem Sandstein? bei Gambitz.

Schwarz, als Bestandtheil des Granits an dem Gebirgszuge von Strehlen gen Krummendorf.

Silberweiß, in schönen zusammengehäuften sechsseitigen Tafeln zwischen dem Feldspath und Quarz unter dem Festungsbau auf der Glatzer Seite zu Silberberg, desgleichen im Conglomerat in Kalkstein in kleinen Blättchen zu Silberberg.

Lauchgrün, im Serpentinstein, am Weinberge zu Schwentnig.

Nelkenbraun, in Nieren von grobkörnigen abgesonderten Stücken, auf dem Erzlager des Reichentrostes und auf dem Fürstenstollen zu Reichenstein.

Als Bestandtheil des Granits, bei Strehlen, bei Mehltheuer, Riegersdorf, Steinkirch, Pogart, Woinwitz, Kunsdorf, Kreßwitz, Berzdorf, Nimptsch, Rosemitz, Krummendorf, Reichenstein, am Ochsenberge, Ziegenberge und Panglerberge.

Als Bestandtheil des Gneißes, bei Dürre-Brokkut, Kunsdorf, Langenöls, Woinwitz, Panthenau, Berzdorf, Dankwitz, Pogart, Rothschloß, Tarchwitz, Willwitz, Tadelwitz, Neudecke, Silberberg.

Als Glimmerschiefer, mit Granaten und schwarzem Schörl, am Jauersberge bei Reichenstein.

In Hornblende übergehend, im neuern Granit bei Reichenstein.

7) Hornblende.

a) Gemeine H.

b) Labradorsche H. Beide bei Reichenstein, erstere in dem Kalksteinlager, letztere, doch sehr selten, im Speckstein *).

8) Basalt, zwischen Woinwitz und Silbitz; in Kugeln, öfters mit Wasser gefüllt, ein Lager in kleinkörnigem Granit **), am Panglerberge; mit Glimmerblättchen am Windmühlberge bei Rosemitz in den Chrysopras-Gruben. (Gerhard.)

9) Steinmark, in den Chrysopras-Gruben bei Rosemitz und im Kalkstein bei Reichenstein.

C. Talkgeschlecht.

1) Walkererde, zu Hussinetz, Türpitz, Töppendorf und Siebenhuben im Strehlenschen; zu Ludwigsdorf im Kreuzburgischen; zu Brieg vor dem Neisser Thore; als liegendes eines Quarzganges im Granit bei Woinwitz.

2) Speckstein, grünlichweiß und apfelgrün, bei Kosemitz. Milchweiß, grünlichweiß und him-

*) Gerhards Mineralsystem, neue Ausgabe, S. 330. 332.

**) S. oben S 77 u. f. beim Panglerberge.

melblau auf den Klüften des Serpentins auf dem Reichentrost zu Reichenstein.

3) Serpentin.

Gemeiner Serpentin. Dunkellauchgrün, olivengrün, feinsplittrig am Weinberge bei Schwentnig, grünlichgrau und weiß in fleckigem Gemenge am Galgenberge daselbst. Man findet ihn an diesen beiden Bergen oft mit Zoll mächtigen Trümmern von berg- und spangrünem, im Bruche ebenem, durchscheinendem Serpentin durchsetzt.

Dunkellauchgrün, bei Klein-Kniegwitz, Carlsdorf, Langenöls.

Dunkelschwärzlichgrün, braun- nnd lichtroth, matt, vollkommen großmuschlig (von den Bergleuten Hornstein genannt), häufig mit eingesprengtem Arsenik-Kies, desgleichen **gras- und olivengrün**, der oft streifenweise mit körnigem Kalkstein abwechselt, auf dem Erzlager zu Reichenstein.

Gras- smaragd- und schwärzlichgrün bei Kosemitz.

Der **Serpentin** macht überhaupt die Hauptmasse eines zusammenhängenden Gebirges aus, welches, wie schon bemerkt worden, am Fuße des Zobtenberges anfängt, sich gegen Mittag über Haunold (im Reichenbachischen) und Klein-Ellgut gegen Frankenstein fortzieht, von da sich gegen Mitternacht-Morgen gen Kosemitz wendet, und sich bei Nimptsch am Granitberge endet.

4) Talk.

4) Talk.

a) Erdiger Talk, in dem Serpentin bei Kosemitz.

b) Gemeiner Talk, von grüner Farbe, auf den Erzlagern zu Reichenstein: in einzelnen Nestern neben einem Quarzgange im Granit bei Woinwitz.

5) Asbest.

a) Amianth, in schmalen Trümmern im Serpentinstein, nicht selten auf den Erzlagern des Reichentrostes und Fürstenstollen, desgleichen in den Kalksteinbrüchen zu Reichenstein; selten in dem Serpentinstein bei Kosemitz; sehr häufig feinfaserig in dem Serpentin des Weinberges bei Schwentnig.

b) Gemeiner Asbest. In Trümmern bis zur unsichtbaren Stärke hinab, in dem Serpentin zu Reichenstein.

6) Strahlstein.

a) Asbestartiger Strahlstein. Als Uebergang dazu aus dem faserigen Tremolith, auf dem Reichentroste zu Reichenstein.

b) Gemeiner Strahlstein, wenig glänzend mit Arsenik-Kies, Kalkspath, Serpentin, desgleichen aus einander laufend, grünlich, dünnstrahlig, auf dem Fürstenstollen, dem Reichentrost und alten Ksel zu Reichenstein.

7) Tremolith, bei Reichenstein *).

*) Eine nähere Beschreibung befindet sich oben unter der Beschreibung des Jauersberges, S. 11.

D. Kalkgeschlecht.

*) Luftsaure Kalkgattungen.

1) Kalkstein.

a) Dichter Kalkstein.

Gemeiner dichter Kalkstein. Bei Karlsmarkt am Kalkberge. Bei Silberberg in einem zusammenhängenden sehr mächtigen bis gen Neudorf und Volpersdorf (im Glatzischen) sich erstreckenden Lager, mit vielen Trochiten, Entrochiten und andern Versteinerungen.

b) Blätteriger Kalkstein.

α) Körniger Kalkstein. Bei Kniegwitz. Rauchgrau, dunkelblau mit weißen langen Adern, weiß mit braunrothen Adern, hellweiß, glänzend, blau gefleckt, und ganz weiß, bei Prieborn. Der rauchgraue, oder, wie man ihn dort nennt, der blaue und die andern Sorten nehmen eine gute Politur an, und werden zu Tischblättern ꝛc. verarbeitet. Der weiße, der in Sandstein überzugehen scheint, nimmt keine so gute Politur an, und der hellweiße ist etwas spröde, und erfordert bei der Bearbeitung viel Behutsamkeit, läßt sich aber schön polieren.

Sehr feinkörnig, hellweiß, dem carrarischen nichts nachgebend, als in dem Mangel großer Massen, die aber auch vielleicht in größerer Tiefe zu erhalten seyn würden, sehr mächtig, bei Reichenstein. In ihm ist das dasige Erzlager, unter welchem der Kalkstein blaulichtgrau, und oft mit Talk und Serpentin gemengt ist.

β) Kalkspath. Die doppelt dreiseitige Pyramide mittlerer Größe, in Trümmern, die den muscheligen Serpentin durchziehen; desgleichen grob- und großkörnig, nicht selten im Serpentin auf dem Reichentroste zu Reichenstein.

In kleinen drei- bis sechsseitigen Säulen krystallisiert, von gelber Farbe, durchsichtig, in den Kalkbrüchen bei Prieborn.

In Trümmern und als Ausfüllung der Trochiten und Entrochiten, in dem dichten Kalkstein bei Silberberg.

Derb und kleinkörnig ebendaselbst im Gneiße auf dem Morgenstern, der Gabe Gottes und dem Fürstenstollen.

γ) Faseriger Kalkstein. Aschgrau, in den Kalkbrüchen bei Prieborn, wo er das Dach des Kalksteins macht.

2) Mergel.

a) Mergelerde. Zu Prieborn, Türpitz, Tschammendorf, Dätzdorf, Woislawitz und Groß-Wilkau.

b) Verhärteter Mergel, zu Bankau, Johnsdorf und Linden im Briegischen Kreise.

**) Flußsaure Kalkgattungen.

3) Flußspath. In kleinen violblauen Würfeln, auf der untern Seite der Bergkrystalle zu Krummendorf, selten.

In diesem Fürstenthume hat man bisher weder salzige noch brennliche Fossilien entdeckt. Bei Dürre-Brokkut sind einst, weil man zwischen Silbitz und Woinwitz und diesem Dorfe ein schwarzes Ausgehendes fand, das man für eine Anzeige von Steinkohlen hielt, Versucharbeiten darauf gemacht worden. Dieses schwarze, in das Gneißgebirge einschießende, Ausgehende ist aber vielleicht aufgelöster Alaunschiefer.

II. Metallische Fossilien.

A. Goldgeschlecht.

Gold. Verlarvtes, in den Arsenik-Kiesen zu Reichenstein. „Die rothen Schliche, welche beim Sublimieren des Arseniks im Kessel zurückbleiben, sind goldhaltig. Acht Centner von diesem Residuum geben ½ Loth Gold. Diese Schliche wurden sonst nach der Seigerhütte bei Neustadt an der Dosse transportiert, und dort beim Verschmelzen alter bleihaltiger Schlacken, welche von dem ehemahligen Silber- und Kupferschmelzen noch in Menge vorräthig sind, als Zuschlag mit zugesetzt. Durch diesen Schmelzproceß erhielt man aus 10,000 Centnern alter Schlacken und 4000 Centnern rother Schliche, jährlich 11 bis 12 Mark Gold,

100 Mark Silber, 6 Centner Kupfer, und ungefähr 600 Centner Blei." *)

B. Eisengeschlecht.

1) Schwefelkies. Im Nimptschischen bei Neudecke in dem so genannten Goldloche, im Gneiße, theils eingesprengt, theils in Nieren.

2) Magnet-Eisenstein. Gemeiner, zu Reichenstein.

3) Thon-Eisenstein.

Gemeiner Thon-Eisenstein; im Kreuzburgischen bei Bankau, Matzdorf, Goslau, Willmsdorf und Nieder-Ellgut. Das Eisenerz wird zu Bankau auf einem Hohenofen verschmolzen.

C. Bleigeschlecht.

Bleiglanz, in kleinen Nieren, auf dem Erzlager zu Reichenstein.

D. Arsenikgeschlecht.

1) Gediegener Arsenik, auf dem Erzlager zu Reichenstein **).

2) Arsenik-Kies.

Gemeiner Arsenik-Kies, auf dem Erzlager zu Reichenstein, im Glimmerschiefer, mit Serpentin, Strahlstein, Amianth, Asbest, Tremolith, körnigem Kalkstein, Kalkspath, häufig in kleinen Krystallen, die theils in diesen Fossilien zerstreut liegen, theils zu derben Mas-

*) S. Abhandlung über die Producte des Mineralreichs in den Königl. Preuß. Staaten, S. 66. 67.

**) Gerhard Mineralsystem, alte Ausgabe, S. 258.

sen zusammengehäuft sind, gewöhnlich in braunen und lichtrothen Serpentin eingemengt.

Gebirgsarten.

I. Uranfängliche Gebirgsarten.

A. **Granit.** Bei Strehlen, am Ochsenberge, am Ziegenberge, bei Riegersdorf, Mehltheuer, Steinkirch, Kreßwitz, Woinwitz, Pogart, Kunsdorf, Nimptsch, Kosemitz, Krummendorf; neuerer Granit bei Reichenstein.

B. **Gneiß.** Bei Diersdorf, Panthenau, Woinwitz, Kunsdorf, Dürre-Brokkut, Neudecke, Dankwitz, Langenöls, Rothschloß, Pogart, Tadelwitz, Silberberg, Willwitz, Tarchwitz.

C. **Glimmerschiefer**, mit Granaten und schwarzem Schörl, am Jauersberge bei Reichenstein.

II. Flözgebirgsarten.

A. Sandstein, bei Steinkirch (schieferartig), Strehlen und Wilschkowitz, Krummendorf (?)

B. Schiefer, grau und schwarzgrau, bei Silberberg.

Die übrigen Gebirgsarten, z. E. Kalkstein &c. sind oben aufgeführt.

Beträchtliche Steinbrüche sind

bei Groß-Wilkau, Rothschloß, Kittelau, Panthenau, Ober-Johnsdorf, Pristram, Langenöls im Nimptschischen Kreise, zu Golkwitz im Ohlauischen Kreise, u. a. O. m.

Versteinerte Muscheln finden sich bei Panthenau.

Bei Klein-Leubusch, Schönfeld, Michelau, Groß-Jänkwitz und Conradswalde im Briegischen sind **Torfgräbereien.**

Die mineralische Quelle zu Diersdorf.

H. D. Friese in Breslau giebt folgende Beschreibung davon *), die ich wörtlich hersetze: „Diersdorf liegt ½ Meile von Nimptsch. Die kalte Schwefelquelle entspringt in dem Niederdorfe, am Abhange eines Hügels. Diese schon seit vielen Jahren den Bewohnern des Dorfes und der Gegend bekannte Mineralquelle wird der Stänker genannt, und steht bei ihnen in dem Rufe der Heilsamkeit, obwohl man mir auf mancherlei Fragen wenig Bestimmtes über die speciellen Wirkungen des Wassers erzählen konnte.

Bisher bediente man sich des Wassers dieser Quelle vorzüglich bei der am Abhange des Berges, aus welchem es hervorquillt, errichteten Garnbleiche, bis der jetzige Besitzer des Dorfes, der Herr Graf von Pfeil, theils zu seiner Bequemlichkeit, theils um Kranke zu Badeversuchen aufzumuntern, vor einigen Jahren ein kleines Badehaus an das dabei befindliche Gebäude erbauen ließ, und späterhin in einiger Entfernung ein schönes massives Wohnhaus zur Aufnahme der Fremden aufführte, worin mehrere Familien Raum und Bequemlichkeit finden können.

Die Quelle ist in ein großes längliches viereckiges Bassin gefaßt, welches ausgebohlt ist, in die Länge etwa 6, in die Breite aber 4 Ellen beträgt, und mehr als eine Mannstiefe hat. Das Wasser soll, nach der Aussage des Bleichers, an verschiedenen Stellen von der Seite des Hügels in dasselbe eindringen, und zwar

---

*) Archiv der praktischen Heilkunde, B. 1. St. 2. S. 230 f.

so häufig, daß es nur 5 bis 6 Stunden Zeit braucht, um den ausgeschöpften Behälter wieder bis zu seiner gewöhnlichen Höhe, welche die oberste Bohle erreicht, anzufüllen. Aus diesem Behälter läuft das Wasser durch eine ungefähr 20 Fuß lange Rinne in einen zweiten von derselben Größe, den ich ebenfalls angefüllt fand. Er ist, so wie der erste, als Reservoir des Wassers für die Bleiche angelegt. Beide sind allen Einwirkungen der Luft und der Witterung ausgesetzt, und werden bei heftigen Regengüssen oft von dem vom Berge herabströmenden Regenwasser überschwemmt. Bei regnigem Wetter soll sich das Wasser trüben und molkicht werden. An den Bohlen und in der Rinne, die das Wasser von einem Behälter zum andern führt, findet man das weißgelbliche, fette, schleimige, fadenartige Wesen in Menge, was man auch bei den Landecker Quellen, und überhaupt bei den meisten Schwefelwassern findet *). Das Wasser war klar, seine Temperatur

*) Schon durch das unbewaffnete Auge läßt sich die vegetabilische Organisation dieser Materie erkennen; das Mikroskop setzt sie außer allen Zweifel. Einige haben sie für eine Conferva, andere für eine neue vom Linnee nicht bestimmte Art Byssus gehalten. D. William nennt die in verschiedenen warmen Schwefelquellen in England gefundenen Vegetationen Lanuginosa Byssus. Hierin stimmt ihm auch D. Willan bei (S. Experiments and Observations on the sulphureous Waters at Craft and Harowgate in Yorkshire. By R. Willan M. D. the 2d. Edition p. 8 — 10). Nur behauptet dieser, daß diese Materie nicht allein aus der Lanuginosa Byssus bestehe, sondern gleichsam eine Zusammenfilzung dieser Pflanze mit der Conferva rivularis oder andern Moosarten sei. Die kleinen einfachen Filamente der Byssus ergreifen nähmlich die Fäden der Conferva oder

konnte ich wegen Mangel der nöthigen Geräthschaften nicht untersuchen. Dem Gefühl nach schien es fast die gleiche Temperatur mit dem gemeinen Quellwasser zu haben; vielleicht ist es selbst etwas kälter: denn die Sonne wirkte an einem sehr heißen Sommertage (den 9ten Jul. 1798) mit ihrer ganzen Kraft auf die Wasserfläche. Der hepatische Geruch, den das Wasser verbreitete, war stark; es roch weit stärker, als es schwefelhaft schmeckte. Ueber die ganze Oberfläche stiegen häufig Luftblasen hervor, in der nach dem Badehause zuliegenden Ecke am häufigsten. Beim Umrühren des Wassers kamen noch mehrere, und zuweilen sehr große zum Vorschein, die mit einigem Geräusche zerplatzten, auch wurde der Geruch weit stärker; doch konnte ich an dem ins Wasser gehaltenen Silber keinen Verlust seines Glanzes, und überhaupt kein Anlaufen bemerken.

Das Badehäuschen ist von der Quelle etwa 10 bis 12 Fuß entfernt. Es sind zwei Appartements darin, das eine zum Aus- und Ankleiden, das andere mit

---

anderer an der Quelle wachsenden Moose, und verflechten sich fadenförmig in einander. Willan sammelte an der Quelle zu Crast eine Quantität derselben, und brachte sie getrocknet auf ein glühendes Eisen; sie schmolzen nicht. An das Licht gehalten brannte sie mit keiner Flamme, sondern verglomm bloß mit einem kräuterartigen Geruche. So viel ist indessen gewiß, daß das hepatische Gas an der Erzeugung und dem Wachsthume dieser Vegetation einen wesentlichen Antheil haben muß. Man findet sie bei Schwefelquellen nie oberhalb, sondern stets unterhalb der Quelle, an den Steinen, in den Abflußrinnen u. s. w. Man findet sie desto sparsamer, je weiter das Wasser fließt, je mehr sich also die flüchtigen sulphurischen Bestandtheile daraus entbinden.

Wannen zum Baden. In das letztere kann man das kalte Quellwasser durch eine Art von Pumpe in die Wannen leiten, so wie auch das in dem anstoßenden Bleichhause erwärmte Wasser unmittelbar in die Wanne zufließen kann.

Aus dem Verhalten des Wassers gegen die vorzüglichsten Reagentien lassen sich vorläufig folgende Resultate angeben. Es besitzt eine ziemliche Quantität hepatisches Gas, etwas Luftsäure, aber wenig fixe Bestandtheile. Von kochsalzsauren Neutralsalzen, von erdigen Mittelsalzen und Erden zeigten sich nur schwache Spuren: der Gehalt an diesen Bestandtheilen würde kaum in Betrachtung kommen. Eisentheile enthält es nicht. Von vitriolsauren Neutralsalzen und von Alkalien schien auch nichts darin vorhanden zu seyn.

Ich fand einen Künstler aus dem nahe dabei gelegenen Gnadenfrei daselbst, welcher diesen Sommer das Bad gegen eine vieljährige Contractur brauchte. Er versicherte, daß er seit dieser Badecur eine regelmäßigere Oeffnung des Leibes, und mehr Kraft in seinen Schenkeln spüre, und überhaupt seine Glieder etwas leichter bewegen könne. Jetzt konnte er aufrecht stehen, und einige Schritte an der Krücke schleichen, welches ihm vorher nicht möglich war. Es soll, nach seiner Aussage, einigemahl in ähnlichen Fällen mit gutem Erfolge gebraucht worden seyn.

Ich nahm zwei gut verpichte Selterflaschen mit nach Breslau, um es mit dem H. Apotheker Günther dem Jüngern, nochmahls zu prüfen. Bei ihrer Eröffnung ließ sich durch den Geruch fast keine Spur mehr vom hepatischen Gas entdecken; auch die Luftsäure war entwichen. Die übrigen Versuche führten auf die oben erwähnten Resultate.

Einige Merkwürdigkeiten.

Urnen sind ausgegraben worden:

Im Briegischen Kreise, bei **Tschöplowitz**.

Im Ohlauischen Kreise, bei **Peisterwitz**, **Zedlitz** und **Sackerau**; an letztern beiden Orten mit kupfernen Ringen und Griffeln.

Im Nimptschischen Kreise, bei **Jordansmühl**.

Im Kreuzburgischen Kreise, bei **Ober-Ellgut**, mit darin befindlicher Asche und vergoldeten kupfernen Kettchen.

* * *

Im Ritschner Walde, im Briegischen Kreise, sind Ueberbleibsel eines ehemahligen Schlosses oder sonst eines andern ansehnlichen Gebäudes.

* * *

Das ehemalige berühmte fürstliche Jagdschloß **Klein-Liegnitz**, zwischen dem Ritschner und Leubuscher Walde gelegen, dessen Bau der Herzog Johann Christian 1614 vollendete, ist seit 1717 in eine Curatial-Kirche verwandelt.

* * *

In eben diesem Ritschner Walde, bei Scheidelwitz, hat man bei der sogenannten **Piasteneiche**, zu welcher die Herzoge jährlich einmahl im Sommer hinschifften, um dort ein Fest zu geben, und von welcher die alte

Sage erzählt, daß jedesmahl, wenn ein Herzog sterben sollte, ein Ast vertrocknet sei, hat man einst Messer und andere Opfersachen gefunden: man vermuthet, daß einst ein heidnischer Opferplatz hier gewesen sei.

* * *

In der Kirche zu Michelau liegt in der Gruft, in einem kupfernen Sarge, schon über 200 Jahre eine weibliche Person unverwest. Die Kleider sind vermodert, die Augen aber etwas eingefallen; sonst hat sie das völlige Fleisch, und die Hände sind beweglich.

* * *

Bei **Duppine**, im Ohlauischen, im Walde, soll einst ein Städtchen, **Lossow**, gestanden haben, das von den Hussiten gänzlich zerstört worden. Man hat hier ordentlich gepflasterte Gassen und andere Ruinen entdeckt, z. E. eine eiserne Thür, die in der Kirche zu Laskowitz aufbewahret wird, desgleichen hat man auch einen Topf mit silbernen Münzen, die Böhmische Groschen seyn sollen, ausgegraben. Statt dieses verheerten Städtchens soll das Dorf **Laskowitz** erbauet worden seyn.

* * *

In dem Willkauer Walde sieht man noch Rudera von dem Dorfe Chinast und dem Schlosse daselbst. Beides, Dorf und Schloß, sind im dreißigjährigen Kriege zerstört worden.

Zweiter Abschnitt.

Manufacturen und Fabriken.

In Strehlen ist eine **Leder-Fabrik**. Ebendaselbst, in Brieg und Ohlau ist die **Tuch-Manufactur** von einigem Belange. Brieg, Strehlen und Nimptsch liefern viel **wollene Strümpfe und Handschuhe**, theils gestrickte, theils gewirkte, davon der Absatz nach dem ehemahligen Polen ist.

Auf den Dörfern um Brieg herum wird, besonders im Winter, eine gute und dauerhafte **Leinwand** gemacht: sie ist unter dem Nahmen der Briegischen Leinwand bekannt. Die Landleute spinnen das Garn, wirken die Leinwand, und bleichen sie auch selbst. Um das Bleichen zu erleichtern, wird sie in Stücke von 12 bis 15 Ellen zerschnitten. Diese Stücke rollen sie nach der Bleiche, die aber nicht so weiß, wie im Gebirge, ausfällt, zusammen (sie wird daher auch bisweilen Röllchenleinwand genannt), und bringen sie zum Verkaufe nach Breslau.

Eine Manufactur in Brieg liefert: **buntgestreifte Leinwand, Flor, Dinntuch, Geraischen Zeug, Schwanenboy.**

In dem Zuchthause zu Brieg wird **Kattun** und etwas Leinwand gemacht.

In eben diesem Zucht- und Arbeitshause, in dem Armenhause zu Kreuzburg, in Strehlen, in den Colonien Hussinetz, Podiebrat, Buddenbrock und Prittwitz wird die **Baumwollenspinnerei** stark betrieben.

In dem Kreuzburger Armenhause verfertigt man Fries, ganzen und halben **Multon**, **Fußtapeten**, **Tischdecken**, **Flanell**, **Strohhüte** *) und Tuch zu Bekleidung der Armen.

In Ohlau sind **Tobacksspinnereien**. Reichenstein und Brieg liefern **Kraftmehl**, **Haarpuder** und **Schnupftoback**. Kreuzburg und Ohlau haben jedes eine **Papiermühle**; in der erstern wird aber nur meistentheils Schrenz (Löschpapier) verfertigt.

Wachsbleichen sind in Reichenstein vier, in Strehlen eine, in Brieg eine.

Leinwandbleichen sind: zu Klein-Leubusch, zu Bankau (Kreuzburgisch).

Garnbleichen sind: zu Schönfeld, Klein-Deutschen und Diersdorf.

---

*) Diese werden von den Kindern unter Aufsicht einer Lehrerinn geflochten. Die kleinsten Kinder lesen das Stroh aus, schneiden die Knöten aus den Halmen, und binden es zusammen. Die Erwachsenen flechten die Bänder zu den Hüten, deren eines, je nachdem es fein ist, 15 bis 50 Ellen lang ist. Die Funfzehner von der schlechtesten Sorte kosten 1 Ggr., die Vierziger 16 Ggr., und die feinsten Funfziger von schönem Stroh (denn auch nach diesem richtet sich der Preis) bis 1 Rthlr. 8 Ggr. Ein Kind macht, außer den Schulstunden, wöchentlich wohl 2 Schnüre Fünfzehner, und ein sehr geübtes eine Schnur von 40 bis 50 Ellen.

Zu Regelwitz ist ein Theerofen. Zu Klein-Deutschen ist eine Pottaschsiederei.

In Ohlau sind einige Steinschneider.

In Brieg werden viel zinnerne Knöpfe gegossen, und die Knopfgießer-Innung hat ein eignes Privilegium, mit kurzer Waare zu handeln.

Zu Bankau im Kreuzburgischen ist ein Hohereisenofen und zwei Frischfeuer.

In Brieg sind zwei Buchdruckereien.

Dritter Abschnitt.
Politische Verfassung.

Gränzen.

Das unmittelbare Fürstenthum Brieg gränzt gegen **Morgen** an das Fürstenthum **Breslau**, und zwar an den Namslauer Kreis, der von den übrigen Kreisen dieses Fürstenthums getrennt liegt, an Süd-**Preußen**, und an des Fürstenthums Oppeln Rosenbergischen Kreis; gegen **Mittag** an die Fürstenthümer **Oppeln**, **Neisse** und **Münsterberg**; gegen **Abend** an das Fürstenthum **Schweidnitz**; gegen **Mitternacht** an das Fürstenthum **Oels**.

Größe.

Nach Zimmermann *) enthält das Fürstenthum Brieg, ohne den Konstädtischen District und die Städte Reichenstein und Silberberg, 49 Quadrat-Meilen; rechnet man aber diese dazu, so könnten es 52 seyn. Nach des Herrn Rectors Scheibel Berechnung ist es 40 geographische Quadrat-Meilen, und nach der des Herrn Hofraths Sack **) 42 dergleichen Meilen groß.

Kreise.

*) Beiträge zur Beschreibung von Schlesien, B. 1. St. 5. S. 6.

**) Zimmermann, allgemeine Nachrichten von Schlesien, S. 3.

Kreise.

Die fünf landräthlichen Kreise, in die das Fürstenthum Brieg eingetheilt ist, sind:

1) der Briegische Kreis;
2) der Strehlensche Kreis;
3) der Nimptschische Kreis;
4) der Ohlauische Kreis;
5) der Kreuzburg=Pitschensche Kreis.

Außer diesen fünf Kreisen gehören noch die Bergstädte Reichenstein und Silberberg mit ihren Territorien zu diesem Fürstenthume: sie werden aber zu keinem Kreise gerechnet.

Volksmenge.

In den Jahren 1791, 1793, 1794, 1795 und 1796 lebten in diesem Fürstenthume:

	1791.	1793.	1794.	1795.	1796.
I. Im Briegischen Kreise:					
A. In den Städten:					
1) In Brieg . .	8032	8451	8039	7034	7298
2) In Löwen . .	1076	1047	891	909	888
B. Auf dem Lande .	19475	19714	19375	46087	46819
Summa	28583	29212	28305	54030	55005
II. Im Strehlenschen Kreise:					
A. In der Stadt Strehlen	2299	2477	2350	2396	2399
B. Auf dem Lande .	12378	12448	12211	12253	12382
Summa	14677	14925	14561	14649	14781

	1791.	1793.	1794.	1795.	1796.
III. Im Nimptschischen Kreise:					
A. In der St. Nimptsch	1302	1279	1244	1238	1295
B. Auf dem Lande .	18860	19067	19045	19066	18995
Summa	20162	20346	20289	20304	20290
IV. Im Ohlauischen Kr.					
A. In der Stadt Ohlau	2452	2716	2741	2399	2439
B. Auf dem Lande .	21857	21882	21612	21494	21738
Summa	24309	24598	24353	23893	24177
V. Im Kreuzb. Pitschen-schen Kreise.					
A. In den Städten:					
1) In Kreuzburg	1759	1774	1782	1792	1746
2) In Pitschen .	1302	1361	1317	1316	1227
3) In Konstadt .	884	931	927	884	893
B. Auf dem Lande .	15282	19237	15121	15114	15155
Summa	19227	23303	19147	19106	19021
In Reichenstein . .	1157	1277	1298	1305	1275
In Silberberg . .	2520	2248	2719	1544	1618
In den Städten .	22783	23561	23308	20617	21078
Auf dem Lande . .	87852	92348	88364	114014	115089
Summa	110635	115909	111672	134631	136167
Nimmt man nach Sack 42 Quadrat-Meilen an, so kommen auf jede Meile	2634	2759	2658	3205	3242

Sprache.

Man spricht zwar überall Deutsch, jedoch in dem Kreuzburgischen, Ohlauischen und Briegischen (in beiden letztern Kreisen auf der sogenannten Polnischen Seite) mehr Polnisch als Deutsch, und in den Böhmischen Colonien Böhmisch.

Aeußere Verfassung.

Das Fürstenthum Brieg steht, in Ansehung der Justiz, unter der Breslauischen Ober-Amtsregierung; nur der Konstädter District steht unter der Regierung zu Oels; und in Ansehung der Steuer und Contribution, unter der Kriegs- und Domainen-Kammer zu Breslau.

In Ansehung der Steuer gehören der Briegische, Ohlauische und Nimptschische Kreis zur ersten Classe, der Strehlensche zur zweiten, und der Kreuzburgische zur dritten Classe, und zum zweiten steuerräthlichen Departement, das in Brieg seinen Sitz hat. Ohlau hingegen gehört zum ersten steuerräthlichen Departement in Breslau, Kreuzburg, Pitschen und Konstadt zum vierten, in Namslau.

In Ansehung der Vieh-Assecuranz gehört das ganze Fürstenthum zur zweiten Societät.

In Ansehung des Accise- und Zollwesens gehört das Fürstenthum zur Direction von Neiße, den Kreuzburg-Pitschenschen Kreis ausgenommen, der znr Direction von Breslau gehört.

Der Briegische Kreis gehört zur Salz-Factorei Brieg, der Strehlensche, Nimptschische und Ohlauische zu der

Factorei Breslau, und der Kreuzburgische zu der zu Kreuzburg.

Der Adel und die Geistlichkeit gehören in Ansehung der Landschaft zum Breslau-Briegischen System.

In dem Briegischen, Ohlauischen und Kreuzburger Kreise hat ein Infanterie-Regiment, und in dem Strehlenschen und Nimptschischen Kreise ein Cürassier-Regiment seinen Canton.

Aeußere kirchliche Verfassung.

Die Anzahl der Protestanten übersteigt die der Katholiken. Folgende Tabelle zeigt die Kirchen und Klöster dieses Fürstenthums.

Kreise.	Kirchen				Klöster.	
	In Städt.		Auf Dörf.		Mönche.	Nonnen.
	Luth.	Kath.	Luth.	Kath.		
Im Briegischen Kreise . .	3	3	32	6	1	—
Im Strehlenschen Kreise .	5	—	15	2	1	—
Im Nimptschischen Kreise .	2	1	20	6	—	—
Im Ohlauischen Kreise . .	2	2	14	18	—	—
Im Kreuzburg-Pitschenschen Kreise	4	1	26	4	—	—
In Reichenstein	1	2	—	—	—	—
In Silberberg	1	1	—	—	—	—
Summa	18	10	107	36	2	—

Unter den protestantischen Kirchen in Strehlen ist die der reformierten Böhmischen Colonisten zu Hussinetz und Podiebrat mit begriffen, die ihren eigenen Prediger haben und ihre Gottesverehrungen in der Marienkirche in der Vorstadt halten. Dieser Prediger bereiset zugleich auch andere Colonien der reformierten Böhmen. In Brieg wohnt ein reformierter Stabs-Feldprediger, der zugleich einige zerstreuete Civil-Gemeinen in Ober-Schlesien besucht und ihnen Gottesdienst hält.

Die Kirchensachen gehören an das Breslauische Ober-Consistorium, diejenigen des Konstädter Districts ausgenommen, die an das Consistorium zu Oels gehören.

Der Briegische Kreis und die Kirchen zu Reichenstein und Silberberg gehören unter die Kirchen- und Schulen-Inspection zu Brieg; der Strehlensche Kreis gehört unter die zu Strehlen; der Nimptschische Kreis unter die zu Nimptsch; der Ohlauische Kreis unter die zu Ohlau; der Kreuzburgische gegenwärtig unter die zu Pitschen, und der Konstädter District unter die zu Konstadt, die, wie gesagt, unter das Consistorium zu Oels gehört.

Von den katholischen Kirchen.

Die **Archipresbyteriate**, unter welchen die Kirchen dieses Fürstenthums stehen, gehören, theils unter das **Archidiakonat Breslau**, theils unter das Bischöfliche Commissariat Oppeln, keines aber ist in diesem Fürstenthume selbst.

Unter das **Archidiakonat zu Breslau** gehören die **Archipresbyteriate**:

Grottgau,
Wansen,
Frankenstein,

Breslau zum H. Mauritius.
Patschkau,
Bohrau,
Reichenbach.

Unter das Commissoriat Oppeln gehören die Archipresbyteriate:

Bodland,
Landsberg,
Schialkowitz.

Unter das Commissariat Grottgau gehört das Archipresbyteriat Grottgau. Unter das Commissariat Neiße gehört das Archipresbyteriat Patschkau. Unter dem Archipresbyteriat

I. Grottgau, stehen die Kirchen,

a. im Briegischen Kreise, zu:

1) Brieg. Weltgeistlichen.
2) Lossen, aus dem Matthiasstifte zu Breslau.
3) Michelau. Cistercienser aus Camenz.
4) Groß-Leubusch. W.

b. Im Ohlauischen Kreise:

5) Hünern. W.

II. Wansen.

a. Im Strehlenschen Kreise:

1) Strehlen. Augustiner.
2) Prieborn. W.
3) Dankwitz. W.

b. Im Ohlauischen Kreise:

4) Klein-Oels, aus dem Matthiasstifte zu Breslau.
5) Brosewitz. Desgleichen.
6) Marienau. Desgleichen.

7) Klosdorf, aus dem Matthiasstifte zu Breslau.
8) Küchendorf. W.

III. **Frankenstein.**

Nimptsch.

IV. **Zum H. Mauritius in Breslau.**

1) Ohlau. W.
2) Minken. W.
3) Hennersdorf. W.
4) Würben, Vicentiner aus Breslau.
5) Zottwitz. Desgleichen.

(2–5 }: Im Ohlauischen Kreise.)

V. **Bodland.**

1) Kreuzburg, aus dem Matthiasstifte zu Breslau.
2) Kunau. Desgleichen.
3) Kunzendorf. Ebenfalls.

(2–3 }: Im Kreuzburgischen Kreise.)

VI. **Landsberg.**

1) Pitschen. W.
2) Laskowitz, im Kreuzb. Kreise, aus dem Matthiasstifte zu Breslau.

VII. **Patschkau.**

Reichenstein. W.

VIII. **Bohrau.**

a. Im Ohlauischen Kreise:

1) Thomaskirche.

b. Im Nimptschischen Kreise:

2) Groß-Tinz, aus dem Matthiasstifte zu Breslau.
3) Naselwitz. W.
4) Rothschloß. W.

IX. **Reichenbach.**

Heidersdorf, im Nimptschischen Kreise, Cistercienser aus Leubus.

X. **Schialkowitz.**

Karlsmarkt. W.

I.

Der Briegische Kreis.

Der Briegische Kreis, der beinahe mitten in dem Fürstenthume liegt, gränzt gegen **Morgen** an das Fürstenthum Oppeln; gegen **Mittag** an den Falkenbergischen Kreis dieses Fürstenthums, und an den Grottgauischen Kreis des Fürstenthums Neiße; gegen Abend an den Ohlauischen Kreis; gegen **Mitternacht** an das Fürstenthum Oels und den Namslauer Kreis des Fürstenthums Breslau.

Er wird außer dem Hauptstrome des Fürstenthums, der **Oder**, die ihn beinahe in zwei gleiche Theile theilet,

auf der **Polnischen** Seite (am rechten Ufer) von der Stoberau, dem Schwarzwasser, dem **Döberner Bach** (Moslacher Vorfluthgraben), und

auf der **Deutschen** Seite (am linken Ufer) von der **Neiße**, der **Krasse** und dem **neuen Graben** bewässert.

Er enthält, auf ungefähr zehn Quadrat-Meilen, zwei Städte, **Brieg** und **Löwen**, und zwei Marktflecken,

Karlsmarkt und Michelau, 59 Dörfer, darunter sind vier Colonien *).

A. Städte.

1. Brieg **).

Brieg, die Hauptstadt des Fürstenthums, eine Immediat- und die Kreisstadt, auf der Deutschen Seite an der Oder (etwa 25 Pariser Fuß über der Oder, 429 Pariser Fuß über der Meeresfläche v. Gersdorf) gelegen, ist eine der größesten und schönsten Städte Schlesiens, mit geraden und zum Theil breiten einander in einem rechten Winkel durchschneidenden Gassen ***), die des Abends durch 200 Laternen erleuchtet werden. Sie ist zwar eine Festung, jedoch ist ein Theil der äußern Werke, die unter der Preußischen Regierung erst waren angelegt worden, wieder geschleift, und auf den Plätzen sind Gärten angelegt worden. Sie hat fünf Thore: das Breslauer- Neißer- Mollwitzer- Oder- und Mühlthor, und enthält:

I. An königlichen Gebäuden:

1) Das königliche Schloß, welches aber 1741 bei der Belagerung meist ruiniert worden.

---

*) Zimmermann giebt 77 Dörfer und in diesen 102 Antheile an. S. allgemeine Nachrichten von Schlesien. S. 13. und 29.

**) Der Nahme Brieg soll von dem slavischen Worte Brzeg (Stadt [Schloß] auf einem hohen Ufer) herkommen.

***) K. Friedrich II schenkte nach den beiden Feuersbrünsten, da den 9. Jul. 1775 sieben, und in der Nacht zwischen dem 27 und 28. April vier und funfzig Vorder- zwölf Hinterhäuser, und das Capucinerkloster abbrannten, außer der Brand-Societäts-Hülfe, noch 90,000 Rthlr. um die abgebrannten Gebäude, und mehrere andere geschmackvoller aufzubauen.

2) Das **königliche Amthaus** ist die Wohnung des königlichen Pächters des Burg- und Stifts-amtes (das Burgamt ist eine königliche Domaine, das Stiftamt aber ist vom Herzoge Georg II zur Unterhaltung des Gymnasii gestiftet.

8) Das **Haus des Commendanten.**

4) Das **Getreide-Magazin.**

5) Das **Salz-Magazin.**

6) Das **Zeughaus.**

7) Die **alten und neuen Casernen.**

8) Das **Zuchthaus**, das unter Preußischer Regierung neu gebauet und verbessert worden ist, und dem Friedrich II ansehnliche Revenüen angewiesen hat. Die Züchtlinge spinnen Baumwolle, auch etwas Flachs, und weben Kattun und etwas Leinwand. Sie bekommen jeder täglich zwei Pfund Brod und ein Gericht Speise, Gegräupe, oder nach der Jahreszeit Gartengewächse, und an den Hauptfesten ein Pfund Fleisch. Sie schlafen in hölzernen Bettstellen auf Stroh und einer wollenen Matratze, und werden nach Beschaffenheit ihres Verbrechens, längere oder kürzere Zeit darin behalten.

9) Das **Irrenhaus**, in welchem Unglückliche, die ihres Verstandes beraubt sind, unterhalten werden. Sie bekommen täglich drei Portionen Brod und bisweilen Fleisch.

II. An städtischen Gebäuden.

1) Das **Rathhaus**, ein weitläufiges Gebäude,

wovon der eine Theil zum Gebrauche der Ober-Schlesischen Ober-Amtsregierung und des Ober-Consistorii, die im siebenjährigen Kriege von Oppeln hierher versetzt wurden, eingerichtet ist.

2) Das bürgerliche Schießhaus.

3) Die Frohnfeste, oder das Stockhaus.

4) Das Hospital zum H. Geist, mit 900 Rthlr. Einkünften.

5) Das Hospital zum H. Georg, mit 500 Rthlr. Einkünften.

6) Das große Seelenhaus, das für zehn arme Bürgerfrauen gestiftet ist.

7) Das kleine Seelenhaus, in welchem ebenfalls zehn arme Bürgerwittwen oder Töchter unterhalten werden.

8) Das Pest- und Klingelhaus; ersteres für ansteckende Kranke, das letztere für alte arme Leute, besonders für Kinder.

Billig führe ich hier auch eine neuerdings errichtete Anstalt an, in welcher kranke Handwerksbursche verpflegt und curiert werden.

III. An Kirchen- und Schulgebäuden.

1) Die evangel. lutherische Parochial-Kirche St. Nicolai, an der fünf Prediger stehen (der erste ist gemeiniglich Ober-Consistorial-Rath), und zu der sechs Dörfer eingepfarrt sind. In dieser Kirche ist das von Langhans gezeichnete und von Echtler ausgeführte Denkmahl des Feldmarschalls Grafen von Gesler, der in der Strigauer Schlacht 67 Fahnen erbeutete.

Ein am Oelberge betender Christus, ein Altarblatt, von **Bernhard Rode** gemahlt, ist eine zweite sehenswerthe Merkwürdigkeit dieser Kirche.

2) Die **evangel. luther. Polnische Kirche**, vor dem Thore, in welcher der zweite Diaconus an der Hauptkirche Polnisch und Deutsch predigt.

3) Die **Zuchthauskirche**, in welcher für die Protestanten von dem Katecheten an der Pfarrkirche, und für die Katholiken von einem Capuciner Gottesdienst gehalten wird.

4) Die **ehemahlige Jesuiterkirche**, an welcher drei Geistliche stehen.

4) Die **Schloßkirche** ist katholisch. Die gottesdienstlichen Handlungen werden von einem Curatus und einem Capellan versehen.

6) Das **Capucinerkloster** mit einer Kirche.

7) Die **katholische Begräbnißkirche** vor dem Thore.

8) Das **lutherische Gymnasium**, ein weitläufiges Gebäude, an welchem ein Rector, drei Professoren und sechs Collegen, die von der königlichen Kammer angesetzt werden, als Lehrer stehen. Die ansehnliche dabei befindliche Bibliothek ist seit einigen Jahren mit neuern Büchern vermehrt worden. An diesem Gymnasio sind vor verschiedenen Jahren den Zeiten angemessene Verbesserungen vorgenommen und eine Bürgerschule damit verbunden worden.

Zu den Erziehungsanstalten in dieser Stadt gehört auch die vom H. Senator **D. Glawnig** errichtete Töchterschule, die bisher guten Fortgang gehabt hat.

IV. **Bürgerliche** oder Privat-Häuser, davon zehn unter das **Burgamt** und acht unter das Stiftsamt gehören, sind:

in der Stadt	493
in der Vorstadt . . .	65
	558

Darunter sind drei Mahl- zwei Stampf- zwei Brett- und eine Walkmühle *).

Die hier befindlichen königlichen Aemter sind:

das Ober-Schlesische Oberamt und Ober-Consistorium;

das Bauamt;

das Burgamt;

das Fiscalat;

das Inquisitoriat, unter welches, außer dem Fürstenthume Brieg, noch der Falkenbergische Kreis gehört;

das Juden-Toleranz-Amt;

das Mühlenwageamt;

das Accise- und Zollamt;

das Postamt;

das Proviantamt;

das Salzamt;

*) Zimmermann giebt 56 öffentliche Gebäude und 577 Privat-Häuser an. S. dessen allgemeine Nachrichten von Schlesien, S. 9.

das Servis-Amt;
das Steueramt;
das Stiftsamt;
das Tobacksamt.

Die bürgerlichen Nahrungszweige sind: vorzüglich das Bierbrauen, dazu die Gerechtigkeit auf 354 Häusern haftet, (vier und zwanzig Dörfer sind unter dem Bierzwange) der nicht unbeträchtliche Handel mit Tuch, Leinsamen, Holz, und die hiesigen Manufacturen (sieh oben den Abschnitt von den Manufacturen) und die sonst erlernte Kunst oder das Handwerk. Einige Vortheile werfen auch die zwei Wochenmärkte (Montags und Sonnabends), die drei Jahrmärkte (im Junius, September und December) und die vier sehr ansehnlichen Viehmärkte (an Trinitatis, Jacobi, Mariä Geburt, und am Tage Nicolai) den Einwohnern ab. Für die Zeit der Viehmärkte ist ein eigenes Handelsgericht, welches in Handlungssachen richtet, niedergesetzt.

Die Garnison besteht aus einem Infanterie-Regiment Nr. 28. und einer Compagnie Garnison-Artillerie.

Das Stadtwapen sind drei Anker.

Unweit der Stadt ist eine, von einem schmalen in die Oder fließenden Graben, die alte Oder genannt, gebildete Insel, der Abrahamsgarten, der ein Vergnügungsort der Brieger Bürger ist.

Jenseits der Oder ist eine Aue mit einigen Häusern, Gärten und Wiesen, auf welcher die Bürger und auch die Fremden zur Marktzeit freie Hütung haben.

2. Löwen.

Die Stadt **Löwen**, am linken Ufer der Neiße, zwei Meilen von Brieg, ist eine kleine offene Mediat-Stadt und enthält:

I. An öffentlichen Gebäuden:

1) das Rathhaus;

2) ein kleines Spital.

II. An Kirchen- und Schulgebäuden:

1) Eine evangel. luther. Kirche, an welcher zwei Prediger stehen, von welchen einer bisweilen Polnisch predigt. Bei dieser Kirche sind zwei Briegische und vier Falkenbergische Dörfer eingepfarrt.

2) Eine evangel. Schule, an welcher ein Rector und noch ein anderer Lehrer den Unterricht besorgen.

III. Das herrschaftliche Schloß, das eigentlich zum Lande gehört.

IV. Bürgerhäuser 168 *).

Königliche Aemter sind:

das Accise- und Zollamt,

das Postwärteramt.

Die Bürger nähren sich theils vom Ackerbau und Bierbrauen, dazu die Gerechtigkeit auf 117 Häusern haftet, theils von ihrem erlernten Handwerke.

Jährlich sind sechs Jahrmärkte und ein Viehmarkt.

---

*) Zimmermann giebt in den allgemeinen Nachrichten von Schlesien S. 9. 171 Privat-Häuser und 8 öffentliche an.

Die Garnison besteht aus einer Escadron Husaren vom Regimente Nr. 8.

Das Stadtwapen ist ein aus zwei Hügeln hervorspringender Löwe.

B. Marktflecken.

1. Karlsmarkt (Poln. Karlowicze).

Karlsmarkt ($2\frac{1}{2}$ Meile von Brieg), ehedem **Retzendorf**, liegt auf der Polnischen Seite der Oder, mit einem königlichen Domainen-Amte, enthält:

1) Das **königliche Amthaus** mit dem Vorwerke.
2) Ein **Rathhaus**.
3) Eine **evangel. luther. Kirche**, in welcher alle vierzehn Tage von dem Prediger aus Kauer der Gottesdienst Polnisch und Deutsch gehalten wird.
4) Eine **katholische Kirche**, an der ein Curatus steht: sie ist mit zwei Ablässen begnadigt.
5) Ein Pfarrhaus.
6) Eine katholische Schule.
7) Drei und sechszig Privat-Häuser und zwei Wassermühlen (eine wird die **Pelzmühle** genannt). Unter den Einwohnern sind zwei und zwanzig Freigärtner. Zehen von diesen Häusern liegen am Kalkberge und bei der Mühle.
8) Ein Waisenhaus.

Kaiser **Carl** erklärte zwar diesen Ort 1712 zu einem Marktflecken, und die Bewohner für Bürger; sie sind aber jetzt (nur der Besitzer des Rathhauses ausge-

ausgenommen, der ganz frei ist) Unterthanen, aber dennoch, bis auf sechs Häusler, dienstfrei.

Jährlich wird ein Jahrmarkt gehalten.

2. Michelau.

Michelau ist eigentlich ein zwei Meilen von Brieg, auf der Deutschen Seite, entlegenes Dorf, davon nur der obere Theil 1615 zu einem Marktflecken erklärt worden ist; der niedere Theil ist Dorf. Das Stift Camenz ist Besitzer davon. Er enthält:

1) Eine evangel. luther. Kirche.
2) Eine kathol. Curatial-Kirche.
3) Ein Pfarrhaus.
4) Eine lutherische Schule.
5) Eine Wassermühle.
6) Achtzehn Bauerhöfe, und
7) Fünf und sechzig andere meist von Handwerksleuten bewohnte Häuser.

C. Dörfer:

Nahmen der Dörfer.	Deutsch. od. Pol. Seite	Oeffentl. Gebäude. Kirchen. Protest.	Oeffentl. Gebäude. Kirchen. Kathol.	Oeffentl. Gebäude. Schulen Protest.	Oeffentl. Gebäude. Schulen Kathol.	Pfarrhäuser.	Gemeinhäuser.	Herrschaftl. Schlösser und Wohnhäuser.	Vorwerke.	Bauern.	Gärtner.
Althammer, Pol. Kusnicza	P.	—	—	1	—	—		—	1		8
Alzenau	D.	—	—	—	—	—	1	—	2	11	21
Bankau	D.	1	—	1	—	1	—	—	—	28	13
Berz- (Bärz-) dorf . .	D.	1	—	1	—	—	—	—	—	11	11
Böhmischdorf	D.	1	—	1	—	1	—	—	—	34	24
Boreck, s. Mangschütz.											
Briegischdorf	D.	—	—	—	—	—	—	—	1	3	1
Briesen	D.	1	—	1	—	—	—	—	1	16	26
Buchwitz, (Buchitz, Buchhausen)	D.	—	1	—	—	—	—	—	1	11	22
Cantersdorf	D.	—	—	—	—	—	—	—	1	—	38
Carlsburg, Colonie . .	P.	—	—	—	—	—	—	—	—	—	—
Cölln, Poln Kalinie . .	P.	—	—	—	—	—	—	—	—	2	32
Neu-Cölln, Colonie . .	P.	—	—	—	—	—	—	—	—	—	—
Conradswaldau	D.	1	—	1	—	1	—	—	—	41	42
Döbern	P.	—	—	1	—	—	—	—	—	18	22
Garbendorf	P.	—	—	—	—	—	—	—	1		—
Gieresdorf, (Girensdorf, Gierschdorf	D.	1	—	1	—	1	—	—	—	20	31
Grüningen	D	1	—	1	—	—		—	—	20	18
Hermsdorf, (Hermannsdorf)	D	—	—	—	—	—	—	—	—	10	19
Jägendorf	D.	1	—	1	—	1	—	—	—	27	13
Jänkwitz, Groß- . . .	D	1	—	1	—	1	—	—	—	15	27
Jeschen	D.	—	—	—	1	—	—	—		14	11
Johnsdorf	D.	—	—	—	—	—	—	1	1	5	14
Kauern, Poln Kuschnie .	P.	1	—	1	—	1	—	—	1	16	17
Koppen	D	—	—	—	—	—	—	—	1	—	14
Kreisewitz	D.	1	—	1	—	1	—	—	—	13	19
Laugwitz	D.	1	—	1	—	—	3	—	—	19	13
Leubusch { Groß- . .	P.	1	1	1	1	2	—	—	—	11	15
Leubusch { Klein- . .	P.	—	—	—	—	—	—	—	—	13	10
Leubuscher Bleiche . .	P.	—	—	—	—	—	—	—	1	—	6
Lichten	D.	—	—	—	—	—	—	—	1	—	1
Liegnitz, s. Scheidelwitz	P.	—	—	—	—	—	—	—	1	—	—
Limburg, Neu- Colonie .	P.	—	—	—	—	—	—	—	—		30

Häusler.	Mühlen: Wassermühlen.	Mühlen: Windmühlen.	Mühlen: Brettmühlen.	Bleichen.	Entfernung von der Kreisstadt. Meil.	Herrschaft.	Anmerkungen und Merkwürdigkeiten.
34	1	—	—	—	3	Amt Karlsm.	Ehemahls war hier ein Eisenhammer.
—	—	1	—	—	1	Kämm. Brieg.	
—	1	—	—	—	2½	Burgamt.	
—	—	—	—	—	1½	desgl.	
11	—	—	—	—	2	Kämm. Brieg.	
—	—	—	—	—	¼	desgl.	Wurde 1741 abgebrannt und wieder von der Stadt aufgebauet.
—	—	—	—	—	½	Burgamt.	
14	—	—	—	—	2¼	Comm. Lossen.	
6	2	—	—	—	2	Kämm. Brieg.	
20	—	—	—	—	1½	Amt Karlsm.	
31	2	—	—	—	2	desgl.	
16	—	—	—	—	1	desgl.	
15	—	—	—	—	1½	Stiftsamt.	
22	—	—	1	—	1½	Burgamt.	
—	—	—	—	—	1	desgl.	
—	—	—	—	—	¾	Kämm. Brieg.	
—	—	—	—	—	¾	desgl.	
—	—	—	—	—	½	Stift Vincenz zu Breslau.	
13	—	—	—	—	1	Stiftsamt.	
6	1	1	—	—	1½	Adelig.	
—	—	—	—	—	2	Comm. Lossen.	
2	—	—	—	—	1¼	Adelig.	
23	—	—	—	—	2	Amt Karlsm.	
—	—	—	—	—	1½	Adelig.	
4	—	—	—	—	1	desgl.	
6	1	—	—	—	1½	Stiftsamt.	
11	—	—	—	—	1	Kämm. Brieg.	
30	—	—	—	—	1	desgl.	
—	—	—	—	1	½	desgl.	
—	1	—	—	—	1½	Com. Lossen.	Gehört zu Lossen.
—	—	—	—	—	¾	Burgamt.	Gehört zu Scheidelwitz.
—	—	—	—	—	1	desgl.	

Nahmen der Dörfer.	Deutsch. od. Pol. Seite.	Oeffentl. Gebäude. Kirchen. Protest.	Oeffentl. Gebäude. Kirchen. Kathol.	Oeffentl. Gebäude. Schulen. Protest.	Oeffentl. Gebäude. Schulen. Kathol.	Pfarrhäuser.	Gemeinhäuser.	Herrschaftl. Schlösser und Wohnhäuser.	Vorwerke.	Bauern.	Gärtner.
Linden	D	1	—	1	—	1	—	—	1	21	27
Lossen	D.	1	1	1	1	1	—	—		51	46
Mangschütz	P.	1	—	1	—	1	—	—	1	18	25
Michelwitz 1ster Antheil	P.	1	—	1	—	—	—	—	—	19	14
Michelwitz 2ter Antheil	—	—	—	—	—	—	—	—	1	—	5
Modlach	P.	—	—	—	—	—	—	—	—		—
Mollwitz	D.	1	—	1	—	1	3	—	—	24	25
Neudorf Groß- 1 Anth.	P.	1	—	1	—	—	—	—	1	20	20
Neudorf Groß- 2 Anth.	P.	—	—	—	—	—	—	—	1		15
Neudorf Klein-	D.	—	—	1	—	—	—	—	—	19	15
Neusorge	P	—	—	—	—	—		—	—	3	9
Pampitz	D	1	—	1	—	1	—	—	—	22	21
Paulau	D.	—	—	1	—	—	2	—	—	16	21
Piastenthal, Colonie	P.	—	—	1	—	—	—	—	—	—	—
Pogarell	D.	1	—	1	—	1	—	—	—	26	3
Prambsen	D.	1	—	1	—	—	—	—	1	9	1
Raschwitz Pol. Raschkowieza	P.	—	—	1	—	—	—	—	1	6	1
Rathau, (Rathen)	D.	—	—	—	—	—	2	—	—	9	
Riebniq, Poln. Rebna	P.	—	—	1	—	—	—	—	—	—	2
Riegelwitz, (Rogelicze)	P.	—	—	—	—	—	—	—	1		1
Rosenthal, (Rostel)	D.	—	1	—	1	1	—	—	—	24	2
Scheidelwitz mit Klein-Liegnitz und Schariotten-Rode	P.	1	—	1	—	1	—	—	2	12	1
Schonau, (Schine)	D.	1	—	1	—	—	—	—		20	1
Schenfeld	D.	1	—	1	—	1	—	—	1	14	1
Schreibendorf	P.	—	—	1	—	—		—	—	9	1
Schüsseldorf, 2 Anth.	D.	—	—	1	—	—	—	—	—	20	
Schwanowitz	D.	1	—	1	—	1	—	1	1	15	[illegible]
Stokerau, 1ster Anth.	P.	1	—	1	—		—	—	—	19	1
Stokerau, 2ter Anth.	—	—	—	—	—			—	1	—	
Stockteich	D.	—	—	—	—	—	—	—		1	
Tarnowitz	P.	—	—	—	—	—	—	—	—	11	
Taschen erq	D.	—	—	—	—	—	—	—	1		
Tschoplowitz	P.	1	—	1	—	1	—	—	—	38	
Zündel, (Zindel)	D.	1	—	1	—	1	—	—	—	25	

Häusler.	Mühlen: Wassermühlen.	Mühlen: Windmühlen.	Mühlen: Brettmühlen.	Bleichen.	Entfernung von der Kreisstadt. M. V.	Herrschaft.	Anmerkungen und Merkwürdigkeiten.
15	—	—	—	—	1	Burgamt.	S. Stockteich.
33	—	—	—	—	1½	Commende.	
26	—	—	—	—	2¼	Adelig.	Hierher geh. die Schweizerei Boreck das Wirthshaus, die neue Welt.
10	—	—	—	—	½	Burgamt.	
—	—	—	—	—	—	Adelig.	
—	—	—	—	—	—		Ein Wirthshaus im Walde.
11	1	—	—	—	1	St. Vincenz zu Breslau.	Berühmt wegen der ersten Schlacht, der Fr. II beiwohnte (d. 10. Apr. 1741) und die er gewann.
10	—	—	—	—	½	Burgamt.	
1	—	—	—	—	—	Adelig.	
7	—	—	—	—	2	Kämm. Brieg.	
6	—	—	—	—	2½	Adelig	
2	—	—	—	—	1	Stiftsamt.	Wurde in der Mollwitzer Schlacht von den Oestr. abgebrannt.
4	1	—	—	—	½	Burgamt.	
27	—	—	—	—	½	Kämm. Brieg.	
3	—	—	—	—	1½	desgl.	
—	—	—	—	—	1	Adelig.	
13	—	—	—	—	2½	Amt Karlsm.	
7	—	—	—	—	—	Kämm. Brieg.	Vorstadt v. Brieg. Wurde 1741 von der Brieger Garnison abgebrannt.
12	—	—	—	—	2½	Amt Karlsm.	
10	—	—	—	—	2¾	desgl	Hier ist ein Theerofen.
23	—	—	—	—	2	Comm. Lossen.	
17	—	—	—	—	¾	Burgamt.	Drei zum Forstamte gehör. Häuser.
11	—	—	—	—	1	Stiftsamt.	
7	—	—	—	—	1½	Kämm. Brieg.	
2	—	—	—	—	½	desgl.	
7	—	—	—	—	½	Kreuzstift zu Breslau / Kämm. Brieg	
12	—	—	—	—	1½	Adelig.	
32	—	—	—	—	1¾	Amt Karlsm.	
—	—	—	—	—	—	Adelig.	
—	—	—	—	—	1		Gehört zu Linden: ein freies Bauergut.
5	—	—	—	—	2	Amt Karlsm.	
1	1	—	—	—	2	Adelig	
17	—	—	—	—	1	Burgamt.	
9	—	—	—	—	2½	desgl.	

II.

Der Strehlensche Kreis.

Der Strehlensche Kreis gränzt gegen **Morgen** an den Falkenbergischen Kreis des Fürstenthums Oppeln und an den Grottgauischen Kreis des Fürstenthums Neiße; gegen **Mittag** an den letztern und an das Fürstenthum Münsterberg; gegen **Abend** an den Nimptschischen Kreis; gegen **Mitternacht** an das Fürstenthum Breslau und an den zum Fürstenthum Neiße gehörigen Halt Wansen.

Er wird von der **Ohlau**, der **kleinen Lohe**, dem **Krönwasser** und verschiedenen andern Bächen bewässert.

Er enthält auf ungefähr fünf Quadrat=Meilen eine Stadt, **Strehlen**, und 67 Dörfer, darunter sind zwei Colonien.

A. Die Stadt

Strehlen *) (Strelin).

Die Immediat= und Kreisstadt **Strehlen** mit einem königlichen Domainen=Amte, liegt am linken Ufer der Ohlau, hat doppelte Mauern, deren Zwischenräume

---

*) Soll von dem Polnischen Strzala herkommen.

mit Obstbäumen besetzt sind, und einen tiefen mit Maulbeerbäumen bepflanzten Graben, und enthält:

I. An königlichen Gebäuden:

1) Das alte Schloß, das jetzt zu einem Schüttboden gebraucht wird.

2) Das Domainen-Amthaus.

3) Den Prieborner (Czirner) Hof, zum Amte Prieborn gehörig, ist jetzt zu einer Lederfabrik eingerichtet.

II. An städtischen Gebäuden:

1) Das Rathhaus.

2) Das Hospital.

3) Das Schießhaus.

III. An Kirchen und Schulgebäuden:

1) Die evangel. luth. Michaelis- oder Pfarrkirche, zu der zwölf Dörfer eingepfarrt sind, an welcher der Pastor und zwei Diakonen stehen.

2) Die St. Gotthardskirche, in welcher der Gottesdienst wechselsweise von den Diakonen gehalten wird.

3) 4) Zwei evangel. luth. Begräbnißkirchen in der Vorstadt.

5) Die Marien- oder Böhmische Kirche in der Vorstadt, die den reformierten Böhmen in den Colonien Hussinetz *) und Podiebrat zu ihren

*) Ich muß hier eine geographische und historische Lüge, die ein geborner Schlesier in seiner Schles. Geographie ventiliert, rügen. Er schreibt Johann Huß sei in dieser Colonie, die 1749 erbauet worden, geboren.

öffentlichen Gottesverehrungen eingeräumt worden. Der dabei angestellte Prediger wird vom Könige besoldet.

6) Die Kirche bei dem Spital, in welcher alle drei Wochen von einem Diaconus gepredigt wird.

7) Das Augustinerkloster (15 Mönche) mit der Kirche, in welcher sich die Copie von einem Gnadenbilde von der Maria zu guten Rath befindet, zu der man wallfahrtet. Dieses Kloster steht mit dem in Wien in Verbindung.

8) Die evangel. Schule, an der außer dem Rector noch zwei Lehrer Unterricht geben.

9) Die kathol. Schule mit einem Lehrer.

IV. **An bürgerlichen Häusern:**

In der Stadt	360
In der Vorstadt . . .	29
	389

Vier Häuser stehen, in Ansehung des Kaufs und Verkaufs unmittelbar unter der Oberamtsregierung.

Gewissermaßen kann man auch die **Fischergasse** mit 19 Feuerstellen und die Altstadt, die ehedem die Stadt gewesen seyn soll, als Vorstädte betrachten: sie werden aber beide zum Lande gerechnet.

Die hiesigen königlichen Aemter sind:

das Accise- und Zollamt;
das Steueramt;
das Postamt;
das Fabriken-Steueramt.

Die bürgerlichen Nahrungszweige bestehen im Handel mit Spezerei, Tuch, Eisen und Garn, in dem erlernten Handwerke. Man verfertigt hier viel Hüte, Strümpfe, Handschuhe. Die Tuch-Manufactur ist ganz beträchtlich; die Baumwollenspinnerei ernährt viele Personen. Man gewinnt auch etwas Seide. Die Braugerechtigkeit haftet auf 145 Häusern, ist aber nicht mehr, wie ehedem, ergiebig. Ackerbau haben nur wenige Bürger.

Montags ist Wochen- und Getreidemarkt. Jährlich sind drei Vieh- und zwei Jahr- und Wollenmärkte (den Sonntag vor Pfingsten und den Sonntag vor Michaelis). Der eine Viehmarkt ist am Sonntage nach Ostern, die andern zugleich mit dem Jahrmarkte.

Die Garnison besteht aus einer Escadron Cürassier vom Regimente Nr. 8.

Das Wapen der Stadt stellt den Engel Michael mit Wage und Schwerdt vor, und ist gegen 200 Jahre gebräuchlich. Ein älteres ist ein lateinisches S mit einem Pfeil.

B. Dörfer:

Nahmen der Dörfer. NB. Man kann bei diesem Kreise die Zahl der Gärtner und Häusler nicht angeben, sondern nur die Feuerstellen der Dörfer.	Oeffentl. Gebäude: Kirchen Protest.	Oeffentl. Gebäude: Kirchen Kathol.	Oeffentl. Gebäude: Schulen Protest.	Oeffentl. Gebäude: Schulen Kathol.	Pfarrhäuser.	Herrschaftl. Schlösser und Wohnhäuser	Vorwerke.	Große Scholtiseyen.	Lehngüt. u. Freib.	Bauern.
Arnsdorf, 1ster Anth. nebst Crondörfel	—	—	—	—	—	—	1	—	—	—
Arnsdorf, 2ter, 3ter, 4ter Anth	1	—	1	—	1	—	3	—	—	3
Berzdorf mit Plohmühle	—	—	—	—	—	—	1	—	—	—
Birkenkretscham (Birkkretscham)	—	—	—	—	—	—	—	—	—	—
Campen, (Campinau)	—	—	—	—	—	—	—	—	—	9
Crayn	—	—	—	—	—	—	—	—	—	—
Creuzburg, (Schnapauf)	—	—	—	—	—	—	1	—	—	—
Crondörfel, s. Arnsdorf.										
Däedorf, (Dätzdorf)	—	—	—	—	—	—	1	—	—	—
Danchwitz	—	1	—	1	—	—	1	—	—	—
Dobergast	—	—	—	—	—	—	1	—	—	1
Eisenberg	1	—	1	—	1	1	1	—	—	—
Friedersdorf	1	—	—	—	—	—	—	—	—	—
Hamditz	—	—	—	—	—	—	—	1	—	7
Geppersdorf	—	—	—	—	—	—	1	—	—	—
Glambach	—	—	—	—	—	—	1	—	—	—
Gurtich, (ehedem Goritz)	—	—	—	—	—	—	—	1	—	9
Gutschen, Grünheide } unbekannt	—	—	—	—	—	—	—	—	—	—
Habendorf	—	—	—	—	—	—	—	—	1	4
Hussinetz, Böhmische Colonie	—	—	—	—	—	—	—	—	—	—
Hagchkittel, Ober- und Nieder-	1	—	—	—	—	—	2	—	—	—
Jägel, Deutsch- (Thurm)	—	—	—	—	—	—	1	—	—	—
Jägel, Polnisch-	—	—	—	—	—	—	1	—	—	—
Käscherei	—	—	—	—	—	—	1	—	—	—
Karisch	—	—	—	—	—	—	1	—	—	1
Katschwitz	—	—	—	—	—	—	1	—	—	—
Kleinlauden	—	—	—	—	—	—	1	—	—	—
Krippia	—	—	—	—	—	—	1	—	—	3
Krummendorf	1	—	1	—	—	—	1	—	—	—
Kuschel, (Kuschlau)	—	—	—	—	—	—	—	—	—	12
Lorenzberg	1	—	1	—	—	—	1	—	—	—
Louisdorf, (Ludwigsdorf)	—	—	—	—	—	—	1	—	—	—

Feuerstellen überh.	Mühlen			Entfernung von der Kreisstadt.	Herrschaft.	Anmerkungen und Merkwürdigkeiten.
	Wassermühlen	Windmühlen	Walkmühlen	Meil		
19	1	—	—	$2\frac{1}{2}$	Adelig.	
51	1	—	—	—	Amt Prieborn.	Es gehört der Charitée zu Berlin.
23	1	—	—	$\frac{1}{2}$	Adelig.	
29	—	—	—	1	Bresl. Domcap.	
—	—	—	—	1	St. Vincenz zu Breslau.	
15	—	—	—	2	Unbekannt.	
6	—	—	—	$2\frac{1}{2}$	Adelig.	
30	—	—	—	2	Amt Prieborn.	
16	—	—	—	1	Adelig.	
22	—	—	—	$\frac{1}{2}$	desgl.	
32	—	—	—	1	desgl.	
30	—	—	—	$\frac{1}{2}$	Amt Strehlen.	
16	1	—	1	1	A. Rothschloß.	
20	1	—	—	1	Adelig.	
11	1	—	1	$\frac{3}{4}$	desgl.	
19	—	1	—	$\frac{1}{4}$	St. Vincenz.	
—	—	—	—	—	Adelig.	Gehören zu Ulbendorf
24	—	—	—	2	Amt Prieborn.	
140	—	—	—	$\frac{1}{4}$	— —	Auf den Vorwerks-Aeckern der Stadt Strehlen erbauet; steht unter der Breslauischen Kämmerei.
39	—	—	—	2	Adelig.	
14	—	—	—	3	desgl.	
14	—	—	—	$\frac{3}{4}$	desgl.	
5	1	—	—	2	desgl.	Gehört zu Schönbrunn.
26	1	—	—	1	desgl.	
13	—	—	—	2	Amt Prieborn.	
18	—		—	$\frac{1}{2}$	Adelig.	
19	1	—	—	$\frac{1}{4}$	desgl.	
27	1	—	—	$1\frac{1}{2}$	Amt Prieborn.	Siehe unter Rumberg.
23	—	—	—	$\frac{1}{4}$	Amt Strehlen.	
30	—	—	—	$\frac{1}{2}$	Adelig.	
47	—	—	—	1	desgl.	

Nahmen der Dörfer.	Oeffentl. Gebäude. Kirchen. Protest.	Kirchen. Kathol.	Schulen Protest.	Schulen Kathol.	Pfarrhäuser.	Herrschaftl. Schlösser und Wohnhäuser.	Vorwerke.	Große Scholtiseyen	Lehngüt. u. Freig.	Bauern.
Maswitz	—	—	—	—	—	—	1	—	—	—
Mehltheuer, (Malter)	—	—	—	—	—	—	—	—	—	4
Mückendorf	—	—	—	—	—	—	1	—	—	—
Mürtitz	—	—	—	—	—	—	1	—	—	—
Nicklasdorf	—	—	—	—	—	—	1	—	1	—
Oberecke	—	—	—	—	—	—	1	—	—	—
Pentsch	—	—	—	—	—	—	—	—	1	—
Peterwitz	—	—	—	—	—	—	1	—	—	5
Plohe	—	—	—	—	—	—	1	—	—	—
Plohmühle, s. Berzdorf.										
Podiebrat	—	—	—	—	—	—	—	—	—	—
Pogart	—	—	—	—	—	—	1	—	—	—
Priglorn	1	—	1	—	—	—	1	—	—	18
Riegersdorf	1	—	1	—	—	—	—	2	—	18
Rosen Ober=	—	—	—	—	—	—	1	—	—	—
Rosen Nieder=	1	—	1	—	—	—	1	—	—	—
Ruppersdorf	1	—	1	—	1	—	1	—	—	6
Sägen	—	—	—	—	—	—	—	—	—	15
Schönbrunn	1	—	1	—	1	—	1	—	—	—
Schreibendorf Ober=	1	—	1	—	1	—	1	—	—	1
Schreibendorf Mittel=	—	—	—	—	—	—	1	—	—	—
Schreibendorf Nieder=	—	—	—	—	—	—	1	—	—	6
Siebenhuben	—	—	—	—	—	—	—	—	—	—
Steinkirch	1	—	1	—	1	—	—	—	—	2
Striege	—	—	—	—	—	—	—	1	—	22
Töppendorf	—	—	—	—	—	—	—	1	—	17
Türpitz	1	—	1	—	—	—	—	—	—	24
Tschammendorf	—	—	—	—	—	—	—	—	—	11
Tschammendorf, Polnisch=	—	—	—	—	—	—	1	—	—	—
Tschanschwitz	—	—	—	—	—	—	1	—	—	1
Ulbersdorf	1	—	1	—	1	—	3	—	—	29
Ullsche	—	—	—	—	—	—	1	—	—	—
Waummelwitz	—	—	—	—	—	—	—	—	—	—
Wammen	—	—	—	—	—	—	1	—	—	—
Warkotsch	—	—	1	—	—	—	1	—	—	—
Weidenmühle	—	—	—	—	—	—	—	—	—	—
Woiselwitz	—	—	—	—	—	—	1	—	—	3

Feuerstellen überh.	Mühlen: Wassermühlen	Mühlen: Windmühlen	Mühlen: Walkmühlen	Entfernung von der Kreisstadt. Meil	Herrschaften.	Anmerkungen und Merkwürdigkeiten.
7	—	—	—	1	Adelig.	Gehört zu Plohe.
15	—	—	—	$\frac{1}{4}$	Amt Strehlen.	
26	—	—	—	—	Adelig.	
11	—	—	—	3	desgl.	Gehört zu Deutsch Jägel.
23	—	—	—	$\frac{1}{8}$	desgl.	Das Lehngut geh. z. Amte Strehlen.
10	—	—	—	unb.	desgl.	Gehört zu Ulbendorf.
—	—	—	—	$\frac{1}{8}$	Bresl. Domcap.	
24	—	—	—	$\frac{1}{2}$	Adelig.	
20	—	1	—	$\frac{3}{4}$	desgl.	
65	—	—	—	$\frac{1}{4}$	Amt Strehlen.	
15	1	—	—	1	Adelig.	
67	1	—	—	2	Amt Prieborn.	
55	—	—	—	1	Amt Strehlen.	
32	—	—	—	2	Adelig.	
23	—	—	—	2	desgl.	
47	—	—	—	1	desgl.	
11	—	—	—	$\frac{1}{4}$	Amt Strehlen.	
49	—	—	—	2	Adelig.	
22	—	—	—	$2\frac{1}{2}$	desgl.	
34	2	—	—	—	desgl.	
18	1	—	—	—	desgl	
—	—	—	—	2	Amt Prieborn	Gehört zu Prieborn.
18	—	—	—	1	A Rothschloß	
17	1	—	—	$\frac{1}{2}$	desgl.	
31	—	—	—	$\frac{3}{4}$	Amt Strehlen.	
56	1	—	—	2	Adelig	
18	—	—	—	1	Amt Prieborn.	
18	—	—	—	3	Adelig.	
23	—	—	—	$\frac{1}{2}$	desgl.	
40	—	—	—	3	desgl.	
11	—	—	—	$\frac{1}{2}$	desgl.	Gehört zu Krippitz.
12	—	—	—	$\frac{1}{4}$	A. Rothschloß.	
12	1	—	—	1	Adelig.	
19	—	1	—	$\frac{1}{4}$	desgl.	
—	1	—	—	$\frac{1}{4}$	Unbekannt.	
26	—	—	—	$\frac{1}{8}$	Amt Strehlen.	Hier war es, wo durch den Bar. Warkotsch Friedrich II den Oestreichern überliefert werden sollte.

III.

Der Nimptschische Kreis.

Der **Nimptschische Kreis** gränzt gegen **Morgen** mit dem Strehlenschen Kreise; gegen **Mittag** mit dem Fürstenthume Münsterberg; gegen **Abend** mit dem Fürstenthume Schweidnitz; gegen **Mitternacht** mit dem Furstenthume Breslau.

Die beträchtlichsten Gewässer sind: die **Lohe** und das vom Zobtenberge herfließende **Schwarzwasser**.

Er enthält, das Dorf **Kobelau** mit seinem Territorio, welches schon im Münsterbergischen liegt, mit eingeschlossen, auf etwa 8 Quadrat-Meilen, eine Stadt und 89 Dörfer, und in diesen 98 Antheile.

A. Die Stadt

Nimptsch.

Die Stadt **Nimptsch** ist eine Immediat- und die Kreisstadt. Sie ist mit einer Mauer umgeben, und hat zwei Thore (das Ober- und Niederthor), und enthält, außer dem alten Schlosse auf einem Berge, das aber eine Ruine ist,

I. an städtischen Gebäuden:

1) Das **Rathhaus**.

2) Ein kleines, mit wenig Einkünften versehenes, **Hospital**.

3) Das **Schießhaus**.

II. An Kirchen- und Schulgebäuden:

1) Die evangel. luther. Kirche **St. Peter und Paul**, an der der Pastor und ein Mittagsprediger, der zugleich Rector der Schule ist, stehen. Sieben Dörfer sind hier eingepfarrt.

2) Eine Begräbnißkirche, St. Georg, vor dem Thore in der Altstadt.

3) Die katholische Schloß-Capelle, an welcher ein Curatus und ein Capellan stehen.

4) Die lutherische Schule, an welcher, außer dem Rector, noch zwei Lehrer unterrichten.

5) Die katholische Schule mit einem Lehrer.

III. An bürgerlichen Häusern:

In der Stadt	104
In der Vorstadt . . .	90 *)
	194 **).

Bürgerliche Nahrungszweige sind: das Bierbrauen, dazu die Gerechtigkeit auf 103 Häusern haftet (vierzehn Dörfer müssen ihr Bier von der Stadt nehmen); der Ackerbau, der von acht Vorwerksbesitzern und einigen andern Bürgern betrieben wird; das Branntweinbrennen; das erlernte Handwerk oder Kunst, und ein nicht unbedeutender, sowohl Consumtions- als auch auswärtiger Handel. Die Tuch- und Strumpf-Manufactur ist nicht ganz geringe.

Königliche Aemter sind:

Das Accise- und Zollamt.

Das Steueramt.

Das Postamt.

Mittwochs ist Wochenmarkt, und jährlich sind (im Januar, April und August) drei Jahrmärkte.

Die Garnison besteht aus dem dritten Bataillon vom Infanterie-Regimente Nr. 43.

Das Stadtwapen ist ein offenes Thor, über welchem ein Adler steht, und auf beiden Seiten des Thors Blumenzweige.

---

*) Sieben von diesen gehören unter das Amt Rothschloß.

**) Zimmermann giebt 186 Privat-Häuser und 14 öffentliche Gebäude an. S. allgem. Nachrichten von Schlesien S. 9.

B. Dörfer.

Nahmen der Dörfer.	Oeffentl. Gebäude. Kirchen. Protest.	Kirchen. Kathol.	Schulen Protest.	Schulen Kathol.	Pfarrhäuser.	Gemeinhäuser	Herrschaftl. Schlösser und Wohnhäuser.	Vorwerke.	Große Scholtiseien.	Lehn- und Freigüter.
Bischwitz, (Bischkowitz) . .	—	—	—	—	—	—	—	1	—	—
Brokkut { Dürre-	—	—	—	—	—	—	—	1	—	—
Brokkut { Nasse	—	—	—	—	—	—	—	—	—	—
Carlsdorf	—	—	—	—	—	—	—	1	—	—
Dankwitz	—	—	—	—	—	—	—	1	—	—
Diersdorf, Ober- und Nieder-	1	—	1	—	1	—	—	—	—	—
Elguth, Klein-	—	—	—	—	—	—	—	1	—	—
Gaumitz	—	—	—	—	—	—	—	1	—	—
Gleinitz	—	1	—	1	—	—	—	—	—	—
Glofenau	—	—	—	—	—	—	—	1	—	—
Golschau	—	—	—	—	—	—	—	1	—	—
Gorkau	—	—	—	—	—	—	—	1	—	—
Gregersdorf	—	—	—	—	—	—	—	1	—	—
Grunau	—	—	—	—	—	—	—	1	—	—
Hartau { Dürr-	—	—	—	—	—	—	—	1	—	—
Hartau { Grün-	1	—	1	—	1	—	—	—	—	—
Heidersdorf	1	1	1	1	2	—	—	1	—	—
Jakobsdorf, 2 Anth.	—	—	—	—	—	—	—	1	—	—
Jäschwitz	—	—	—	—	—	—	—	—	—	—
Jeseritz { Groß-	—	—	—	—	—	—	—	—	—	—
Jeseritz { Klein-	—	—	—	—	—	—	1	1	—	—
Johnsdorf { Klein- . . .	—	—	—	—	—	—	—	1	—	—
Johnsdorf { Ober-	—	—	—	—	—	—	—	1	—	—
Jordansmühle { 1 Anth. . .	1	—	1	—	1	—	—	2	—	—
Jordansmühle { 2 Anth. . .	—	—	—	—	—	—	—	—	—	—
Kamigen, (Kanigen)	—	—	—	—	—	—	—	—	—	—
Karschau, (Karschen)	1	—	1	—	1	—	—	1	—	—
Karzen	1	—	1	—	1	—	—	—	—	—
Kittelau	—	—	—	—	—	—	1	1	—	—
Kniegnitz { Groß-	1	—	1	—	1	—	—	—	—	—
Kniegnitz { Klein-	1	—	1	—	1	—	—	1	—	—
Kobelau	—	—	—	—	—	—	—	1	—	—
Kosemitz	—	—	—	—	—	—	—	1	—	—
Kuhnau	—	—	—	—	—	—	—	1	—	—

Bauern.	Gärtner.	Häusler.	Wassermühlen.	Windmühlen.	Entfernung von der Kreisstadt. Meil.	Herrschaft.	Anmerkungen und Merkwürdigkeiten.
—	18	—	1	—	$2\frac{1}{4}$	Adelig.	Ein Schäferhaus.
—	19	—	—	—	$\frac{1}{2}$	desgl.	
8	—	3	—	—	$1\frac{1}{2}$	A. Rothschloß.	
—	6	1	1	—	$1\frac{1}{2}$	Adelig.	
5	13	4	—	1	2	desgl.	
5	39	25	2	—	$\frac{1}{4}$	desgl.	Hier ist eine mineral. Quelle und eine Garnbleiche.
—	22	3	2	—	$\frac{1}{2}$	desgl.	
—	12	1	1	—	$\frac{1}{4}$	desgl.	
11	123	—	—	1	2	Com̃. Gr. Tinz.	
—	11	—	—	—	2	Adelig.	
8	21	4	—	—	1	desgl.	
—	8	1	—	—	1	desgl.	
9	17	2	—	—	$1\frac{1}{2}$	A. Rothschloß.	
—	18	—	—	—	$2\frac{3}{4}$	Adelig.	
—	18	—	—	—	$2\frac{1}{2}$	desgl.	
25	14	8	—	1	2	desgl.	
20	24	30	2	1	1	Stift Leubus.	
—	13	3	—	—	$\frac{3}{4}$	Adelig.	
9	6	5	—	—	3	St. S. Cathar. zu Breslau.	
10	13	9	—	—	$1\frac{1}{2}$	A. Rothschloß.	
—	2	1	—	—	$1\frac{1}{2}$	Adelig.	
—	8	4	1	—	1	desgl.	
—	12	—	2	—	2	desgl.	
14	29	20	1	—	2	desgl.	
3	—	5	—	—	—	Com̃. Gr. Tinz.	
3	—	5	—	—	2	St. z. H. Kreuz.	
15	22	9	—	—	$1\frac{1}{2}$	A. Rothschloß.	
23	5	17	—	—	$1\frac{1}{4}$	desgl.	
3	23	2	—	1	$\frac{1}{2}$	Adelig.	
13	10	48	1	—	1	A. Rothschloß.	
6	34	11	5	—	2	Adelig.	
—	24	—	1	—	1	desgl.	
—	17	2	1	—	1	desgl.	Sieh oben den Windmühlberg. S. 79.
—	19	—	1	—	3	desgl.	

Nahmen der Dörfer.	Oeffentl. Gebäude.						Herrschaftl. Schlösser und Wohnhäuser.	Vorwerke.	Große Scholtiseyen.	Lehn- und Freigüter.
	Kirchen.		Schulen		Pfarrhäuser.	Gemeinhäuser.				
	Protest.	Kathol.	Protest.	Kathol.						
Kunsdorf	—	—	—	—	—	—	—	1	—	—
Kurtwitz	—	—	—	—	—	—	—	1	—	—
Langen-Oels	1	—	1	1	1	—	—	—	—	—
Leipitz	—	—	—	—	—	—	—	1	—	—
Malschau	—	—	—	—	—	—	—	1	—	—
Manze	—	—	—	—	—	—	1	1	—	—
Mlitsch	—	—	—	—	—	—	—	—	1	—
Naselwitz	1	1	1	1	2	—	—	—	—	—
Neudecke	—	—	—	—	—	—	—	—	—	—
Neudorf	—	—	—	—	—	—	—	1	—	—
Neudorf, Roth-	—	—	—	—	—	—	—	1	—	—
Nimptsch, Altstadt	—	—	—	—	—	1	—	—	—	—
Pangel	—	—	—	—	—	—	—	1	—	—
Panthenau, (Panten)	1	—	1	—	1	—	—	—	—	—
Petersdorf	—	—	—	—	—	—	—	1	—	—
Petrikau	—	—	—	—	—	—	—	1	—	—
Plottwitz	—	—	—	—	—	—	—	1	—	—
Pappelwitz	—	—	—	—	—	—	—	—	—	—
Poseritz	—	—	—	—	—	—	—	1	—	—
Prauß	1	1	1	—	1	—	—	—	—	—
Pristram	—	—	—	—	—	1	1	1	—	—
Prschiedrowitz	—	—	—	—	—	—	—	1	—	—
Pudigau	—	—	—	—	—	—	—	1	—	—
Quanzendorf	—	—	—	—	—	—	—	1	—	—
Ranchwitz	—	—	—	—	—	—	—	1	—	—
Rankau {1 Anth.	1	—	1	—	1	—	—	1	—	—
Rankau {2 Anth.	—	—	—	—	—	—	—	—	—	—
Reichau, 2 Anth.	1	—	1	—	1	—	—	2	—	—
Reißau	—	—	—	—	—	—	—	1	—	—
Roswitz	—	—	—	—	—	—	—	1	—	—
Rothschloß, (ehedem Teich)	—	1	—	1	—	—	1	1	—	—
Rudelsdorf	1	—	1	—	1	—	—	2	—	—
Ruschwitz	—	—	—	—	—	—	—	1	—	—
Sadewitz	—	—	—	—	—	—	—	1	—	—
Schiefenstein	—	—	—	—	—	—	—	—	—	—
Schmitzdorf	—	—	—	—	—	—	—	1	—	—
Schwentig	1	—	1	—	—	—	—	1	—	—

Bauern.	Gärtner.	Häusler.	Wassermühlen.	Windmühlen.	Entfernung von der Kreisstadt. Meil	Herrschaft.	Anmerkungen und Merkwürdigkeiten.
6	22	—	3	—	2	Adelig	
6	16	2	—	—	1	desgl.	
25	13	50	1	1	1½	Stift Leubus.	
—	10	—	—	—	1½	Adelig.	
—	7	1	—	—	1	desgl.	
—	11	6	—	—	2½	desgl.	Majorat der Gräfl. Sandraskyschen Familie.
5	4	7	—	1	2	Bresl. Dohmc.	
13	21	—	—	—	3	S Clarenkl. zu Breslau.	
—	—	11	—	—	½	Käm. Nimptsch.	
—	22	2	—	1	½	Adelig	
—	15	—	—	—	1	desgl.	
3	14	—	—	—	⅛	desgl.	
—	7	8	—	—	¼	desgl.	S. oben Panglerberg Seite 77.
—	10	3	1	—	1	desgl.	
—	20	—	1	—	2	desgl.	
—	11	—	1	—	½	desgl.	
—	8	—	—	—	1¼	desgl.	
5	—	5	—	—	2¾	Bresl. Dohmc.	
—	15	—	2	—	2	A. Rothschloß.	
—	26	2	1	—	1	Adelig.	Eine Stuterei.
5	19	—	—	—	1	desgl.	
—	18	3	1	—	3	desgl.	
1	28	—	—	—	2	desgl.	
—	22	1	—	1	1	desgl.	
—	9	—	—	—	1	desgl.	Hier ist ein verfallenes Schloß.
6	28	6	—	1	3½	desgl.	
3	2	2	—	—	—	St. Clarenklost. zu Breslau.	
—	22	—	1	1	1	Adelig.	Viel Garnhändler.
—	15	—	—	1	2½	desgl.	
—	15	—	—	1	3	desgl.	
—	5	3	—	—	1	Kön. Domaine.	
6	21	5	—	—	1	Adelig.	
—	9	—	—	—	½	desgl.	
—	—	11	—	—	1¼	desgl.	
—	13	3	—	—	2	desgl.	
—	13	2	—	—	1	desgl.	
4	28	6	2	—	3	desgl.	

Nahmen der Dörfer.	Oeffentl. Gebäude.						Herrschaftl. Schlösser und Wohnhäuser.	Vorwerke.	Große Scholtiseien.	Lehn- und Freigüter.
	Kirchen.		Schulen		Pfarrhäuser.	Gemeinhäuser.				
	Protest.	Kathol.	Protest.	Kathol.						
Senitz	1	—	1	—	1	—	—	—	—	—
Siegroth	1	—	1	—	1	—	—	2	—	—
Silbitz	—	—	—	—	—	—	—	1	—	—
Skalitz	—	—	—	—	—	—	—	1	—	—
Stachau	—	—	—	—	—	—	—	1	—	—
Stein	—	—	—	—	—	1	—	1	—	—
Strachau, (Strache) Nimptsch-	—	—	—	—	—	—	—	1	—	—
Strache bei Zobten	—	—	—	—	—	—	—	1	—	—
Thomitz, (Domitz)	—	—	—	—	—	—	—	—	—	—
Tiefensee	—	—	—	—	—	—	—	1	—	—
Tinz Groß-	—	1	—	1	1	—	—	1	—	1
Tinz Klein-	—	—	—	—	—	—	—	1	—	—
Trebnitz	—	—	—	—	—	—	—	1	—	—
Vogelsang, (Vogelgesang)	—	—	—	—	—	—	—	1	—	—
Wärterisch (Wetterist)	—	—	—	—	—	—	—	1	—	—
Weinberg	—	—	—	—	—	—	—	1	—	—
Weislowitz, (Weiselwitz, Woislitz, Woislowitz)	—	—	—	—	—	—	—	—	—	—
Wilkau, Groß-	1	—	1	—	1	—	1	1	—	—
Wilschkowitz, (Wischwitz)	—	—	—	1	—	—	—	—	—	—
Wonnwitz	—	—	—	—	—	—	—	1	—	—
Zülzendorf	1	—	1	—	1	—	—	1	—	—

Bauern.	Gärtner.	Häusler.	Waſſermühlen.	Windmühlen.	Entfernung von der Kreisſtadt. Meil	Herrſchaft.	Anmerkungen und Merkwürdigkeiten.
22	11	24	1	—	$1\frac{1}{4}$	A. Rothſchloß.	
—	24	—	2	—	1	Adelig.	
1	18	—	1	—	1	desgl.	
—	—	—	—	—	—	A. Rothſchloß.	
—	15	—	—	1	$1\frac{1}{2}$	Adelig.	
7	18	—	—	—	3	desgl.	
1	15	—	—	—	$\frac{1}{2}$	desgl.	
—	—	14	—	—	$3\frac{1}{4}$	desgl.	
6	—	10	1	—	$2\frac{1}{4}$	Bresl. Dohme.	
—	12	—	—	—	$2\frac{1}{2}$	A. Rothſchloß.	
18	26	15	1	—	3	Maltheſ. Comm.	
9	22	6	—	—	—	desgl.	
3	11	8	—	1	2	Adelig.	
—	17	—	1	—	$\frac{1}{4}$	desgl.	
3	22	—	—	1	2	desgl.	
4	—	12	—	—	2	desgl.	
4	—	—	1	—	$\frac{1}{4}$	desgl.	
13	25	4	2	—	$\frac{1}{2}$	desgl.	
18	23	—	—	1	3	St. Clarenkloſt.	
						zu Breslau.	
—	8	—	1	—	$\frac{3}{4}$	Adelig.	
—	—	41	1	1	1	desgl.	

IV.

Der Ohlauische Kreis.

Der **Ohlauische Kreis** gränzt gegen **Morgen** an den Briegischen Kreis; gegen **Mittag** an den Strehlenschen Kreis; gegen **Abend** an den Breslauischen Kreis; gegen **Mitternacht** an den Breslauischen und Oels-Bernstädtischen Kreis.

Außer der **Oder**, die ihn in zwei Theile theilt, davon die eine, am **rechten Ufer**, die **Polnische**, und die andere, am **linken Ufer**, die **Deutsche Seite**, (diese ist der größeste Theil) genannt wird, fließen in dem Kreise

auf der **Deutschen Seite**: die **Ohlau**, **Schelune**, das **Hünernsche Wasser**;
auf der **Polnischen Seite**: das **Schwarzwasser**, die **Kleineiche** und die **Schmottowa**.

Er enthält auf beinahe vierzehn Quadrat-Meilen eine Stadt und zwei und neunzig Dörfern, von welchen funfzehn auf der Polnischen und sieben und siebzig auf der Deutschen Seite liegen.

A. Die Stadt

Ohlau.

Die Immediat- und Kreisstadt **Ohlau** liegt an der Ohlau (am rechten Ufer), nicht weit von der Oder (am linken Ufer), über welche hier eine große Brücke gehet.

Diese Stadt war ehedem befestigt, aber nach dem siebenjährigen Kriege wurden die Werke geschleift, die Gräben zugeworfen, und Maulbeer-Plantagen und Obstgärten darauf angelegt. Die Schloßseite ausgenommen, ist sie jedoch noch mit einer Mauer und einem Graben umgeben, und hat zwei Thore (das Breslauische und das Briegische), und bei dem Schlosse eine Pforte. Es sind hier:

I. An **königlichen Gebäuden:**

1) Das **Schloß** oder **Amthaus**, ein schönes, weitläufiges Gebäude, das theils von dem Pächter der Domaine bewohnt wird, theils zur Pflege der Seidenwürmer und zum Abhaspeln der Seide eingerichtet ist.

2) Das **Landhaus**, die Wohnung des Generals des Cürassier-Regiments Nr. 8, davon hier der Stab und zwei Schwadronen zur Besatzung stehen.

II. An **städtischen Gebäuden:**

1) Das **Rathhaus**, auf dessen Thurm sich eine künstliche Uhr befindet, die ihre Kunstwerke alle Stunden zeigt.

2) Das **Hospital** vor dem Brieger- und

3) das **Waisen-** oder **Klingelhaus** vor dem Breslauer Thore.

4) Die **Hauptwache.**

5) Das **Stockhaus.**

6) Das **Schießhaus.**

III. An **Kirchen- und Schulgebäuden:**

1) Die **evang. luth. Pfarrkirche St. Blasius,**

an der der Pastor und ein Mittagsprediger stehen. Fünf Dörfer sind eingepfarrt.

2) Die **Polnische Kirche**, in welcher alle vierzehn Tage von dem Polnischen Diaconus, der zugleich Pastor zu Zedlitz ist, Polnisch gepredigt wird, und in welcher auch die Garnison ihre Gottesverehrungen hält.

3) Die **katholische Schloß-Capelle**, an der ein Curatus steht.

4) Die **katholische Rochuskirche** vor dem Brieger Thore.

5) Die **evangel. luther. Schule**, an der außer dem Rector und Conrector noch ein Lehrer Unterricht ertheilt.

IV. **An bürgerlichen Häusern:**

In der Stadt	155
In der Vorstadt . . .	109
	264 *).

An Mühlen sind hier:

Eine Papiermühle, eine Walkmühle, eine Mahlmühle, eine Lohmühle, eine Brettmühle, davon die letztern drei königlich sind.

Die bürgerlichen Nahrungszweige bestehen im Bierbrauen (21 Dörfer werden mit Stadtbier verlegt), zu welchem 111 Häuser die Gerechtigkeit besitzen; im Tabacksbau und den Spinnerei desselben. Die Landeigen-

*) Zimmermann giebt in den allgem. Nachrichten von Schlesien, S. 9, 251 Privat- und 28 öffentliche Gebäude an.

thümer geben den Acker und richten ihn zu, die Tabacks-pflanzer hingegen besorgen Saat, Anpflanzung, Wartung, Aernte und das Abtrocknen desselben. Nachher theilen die letztern den Gewinn mit den erstern, oder sie bezahlen für den Morgen Land ein gewisses. Dieser Anbau des Tabacks verschafft denjenigen Bürgern, die Ackerbau treiben, den Vortheil, daß sie ihr Feld nicht dürfen brach liegen lassen. Das gedüngte Feld wird mit Taback bepflanzt, im folgenden Jahre wird es zur Wintersaat und im dritten zur Sommerfrucht genutzt, im vierten Jahre wird es wieder frisch gedüngt und Taback gepflanzt. Der Heuschlag ist ebenfalls, so wie der Anbau der Cichorie, die statt des Kaffees gebraucht wird, den Bürgern sehr einträglich. Der Handel ist bloßer Consumtions-Handel. Die Wartung der Seidenwürmer giebt auch einigen Personen und vielen Kindern, die man zum Pflücken der Maulbeerblätter gebraucht, einigen Verdienst. Die Tuch-Manufactur ist von einiger Beträchtlichkeit, und die übrigen Handwerke und Künste verschaffen dem fleißigen Manne sein Auskommen.

Königliche Aemter sind:

Das Steueramt.

Das Postamt.

Das Accise- und Zollamt.

Das Mühlwageamt.

Jährlich sind vier **Jahrmärkte**, den 4. Februar, den 15. April, den 26. August und den 2. December.

Das **Wapen der Stadt** ist ein weißer gekrönter Hahn, in rothem Felde.

B. Dörfer:

Nahmen der Dörfer.	Deutsch. od. Pol. Seite	Oeffentl. Gebäude. Kirchen. Protest.	Oeffentl. Gebäude. Kirchen. Kathol.	Oeffentl. Gebäude. Schulen. Protest.	Oeffentl. Gebäude. Schulen. Kathol.	Pfarrhäuser.	Gemeinhäuser.	Herrschaftl. Schlösser und Wohnhäuser.	Vorwerke.
Baumgarten, 1 Anth.	D.	—	—	1	—	—	—	—	3
Baumgarten, 2 Anth.	—	—	—	—	—	—	—	—	—
Bardune, (Pardune)	D.	—	—	—	—	—	—	—	1
Bergel	P.	—	—	—	—	—	—	—	1
Birksdorf	P.	—	—	—	—	—	—	—	—
Bischkowitz, (Bischwitz)	P.	—	—	1	—	—	—	—	—
Bischwitz, (s. Raduschkowitz).	P.								
Bolchau, (Bulchau)	D.	—	—	—	1	—	—	—	—
Breyle, Deutsch- (Breule)	D.	—	—	—	—	—	—	—	1
Breyle, Polnisch-	D.	—	—	—	—	—	—	—	—
Brosewitz	D.	—	1	—	1	1	—	—	—
Chursangwitz	D.	—	—	—	—	—	—	1	1
Dammelwitz	D.	—	—	—	—	—	—	1	1
Daupe	P.	—	—	1	—	—	—	1	—
Dremling, Ober-	D.	—	—	—	—	—	—	—	1
Duppine, Groß-	P.	—	—	—	—	—	—	—	2
Duppine, Klein-	P.	—	—	—	—	—	—	—	—
Eilendorf, (Eulendorf)	D.	—	—	—	—	—	—	—	1
Frauenhayn	D.	1	—	1	—	—	—	—	—
Giesdorf	D.	—	—	—	—	—	—	—	—
Goy	D.	1	—	1	—	—	—	—	1
Graduschwitz, (Graschwitz)	D.	—	—	—	—	—	—	—	—
Gaulau	D.	1	—	1	—	—	—	—	1
Gräbelwitz, (Greblowitz)	D.	—	—	—	—	—	—	—	1
Güntersdorf	D.	—	1	—	1	—	—	—	—
Gunschwitz	D.	—	—	—	—	—	—	—	1
Gusten	D.	—	—	—	—	—	—	—	—
Haltauf	D.	—	—	1	—	—	—	1	1
Hennersdorf	D.	—	1	—	1	1	—	—	—
Hermannsdorf, (Hermsdorf)	D.	—	1	—	—	—	—	—	—
Heydau	D.	1	—	1	—	—	—	—	—
Höckricht	D.	—	—	—	—	—	—	1	1
Hünern, (Hünnern)	D.	1	—	1	—	—	—	—	1

Lehngüt. u. Freigüt.	Bauern.	Gärtner u. Häusler.	Wassermühlen.	Windmühlen.	Entfernung von der Kreisstadt. Meil.	Herrschaft.	Anmerkungen und Merkwürdigkeiten.
—	—	32	—	—	$\frac{1}{4}$	Amt Ohlau	Man bauet hier Taback. Eine kön.
—	13	37	—	—	—	Kämm. Ohlau.	Maulbeerbaum-Plantage.
—	—	—	—	—	—	Adelig.	Gehört zu Popelwitz.
—	—	27	—	—	$\frac{1}{4}$	Bresl. Dohmc.	Tabacksbau.
—	—	19	—	—	$2\frac{1}{2}$	Adelig.	
—	17	22	—	—	2	Amt Ohlau.	
—	10	21	—	—	1	Dohmc. Glogau.	Einigen Taback.
—	5	17	1	—	2	Adelig.	
—	6	12	—	—	$2\frac{1}{4}$	Comm. Kl. Oels.	
—	15	33	—	—	2	desgl.	
—	—	9	—	—	$2\frac{1}{4}$	Adelig.	
—	—	8	—	1	$2\frac{1}{4}$	desgl.	
—	—	47	—	—	2	St Vincenz zu Breslau.	
—	—	12	1	—	$1\frac{1}{4}$	Adelig.	
—	—	49	—	—	2	desgl.	Haben einen Besitzer.
—	—	12	—	—	2	desgl.	
—	—	—	—	—	$2\frac{1}{2}$	desgl.	
—	14	35	—	—	1	St. Amt z. Brieg	
—	7	11	—	—	$\frac{1}{2}$	desgl.	Tabacksbau.
—	11	19	—	—	$\frac{1}{2}$	Amt Ohlau.	
—	6	9	—	—	$2\frac{1}{2}$	Bresl. Domcap.	
—	9	33	1	—	2	Adelig.	
—	1	29	—	—	2	St. Matthiä zu Breslau.	Hier wird Färberröthe gebauet.
—	10	15	—	—	2	Comm. Kl. Oels.	
—	—	13	—	1	$1\frac{1}{2}$	Adelig.	
—	13	27	—	—	$\frac{1}{2}$	Amt Ohlau.	
—	—	15	1	—	$2\frac{1}{2}$	Adelig.	
—	32	47	—	1	$\frac{3}{4}$	Bresl. Dohmc.	
—	18	19	—	—	3	Comm. Kl. Oels.	
—	12	36	—	1	1	Adelig.	
—	3	24	—	—	$1\frac{1}{2}$	desgl.	
—	8	29	1	—	$1\frac{1}{4}$	desgl.	

Nahmen der Dörfer.	Deutsch. od. Pol. Seite.	Oeffentl. Gebäude. Kirchen. Protest.	Oeffentl. Gebäude. Kirchen. Kathol.	Oeffentl. Gebäude. Schulen Protest.	Oeffentl. Gebäude. Schulen Kathol.	Oeffentl. Gebäude. Pfarrhäuser.	Oeffentl. Gebäude. Gemeinhäuser.	Herrschaftl. Schlösser und Wohnhäuser.	Vorwerke.
Jankau, (Jänkau)	D.	—	1	—	—	—	—	—	—
Jakobine	D.	—	—	—	—	—	—	1	—
Jänkwitz, Klein-	D.	—	—	—	—	—	—	—	—
Jätzdorf, (Jetzdorf)	D.	—	—	1	—	—	—	—	1
Jungwitz	D.	—	—	1	—	—	—	—	—
Kallen, (Kaln)	D.	—	—	—	—	—	—	—	—
Kauern	D.	—	—	—	—	—	—	—	1
Klosdorf	D.	—	1	—	1	—	—	—	—
Kochern	D.	—	—	—	—	—	—	—	1
Köchendorf	D.	—	1	—	1	—	—	—	—
Kontschwitz	D.	—	—	1	—	—	—	—	—
Krausenau	D.	—	—	—	—	—	—	—	1
Kunert, (Poln. Kunratzky) .	D.	—	—	—	—	—	—	—	—
Laskowitz, (Ososkowitz) . .	P.	1	—	1	—	1	—	1	1
Leisewitz	D.	—	—	—	—	—	—	—	—
Lorenzdorf, (Lorzendorf) . .	P.	—	—	—	—	—	—	—	1
Marienau	D.	—	1	—	1	—	—	—	—
Marschwitz	D.	1	—	1	—	1	—	—	1
Mechwitz	D.	1	—	1	—	1	—	—	1
Meilen, (Mellenau)	D.	—	—	—	—	—	—	—	—
Merzdorf	D.	—	1	—	1	—	—	—	1
Minken	P.	1	1	1	1	2	—	—	1
Niehmen, (Riemen)	D.	—	1	—	1	—	—	—	—
Niefnig	D.	—	—	—	—	—	—	—	—
Oels, Klein-	D.	—	1	—	1	—	—	—	2
Ottag	P.	—	—	1	—	—	—	—	—
Paperwitz, (Korsawe)	P.	—	—	—	—	—	—	—	—
Peiskerau Groß-	D.	1	—	1	—	—	—	—	—
Peiskerau Klein-	D.	—	—	—	—	—	—	—	1
Peisterwitz	P.	1	—	1	—	1	—	—	—
Peirschütz	D.	—	—	—	—	—	—	—	1
Poppelwitz	D.	—	—	—	—	—	—	—	2
Quaschiskow	P.	—	—	—	—	—	—	—	1
Quallwitz	P.	—	—	—	—	—	—	—	—
Quosnitz	D.	—	—	—	—	—	—	—	1

Lehng u. Freigüter.	Bauern.	Gärtner u. Häusler.	Wassermühlen	Windmühlen.	Entfernung von der Kreisstadt Meil.	Herrschaft.	Anmerkungen und Merkwürdigkeiten.
—	10	26	—	—	1½	Marienstift zu Breslan.	
—	—	28	1	—	1	Adelig.	
—	—	15	—	—	1½	Comm. Kl.Oels.	
—	—	21	1	—	½	Amt Ohlau.	Taback und Färberröthe.
—	12	27	—	—	1½	Bresl. Dohmc.	
—	8	14	—	—	1	Comm.Kl. Oels.	
—	5	—	1	—	1½	Adelig.	
—	15	17	—	—	1½	Comm. Kl.Oels.	
—	2	17	1	—	2½	Adelig.	
—	22	28	—	—	2½	Bresl. Dohmc.	
—	12	13	—	—	1	Amt Ohlau.	
—	6	18	—	—	1½	Adelig.	
1	—	5	—	—	1¼	Amt Ohlau.	
—	24	56	—	1	1½	Adelig.	
1	—	7	—	—	1	St. Matthiä zu Breslau.	Färberröthe.
—	6	20	1	—	2½	Adelig.	
—	31	22	—	—	3	Comm. Oels.	
—	12	33	1	—	1	Adelig.	
—	12	18	—	—	2	desgl.	
—	6	16	—	—	1	St. Vincenz zu Breslau.	
—	4	34	2	—	1	St. Matthiä zu Breslau.	
—	20	52	—	—	1	Amt Ohlau.	
—	19	31	1	—	1¼	Comm. Oels.	
—	8	21	—	—	1	Bresl. Dohmc.	Taback.
—	—	30	4	—	1½	Matth. Comm.	
—	10	29	—	—	½	Amt Brieg.	Taback.
—	—	6	—	—	1½	Amt Ohlau.	Colonie.
—	12	15	—	—	2	Amt Brieg.	
—	4	23	—	2	2	Adelig.	
—	13	80	1	—	2	Amt Ohlau.	Ein Försterhaus.
—	—	9	—	—	1	Adelig.	
—	—	22	1	—	1½	desgl.	Hierher gehört Pardune.
—	—	—	—	—	2	desgl.	} Gehören zusammen.
—	—	42	—	—	—	—	
—	—	8	—	—	2	Bresl. Dohmc.	

Nahmen der Dörfer.	Deutsch. od. Pol. Seite.	Oeffentl Gebäude. Kirchen. Protest.	Kirchen. Kathol.	Schulen Protest.	Schulen Kathol.	Pfarrhäuser.	Gemeinhäuser.	Herrschaftl. Schlösser und Wohnhäuser.
Radelwitz, (Radlowitz)	D	—	—	—	—	—	—	—
Raduschkowitz, (Bischwitz)	D.	—	—	—	—	—	—	—
Rodeland	P.	—	—	—	—	—	—	—
Rohrau	D.	—	—	—	—	—	—	—
Rosenhayn	D.	1	—	1	—	1	—	—
Runzen	D.	—	—	—	—	—	—	—
Saulwitz	D.	—	—	—	—	—	—	—
Zackerau, (Sakrau)	D.	—	—	—	—	—	—	—
Schimmeley	D.	—	—	—	—	—	—	—
Schwoika	D.	—	—	—	—	—	—	—
Schockwitz	D.	—	—	1	—	—	—	—
Sitzmannsdorf, (Sitzdorf)	D.	—	—	—	—	—	—	—
Seifersdorf	D.	—	—	—	—	—	—	1
Stanowitz, (ehedem Arnsdorf)	D.	—	—	—	—	—	—	—
Steindorf, (Steinersdorf)	P.	—	—	1	—	—	3	—
Steine Deutsch-	D.	—	—	1	—	—	—	—
Steine Poinisch-	D.	—	—	1	—	—	—	—
Tempelfeld	D.	—	1	—	1	—	—	—
Teuderau	D.	—	—	—	—	—	—	—
Tomaskirche	D.	—	1	—	1	1	—	—
Trattaschine	P.	—	—	1	—	—	—	—
Weigwitz	D.	1	—	1	—	1	—	—
Weisdorf	D.	—	—	—	—	—	—	—
Würben	D.	—	1	—	1	1	—	—
Wüstenbriese	D.	1	—	1	—	1	—	—
Wülschehäuser	D.	—	—	—	—	—	—	—
Zedlitz	D.	1	—	1	—	—	—	—
Zelline, (Czelline)	P.	—	—	—	—	—	—	—
Zotrwitz	D.	—	1	—	1	1	—	—

Lehngüt. u. Freigüt.	Bauern.	Gärtner u. Häusler.	Wassermühlen.	Windmühlen.	Entfernung von der Kreisstadt. Meil.	Herrschaften.	Anmerkungen und Merkwürdigkeiten.
—	7	10	—	—	2¼	Bresl. Domcap.	
—	4	19	—	—	2½	Bischöflich.	
—	—	37	1	—	2	Amt Ohlau.	
—	—	15	1	—	2	Adelig.	Färberröthe.
—	15	21	—	—	½	Amt Ohlau.	
—	20	23	—	—	1½	desgl.	Taback.
—	6	8	—	—	2	Marienst. z. Br.	
—	—	26	1	—	1	Amt Ohlau.	Färberröthe und Taback.
—	—	7	—	—	1¼	Adelig.	
—	11	16	—	—	1¾	St. Brieg.	Taback.
—	2	7	—	—	2¼	Sandstift in Breslau.	Färberröthe.
—	7	18	1	—	1½	Adelig.	
—	—	29	1	—	¾	desgl.	Färberröthe.
—	13	25	—	—	½	Stift Vincenz zu Breslau.	Färberröthe und Taback.
—	1	57	—	—	1½	Amt Ohlau.	
—	6	28	—	—	½	desgl.	Taback.
—	4	27	—	—	½	desgl.	Taback.
—	21	29	—	—	2	Comm. Oels.	
—	—	5	—	1	1½	Adelig.	Färberröthe.
—	19	24	—	—	2	St. Trebnitz.	
—	—	21	—	—	2	Adelig.	
—	11	25	—	—	1¾	desgl.	
—	8	7	—	—	2	Amt Ohlau.	
—	27	40	—	—	1¼	Stift Vincenz zu Breslau.	
—	1	6	—	—	1	Amt Ohlau.	
—	—	—	—	—	3	Comm. Oels.	
—	9	49	—	—	1	Kämm. Ohlau.	Hier ist ein Weinberg.
—	—	8	—	—	2	desgl.	
—	20	54	—	—	1	Stift Vincenz zu Breslau.	

V.

Der Kreuzburgische Kreis.

Der **Kreuzburgische Kreis** gränzt gegen **Morgen** und **Mittag** mit dem Fürstenthume Oppeln; gegen **Abend** mit dem Fürstenthume Breslau; gegen **Mitternacht** mit Südpreußen.

Er wird von der **Stoberau**, der **Briesnitz**, der **Brawa**, der **Bartsch** und dem **Schwarzwasser** bewässert.

Er besteht aus dem Kreuzburgischen und Pitschenschen Weichbilde und dem zum Fürstenthume Oels gehörigen Konstädter Ländel, das in kammeralistischer Hinsicht zu diesem Kreise gerechnet wird, und enthält auf neun Quadrat-Meilen zwei Immediat-Städte (Kreuzburg und Pitschen), eine Mediat-Stadt (Konstadt) und 71 Dörfer (95 Antheile), darunter 17 Colonien sind.

A. Städte.

I. Immediat-Städte.

1. Die Stadt Kreuzburg,

mit einem königlichen Domainen-Amte, ist die Kreisstadt, liegt an der Stoberau, hat nur auf einer Seite Mauer, auf der andern ist sie mit Pallisaden umschlossen. Von den zwei Thoren wird eins das **Deutsche** und das andere das **Polnische** genannt. Diese kleine unbedeutende Stadt enthält:

I. An

I. An königlichen Gebäuden, bloß das königliche Amthaus, die Wohnung des Pächters.

II. An städtischen Gebäuden:

1) Das Rathhaus.

2) Ein kleines Hospital, in der Vorstadt.

III. An Kirchen- und Schulgebäuden:

1) Die evangel. luther. Kirche, an der zwei Prediger stehen (fünf Dörfer sind eingepfarrt), die abwechselnd Deutsch und Polnisch predigen.

2) Die katholische Curatial-Kirche in der Vorstadt, an der ein Curatus stehet.

3) Die lutherische Schule, an welcher außer dem Rector noch ein Lehrer, der zugleich Cantor ist, Unterricht ertheilet.

IV. An bürgerlichen Häusern:

In der Stadt	167
In der Vorstadt . . .	80
	247 *).

An Mühlen, zwei Mahlmühlen, eine Papiermühle, die nur schlechtere Sorten liefert, und eine Walkmühle.

Die Bürger, davon verschiedene Ackerbesitzer (sie werden Hackenbesitzer genannt) sind, nähren sich vom Bierbrauen (sieben Dörfer stehen unter dem Bierzwange), Branntweinbrennen und ihrem erlernten Handwerke.

*) Zimmermann in den allgemeinen Nachrichten von Schlesien S. 11. giebt 273 Privat- und 19 öffentliche Gebäude an. Von den Bürgerhäusern sind noch viele ganz von Holz geschroten.

Unter den Handwerkern sind vorzüglich viele Tuchmacher und Schuster.

Königliche Aemter sind hier:

Das Steueramt.

Die Salz-Factorei.

Das Accise- und Zollamt.

Das Postamt.

Jährlich sind vier Jahrmärkte.

Die Besatzung besteht aus einer Schwadron Husaren.

Das Stadtwapen ist ein offenes Thor mit drei Thürmen, über dem mittlern ist ein Engel.

Von dem Armenhause.

Dieses Armen- und Arbeitshaus ist eine Stiftung Friedrichs II. Er gab zu dem Bau (er wurde 1777 angefangen und 1779 vollendet und das Haus eingeweiht) desselben 42000 Rthlr. und schenkte es der Provinz Schlesien durch einen besondern Fundations-Brief vom 24. März 1779, nebst einem ansehnlichen Capitale zur Unterhaltung, mit dem Versprechen, die künftigen Baukosten selbst zu tragen. Er befreiete die Anstalt von der Accise, bestimmte eine vierteljährige Haus- und Kirchen-Collecte, (diese Collecte dauert jetzt nur noch in den Städten fort, und ist auf dem Lande in eine bestimmte Abgabe verwandelt worden) gab dem Hause die Erlaubniß, Landgüter und anderes Eigenthum anzukaufen. Zu diesem kommt noch die Abgabe der Zuchthäuser in Brieg und Jauer, die gegen 2000 Rthlr. beträgt, und das, was die Corporationen, Städte und

Dörfer für solche Armen bezahlen müssen, deren Unterhaltung sie zu besorgen haben. Den nöthigen Zuschuß, der monathlich 700 - 800 Rthlr. beträgt, thut die Kriegs- und Domainen-Kammer zu Breslau.

Es ist ein großes, in einem edlen, einfachen Geschmacke, von **Langhans** aufgeführtes, vier Stockwerk hohes (ohne das Kellergeschoß) Gebäude, in einem halben Vierecke, das auf der andern Seite mit einem Invalidenhause geschlossen werden sollte. Es hat an der Fronte die Aufschrift:

MISERIS MELIORA

FRIDERICUS M.

MDCCLXXVIII.

Die Armen, die hier Unterhalt und Beschäftigung finden, sind in zwei Classen getheilt.

Zu der ersten Classe gehören 1) diejenigen, die aus Altersschwachheit ihren Unterhalt nicht verdienen können, und sich zur Aufnahme in das Armenhaus melden, um nicht betteln zu dürfen; 2) schamhafte Arme (pauvres honteux), deren Kinder oder Waisen, die sonst kein Unterkommen finden können; 3) solche, die von ihren Aeltern oder Vormündern zur Besserung hergebracht werden.

Zur zweiten Classe gehören die, die als Vagabonden oder Bettler ins Haus gebracht werden. Wer zum ersten Mahle beim Betteln ergriffen wird, kommt auf ein halbes Jahr hierher, zum zweiten Mahle auf ein Jahr, zum dritten Mahle und noch öfter auf etliche Jahre, oder nach Beschaffenheit der Umstände auch wohl auf Lebenslang. Ehe jemand wieder entlassen wird, muß er ausweisen, auf welche Art er künftig seinen Unterhalt zu erwerben gedenkt, ohne zu betteln.

Diejenigen Personen, die zur ersten Classe gehören, erhalten, wenn sie die Woche über durch ihre Arbeit mehr verdienen, als ihre Unterhaltung kostet, jeden Sonnabend den Ueberschuß baar bezahlt. Diesen steht es auch frei, das Haus wieder zu verlassen, wenn sie sonst irgendwo ein ihnen zuträglicheres Unterkommen finden.

Die Personen der zweiten Classe erhalten zwar das, was sie über die gesetzte Zahl arbeiten, nicht bezahlt, aber sie erhalten von Zeit zu Zeit ein kleines Geschenk an Geld, oder werden bei längere Zeit anhaltendem Fleiße in die erste Classe aufgenommen. Die Unfleißigen werden anfänglich durch sanfte Ermahnungen zu mehrerem Fleiße ermuntert, fruchten diese Ermahnungen nicht, so bekommen sie nur Wasser und Brod, oder werden wohl gar auf mäßige Art gezüchtiget. Die Waaren, die hier verfertigt werden, sind im zweiten Abschnitte angeführt.

Die Kost und der Unterhalt ist nach den Classen verschieden. Personen, die sich einkaufen, werden nach Maßgabe ihres Kostgeldes gespeiset. Diese wohnen entweder auf einer Stube allein, oder mehrere in einer größern beisammen. Eben dieß gilt auch von denen, die von gutem Herkommen, aber ganz arm sind. Diese bekommen auch etwas an Gelde zu ihrer Kleidung, die sie sich nach Gefallen wählen können, und arbeiten auf ihren Zimmern.

Die aus der ersten Classe, die ganz vom Hause erhalten werden, erhalten wöchentlich dreimahl Fleisch,

Mittwochs ein feineres Gemüse, Hirse oder Graupe. Montags, Freitags und Sonnabends gleiche Speise mit der zweiten Classe. Die Männer bekommen täglich $1\frac{1}{2}$ Quart Bier, die Weiber aber 1 Quart.

Die aus der zweiten Classe bekommen nur Sonntags Fleisch, und täglich Gemüse. Der Mann erhält täglich 1 Quart Bier, Weibspersonen aber $\frac{2}{3}$ Quart. Jede Person aus beiden Classen erhält täglich ein Brod, 1 Pfund 28 Loth am Gewichte.

Kranke erhalten des Morgens und Abends eine Suppe, und des Mittags ein zuträgliches Gericht.

Ein erspartes Brod wird dem, der sichs erspart, mit $\frac{2}{5}$ gGr. (2 Gröschel) bezahlt.

Jedes Geschlecht von beiden Classen hat seinen besondern Schlafsaal. Die Säle der ersten Classe werden im Winter geheizt.

Die Armen werden alle Jahre gekleidet. Außer den gewöhnlichen Kleidungsstücken erhält jede Mannsperson zwei Hemden, einen runden Hut, und eine Mütze. Jede Weibsperson einen Rock, ein Leibchen, eine Jacke, zwei Schürzen, zwei Tücher, zwei Hemden und eine kattunene Mütze.

Den Protestanten wird Sonntags in einem großen, zu einer Kirche eingerichteten Saale von einem Prediger (er wohnt nicht im Hause) Gottesdienst, und zu bestimmten Zeiten das H. Abendmahl gehalten. Die Katholiken werden in die in der Nähe des Armenhauses befindliche katholische Kirche geführt. Der bei dieser Kirche angestellte Curatus, erhält, so wie der evangel. Prediger und der katholische Schullehrer, jährlich einen bestimmten Gehalt. Die Kranken erhalten den Zuspruch des Geistlichen ihrer Confession. Morgens und Abends wird von dem Cantor im Hause Betstunde gehalten, der auch die Kinder in den Religions-Wahrheiten, im Lesen, Schreiben und Rechnen unterrichtet.

Die Discussionen für und wider diese Anstalt, und ihre Einrichtung, die immer eines der schönsten Denkmähler Friedrichs des Einzigen bleiben wird, übergehe ich, weil es theils wider die Absicht dieser Schrift ist, theils weil mir es die Bescheidenheit verbietet.

2. Pitschen

ist eine Immediat- und die Weichbildstadt. Sie enthält:

I. An städtischen Gebäuden:

1) Das **Rathhaus**.

2) Ein **kleines Hospital**.

II. An Kirchen- und Schulgebäuden:

1) Die **evangel. luther. Kirche St. Nicolai**, an der zwei Prediger stehen, davon der zweite zugleich Pastor zu Pollanowitz ist.

2) Die **Begräbnißkirche St. Hedwig**, in der Vorstadt.

3) Die **katholische Kirche**, bei der ein Curatus den Gottesdienst verrichtet.

4) Die **evangelische Schule**, an der außer dem Rector noch zwei Lehrer Unterricht ertheilen.

III. An **Privat- oder bürgerlichen Häusern**: 252, meist mit Ziegeln gedeckt.

Die Bürger, davon ein Fünftel Leineweber und viele Schuster und Tischler sind, nähren sich meistentheils von ihrem erlernten Handwerke. Die Braugerechtigkeit haftet auf 104 Häusern, und diese haben den Ausschrot auf sieben Dörfer.

Jährlich sind fünf **Jahr- und Viehmärkte.**

Die **Besatzung** besteht aus einer Schwadron Husaren vom Regimente Nr. 3.

Königliche Aemter sind:

Das Accise- und Zollamt.

Das Postamt.

Das **Stadtwapen** ist ein Stück Mauer mit zwei Thürmen, davon ein jeder drei Spitzen hat.

Bei dieser Stadt war 1588 die blutige Schlacht zwischen dem Schwedischen Könige **Sigmund** und dem Prinzen **Maximilian von Oestreich**, die sich beide um die Polnische Krone stritten. Maximilian verlor die Schlacht, und mußte sich den Polen zum Kriegsgefangenen ergeben, die hernach die Stadt plünderten und anzündeten.

II. Die Mediat-Stadt

Konstadt (Pol. Walczyn)

liegt in dem Konstädter District, (gewöhnlich Konstädter Ländel) der zwar zum Fürstenthum Oels gehört, aber zum Kreuzburger Kreise gerechnet wird. Es ist ein kleiner unansehnlicher Ort, ohne Mauern und Thore, mit ungepflasterten Gassen, und enthält, außer dem herrschaftlichen **Wohnhause,**

I. An öffentlichen Gebäuden:

1) Ein **Rathhaus.**

2) Eine evangel. luther. **Kirche**, an der zwei Geistliche stehen, und zu der drei Dörfer eingepfarrt sind.

3) Eine evangel. **Schule**, an der ein Rector und noch ein Lehrer unterrichten.

II. An bürgerlichen Häusern:

148, davon die meisten nur ein Stockwerk haben, und nur geschroten sind.

Die Bürger, davon die Hälfte Schuhmacher sind, die ihre verfertigte Arbeit auf den benachbarten Jahrmärkten absetzen, nähren sich bloß von ihrem erlernten Handwerke.

Königliche Aemter sind:

Das Accise- und Zollamt.

Das Postamt.

Das Juden-Toleranz-Amt.

Jährlich sind fünf Jahrmärkte.

Die Garnison besteht aus einer Schwadron Husaren vom Regiment Nr. 3.

Noch muß ich zwei Städte hier anführen, **Reichenstein und Silberberg**, die zu dem **Fürstenthume Brieg**, aber zu keinem Kreise, gehören, davon aber die erstere an der Gränze und die andere im **Fürstenthume Münsterberg**, und zwar im **Frankensteinischen Kreise**, lieget. Beide Städte sind durch den Bergbau entstanden, gehörten aber zu Münsterberg, bis sie Peter Wock von Rosenberg 1599 an Joachim

Friedrich, Herzog zu Liegnitz und Brieg, verkaufte. Seit dieser Zeit sind sie bei dem Fürstenthume Brieg geblieben.

1. Reichenstein,

eine offene Immediat= und freie Bergstadt am Abhange eines Berges, enthält:

I. An öffentlichen Gebäuden:

1) Das Rathhaus.

2) Eine evangel. luther. Kirche, an welcher ein Pastor und ein Mittagsprediger, der zugleich Rector der Schule ist, stehen.

3) Eine katholische Curatial=Kirche, an welcher der Curatus und ein Capellan stehen.

4) Die evangel. Schule, in welcher, außer dem Rector noch ein Lehrer unterrichten.

5) Die katholische Schule, der zwei Lehrer vorstehen.

6) Die Münze, in welcher das Bergamt seine Geschäfte abmacht.

7) Ein kleines Hospital.

II. An bürgerlichen Häusern 245.

Die Nahrungszweige der Bürger sind der Ackerbau, das Bierbrauen, dazu die Gerechtigkeit auf 241 Häusern haftet, der Bergbau, das erlernte Handwerk, und außer einigem Consumtions=Handel mit Spezereien rc. ein beträchtlicher Garnhandel, desgleichen die Verfertigung des Kraftmehls und Haarpuders, und der Betrieb auf vier Wachsbleichen.

Königliche Aemter sind:

Das Bergamt.

Das Accise- und Zollamt.

Das Postamt, bei welchem aber nur Fußposten ankommen.

Der wöchentliche Getreidemarkt, auf welchen das Getreide aus dem Nimptschischen, Münsterbergischen und Strehlenschen gebracht wird, ist von Bedeutung. Das meiste Getreide wird für die Grafschaft Glatz aufgekauft.

Jährlich sind drei Jahrmärkte.

Die Stadt ist ohne Garnison.

Das Stadtwapen ist ein gelb und rothgetheilter Schild mit einem Adler, der halb roth und halb schwarz ist, einen weißen Streifen auf der Brust, und unter diesem Streifen einen viertheiligen Schild hat, davon zwei Viertel roth sind, und goldene Streifen haben, zwei Viertel aber weiß, und schwarze Streifen haben. Auf dem Kopfe des Adlers ist eine Schaube, und über derselben eine fünfblätterige Rose. Beim Halse hat der Adler kreuzweise einen Fäustel, und auf beiden Seiten die Buchstaben P. W.

Reichenstein ist von aller Werbung frei.

Der Bergbau, der die Gelegenheit zur Erbauung der Stadt gab, ist sehr alt. Anfänglich ließen sich hier einige Bergleute und Goldwäscher nieder. Die Ausbeute von dem Betriebe dieser Leute wurde von **Heinrich, dem Frommen**, dem gegen funfzig Jahre vorher gegründeten Kloster Camenz, durch ein Privilegium zugesichert. Nachher kaufte **Bolko** II. das Bergwerk.

1448 erhielt es Herzog Heinrich von Münsterberg, der es einer Gewerkschaft überließ, und ihr 1484 folgendes Privilegium gab:

„Die Gewerke sollen aus ihrer Mitte einen Bergmeister und vier Geschworne setzen, das Recht in allen Bergwerken zu handhaben, und dem ganzen Bergbau vorzustehen. Sie selbst stehen unter dem Schutze eines von Heinrich gesetzten Hofbergmeisters.

Sie und ihre Nachkommen sollen freies Holz aus den herzoglichen Wäldern, ohne Waldzins, Freiheit von Abgaben, mit Ausschluß der schon zinshaftigen Grundstücke, und Freiheit des Eigenthums, in Rücksicht auf Benutzung und Veräußerung, haben.

Der Bau selbst soll ihnen in den ersten vier Jahren frei seyn, damit sie in der Zeit so viel Erz gewinnen, daß es die Kosten ertrage. Der Gebrauch der gewonnenen Metalle bleibt ganz der Willkür der Grubenbesitzer überlassen.

Ausfuhr und Einfuhr, alle Arten von Gewerbe und Industrie zum Vortheil des Bergbaues sind für die Gewerken völlig frei.

Dabei genießen sie Schutz, wie jeder andere Bürger in den herzoglichen Staaten, und sind vom Soldatenstande, der Kriegssteuer und künftigen Auflagen eximiert."

Bald nach Ertheilung dieses Privilegiums gab er der Stadt in einem besondern Diplome ein Heerwapen, und bestätigte ihr alle andern Freiheiten, Rechte und Herrlichkeiten, der andere Bergwerke und Städte gebrauchen; er gab Reichenstein einen Wochenmarkt, und ertheilte auswärtigen Schuldnern unter der Bedingung, daß sie auf dem Reichenstein baueten, vierjährige Sicherheit gegen ihre Gläubiger; er verordnete überhaupt, daß alle so oder anders nach Reichenstein gehörigen Schuldsachen vor den dasigen Berggerichten abgethan werden sollten.

Ehedem wurde der Bergbau auf Gold und Silber getrieben, und erreichte ungefähr in der Mitte des sechzehnten Jahrhunderts seinen höchsten Flor. Im Jahre 1521 wurden die ersten Reichensteinischen Ducaten mit dem Bilde des H. Christophs geprägt, an Werth 1 Rthlr. 43 Kreuzer. Man erzählt, daß im Jahr 1544, 5,313, und 1547, 21,287 Ducaten (56 aus der Mark) geprägt worden.

Nun aber traten für den Bergbau ungünstige Umstände ein. Nachlässigkeit der Regenten, Uneinigkeit unter den Gewerken, Mangel an Holz verursachten die Trennung der Gewerke, so daß Kaiser Rudolph II sich genöthigt sahe, den hiesigen Bergbau ins Freie zu erklären.

Mit abwechselndem Glücke baueten nachher die Herzoge zu Brieg fort, traten aber den Bergbau zu Ende des 17ten Jahrhunderts an den Kaiser ab, der ihn dem von Scharfenberg zur Lehn überließ, der ihn aber so vernachlässigte, daß deshalb eine Untersuchung angestellt wurde. Der Bergbau wurde ihm 1707 wieder abgenommen, und der Stadt, die ihn damahls, als ihn Scharfenberg zur Lehn erhielt, verlor, wieder gegeben. Die Schlesischen Kriege störten zwar den Betrieb wieder; allein der auf alles, was das Wohl für die Aufnahme seiner

Staaten befördern konnte, aufmerksame Friedrich der Einzige wendete auch auf den bessern Betrieb des hiesigen Bergwerkes seine Sorge, und errichtete hier ein eignes Bergamt.

Die Gruben, in welchen ehedem das Gold- und Silbererz gefördert wurde, waren der **goldene Esel** *), der **Kuhberg**, der **Hummelsberg**, der **Scholzenberg** (Klang), der **Hüttenberg**. Jetzt wird der Grubenbau bloß auf Arsenikerz, das theils in Serpentinstein eingesprengt ist, theils in derben Massen beisammen liegt, getrieben. Das meiste Erz wird auf dem neuen goldenen Esel im sogenannten Glätzer Grunde, auf dem Reichentrost und Fürstenstollen gefördert. Aus 37,000 Centner Arsenikerz werden jährlich ungefähr 4,500 Centner Schliche aufbereitet, daraus werden gewöhnlich gebrannt:

---

*) Diese Grube hat Gelegenheit zu dem Spottnahmen **Eselsfresser** gegeben. Man erzählt: die Böhmen hätten im sechzehnten Jahrhunderte das Bergwerk mit den Schlesiern gemeinschaftlich betreiben wollen, seyen aber mit ihrer Forderung abgewiesen worden. Aus Verdruß über den fehlgeschlagenen Gewinn der Sache hätten sie ihnen den Nahmen Eselsfresser gegeben. In einem Gedichte stehen hiervon folgende Verse:

Esores asini quondam dixere Silesos,
 Causa rei quae sit, quaestio nata fuit.
Mons prope Reichstenum est auro divesque fodinis,
 Aureus hic asinus nomine dictus erat.
Has quia Silesii solum tenuere fodinas,
 Esores asini sint quasi, nomen habent.
Dicis, Grille, asinos Silesia devorat omnes!
 Si verum est, ne te devoret illa, cave.

Casp. Sommer *Dissertatio de Onophagia Silesiorum. Wittebergae 1677.*

Weißes Arsenik-Glas	1580 Ct.	à 5 Thl.	20 Gr.	9216 Thl.	16 Gr.
Gelbes Arsenik-Glas	200 —	— 6 —	4 —	1233 —	8 —
Sublimat . . .	30 —	— 6 —	12 —	195 —	, —
	1810 Ct.	. . . .		10645 Thl. *)	

Das Bergwerk gehört der Kämmerei zu Reichenstein, dem Könige gehören zehn Kuxe, und wenn andere Metalle gefunden werden, die Hälfte des Gewinns. Der Arsenik wird in die Glashütten, Färbereien und ins Ausland, besonders auch nach Holland abgesetzt.

Von den Fossilien s. oben unter den Producten des Mineralreichs. **)

---

*) Kapfs Skizzen S. 66.

**) Gerhard giebt in seiner Schrift: über die Umwandlung und den Uebergang einer Erd- und Steinart in die andere, S. 98. ff. von dem Gebirge um Reichenstein folgende Beschreibung:

„Das Gebirge um Reichenstein besteht aus einem sehr feinen gneißartigem Glimmerschiefer, in welchem man fast nichts, als lauter kleine graue Glimmerblätter mit wenig eingesprengten Quarzkörnern bemerken kann. In diesem Gebirge befindet sich in einer Tiefe von 17½ Lachter eine Lage von einem schuppigen Kalkstein oder eigentlichen Blätterstein, von weißgrauer Farbe. Er hat eben das feine Korn, eben die schieferartige Textur, die man an dem Gneiße beobachtet, ja sogar an der Farbe findet sich zwischen beiden viel Aehnlichkeit. Ehe der Gneiß an dieses Kalksteinlager kommt, fängt derselbe an sich zu verändern, und sehr specksteinartig zu werden, doch mit der völligen Beibehaltung des blätterigen schieferigen Gewebes.

In diesem Kalksteinlager, welches mit dem Gneißlager einerlei Streichen und Fallen hat, finden sich:

a) ein schwarzer fester Serpentinstein mit sehr kleinsplitterigem Bruche, daselbst schwarzer Hornstein genannt.

Ob die Bereitung des Giftes der Gesundheit der Einwohner Reichsteins und dem Wachsthume der Pflanzen in dasiger Gegend nachtheilig sei oder nicht, darüber ist vor einigen Jahren ein Streit entstanden, aber doch nichts bestimmt worden. Vielleicht liegt auch hier die Wahrheit in der Mitte. So viel ist gewiß, daß diejenigen Bergleute, die in dem Brennofen, dem Giftfange und in der Raffinier-Hütte ihre Geschäfte haben, wenn sie nicht die gehörige Diät beobachten, ihr Leben nicht hoch bringen.

---

b) Ein dergleichen rother von noch feinerem Gewebe, welcher rother Hornstein heißt.

c) Dergleichen grüner und halb durchsichtig, dem Chinesischen Speckstein sehr ähnlich.

Diese drei Gattungen sind sehr hart, und nehmen bei dem Schleifen eine gute Politur an.

d) Dergleichen ganz weich von hellgrüner Farbe, der sich mit dem Messer schneiden läßt, und der also fast zu dem Geschlechte des Schreibesteins gehört, und den Uebergang aus Schreibestein in Speckstein macht.

e) Dergleichen, noch weicher, welchen man in der Grube noch mit dem Finger zerdrücken, und fest kneten kann.

f) Nierenstein, welcher in Adern und Flecken die Steinarten a. b. c. durchsetzt.

g) Amianth, von grüner und blauer Farbe, der die genannten Steinarten in Adern durchsetzt.

h) Weißen Talk, der mit der grünen Specksteinerde innigst verbunden, und bei dem man deutlich sehen kann, wie er, so wie der Amianth, bei der Austrocknung und Spaltung der Specksteinerde entstanden.

2. Silberberg. (Argyrium.)

Silberberg, eine offene, freie Bergstadt, die wie Reichenstein ihre Entstehung dem ehemahligen Bergbaue zu verdanken hat, ist in einem engen Thale, zwischen dem Klussen- und Spitzberge, in die Länge gebauet, und

i) Fadenstein (Inolithes) von völlig fadenartigem Gewebe, wie Amianth, und sehr starkem Glanz.

k) Kalkspath, in den reguläresten Rauten, ordinär weiß und milchig, zuweilen, obgleich selten, mit Braunstein roth gefärbt.

l) Quarzdrusen, in Höhlen von Speckstein und Nierenstein, auf denen sich die schönsten Krystallen von den doppelt dreiseitigen Kalkspath-Pyramiden befinden.

m) Grüner, weicher krystallinischer Speckstein, in splitterigen Tafeln, welcher hauptsächlich in dem rhomboidalischen Wasserstein oder Kalkspath angetroffen wird.

n) Schwarzer Glimmer mit Specksteinerde durchdrungen.

o) In dem Kalkstein selbst, besonders aber in dem Speckstein a. b. c. d. e. weißer Arsenik-Kies, welcher aus Arsenik, Eisen und Gold besteht, bald derb, bald ungeformt, bald baumförmig, bald in blätterigem Glimmer, bald in Nadeln eingesprengt.

p) Gelber Arsenik-Kies, welcher aus Arsenik, Schwefel und Eisen, doch ohne einigen Goldgehalt, besteht.

q) Bleiglanz, doch sehr selten.

r) Gelbrothe Blende ist noch seltener, und kommt nur in dem rothen rhomboidalischen Kalkspathe in einzelnen Funken vor.

s) Magnetischer Eisenstein, welcher meistens körnig, bisweilen in sehr regelmäßigen achtseitigen Krystallen und doppelten vierseitigen Pyramiden vorkommt.

und enthält in vier Reihen (Gassen kann man nicht eigentlich sagen):

1) **Eine evangel. luther. Kirche.** Sie wurde von protestantischen Bergleuten erbauet, und 1592 vollendet, und die Stadt erhielt 1596 vom Peter Wock von Rosenberg das Privilegium ihren Prediger und Schullehrer selbst zu wählen. Die Stadt blieb auch in dem ruhigen Besitze dieses Privilegiums, bis Brieg an den Kaiser kam. Nun verlangte der Abt von Heinrichau das Patronats-Recht, und erhielt es auch 1685. Der evangel. Gottesdienst wurde nun bald eingestellt, und Kirche und Schule 1697 versiegelt. Nun wanderten sehr viele Protestanten nach Sachsen aus. Beides, Kirche und Schule, mußte aber nach der Alt-Ranstädtischen Convention den Lutheranern zurückgegeben werden. Doch behielt der Prälat das Patronats-Recht bis 1751, wo die Stadt auch dieses wieder erhielt.

2) **Eine katholische Curatial-Kirche.**

3) **Eine lutherische Schule.**

4) **Eine katholische Schule.**

5) **Ein Hospital und 165 Bürgerhäuser**, die, wie gesagt, in vier Reihen an den Berglehnen gebauet sind. Die eine dieser Reihen, wo die Fronte der Häuser gegen Mittag gerichtet ist, heißt die **Sommerseite.** Die Reihe, die dieser gegen über stehet, und noch etwas höher liegt, deren Fronte sich gegen Mitternacht kehret, nennt man die **Winter-**

seite. Die dritte in einer ziemlichen Tiefe liegende Reihe wird der **Graben** genannt. Die über und neben der Winterseite stehenden Häuser werden die **Neustadt** genannt, die bloß aus hölzernen Häusern besteht, da hingegen in den ersten drei Reihen mehrere Häuser gemauert sind. Diese besondere Lage der Wohnungen macht, daß man, wenn man von einem Hause auf der einen Seite in ein Haus auf der andern Seite gehen will, man erst Treppen steigen muß.

Die Nahrung der Bürger, die sonst gering war, und die im Bierbrauen, dazu die Gerechtigkeit auf 62 Häusern haftet, in der **Handlung** mit wollenen Zeugen, Leinwand und Pottasche, die von einiger Beträchtlichkeit ist, und dem Betriebe des erlernten **Handwerks** besteht, ist seit dem Festungsbau, da durch die Garnison jährlich an 40000 Rthlr. in Umlauf kommen, um ein merkliches verbessert worden.

Der Bergbau ist, wie man sagt, 1370 von Reichensteiner Bergleuten aufgenommen worden, und er soll jährlich an tausend Centner Blei und Glätte Ausbeute gegeben haben. Allein er wurde nachher durch die Regierung vernachlässigt, bekam aber doch wieder, als Silberberg an Herzog Joachim Friedrich von Liegnitz und Brieg (1599) kam, einigen Schwung. Allein nach seinem Tode wurde er wieder vernachlässigt, und ist, ob er gleich (im **Mannsgrunde**) im achtzehnten Jahrhunderte verschiedentlich, besonders 1750 vier Jahre lang, aufgenommen wurde, nie wieder schwunghaft geworden, und seit dem siebenjährigen Kriege ganz stillstehend.

Die Stadt hat Freiheit von der Werbung, stellt aber jährlich drei Recruten zur Artillerie.

Wöchentlich ist Wochenmarkt und jährlich (im April, Junius, September und November) vier Jahrmärkte.

In der Stadt ist nur das Accise- und Zollamt.

Das **Stadtwapen** ist ein halber Adler mit drei Balken, eine rothe Rose, Schild und Helm zwischen dem Schwanze, und weiße Flügel im Pfauenschwanze, oberhalb aber Schlägel und Eisen.

B. Dörfer.

Nahmen der Dörfer.	Oeffentl. Gebäude. Kirchen. Protest.	Kirchen. Kathol.	Schulen Protest.	Schulen Kathol.	Pfarrhäuser.	Vorwerke.	Bauern.	Gärtner u. Häusler.
Adolphsthal, Colonie	—	—	—	—	—	—	—	8
Albrechtsthal, Colonie	—	—	—	—	—	—	—	12
Andreasthal, Colonie	—	—	—	—	—	—	—	—
Bäblowsky, s. Ludwigsdorf.								
Bankau	1	—	1	—	1	2	6	16
Barkhausen, (Baumgarten, Parusowiz)	1	—	—	—	—	—	3	20
Benjaminenthal, Colonie	—	—	—	—	—	—	—	10
Bezunka	—	—	—	—	—	1	—	4
Biadaiz, s. Ludwigsdorf.								
Birkenfeld, Colonie	—	—	—	—	—	—	—	6
Birtulschütz, (Biertuki)	—	—	—	—	—	1	—	12
Bischdorf, (Bischofsdorf, (Biskupize)	1	—	—	—	—	4	—	29
Brinitze	—	—	—	—	—	2	—	22
Brschinka, (Brzizinke)	—	—	—	—	—	1	—	18
Brune	—	—	—	—	—	3	—	35
Buddenbrock, Colonie	—	—	—	—	—	—	—	24
Bürgsdorf, (Brezinka)	1	—	—	—	—	1	19	37
Chudowa	—	—	—	—	—	1	—	—
Costau, (Kostau)	1	—	—	—	—	1	10	26
Deutschen { Groß-	—	—	—	—	—	2	—	24
Deutschen { Klein-	—	—	—	—	—	1	—	12
Ellgut { Konstadtisch-	—	—	—	—	—	—	18	20
Ellgut { Ober	—	—	—	—	—	1	8	27
Ellgut { Nieder-	—	—	—	—	—	—	12	25
Erdmannsheyn, Colonie	—	—	—	—	—	—	—	10
Freidorf, Colonie	—	—	—	—	—	—	—	11
Golkowiz	1	—	—	—	1	—	6	32
Goslau	—	—	—	—	—	2	—	17
Gottersdorf { 1 Anth.	—	—	—	—	—	—	11	16
Gottersdorf { 2 Anth.	—	—	—	—	—	—	—	4
Grobeck	—	—	—	—	—	—	—	6
Gasenau, Colonie	—	—	—	—	—	—	—	10
Jakobsdorf, (Pol. Jacubowicze)	—	—	—	—	—	2	4	13
Jaschkowitz	—	—	—	—	—	—	22	25

Mühlen			Bleichen.	Entfernung von der Kreisstadt.	Herrschaft.	Anmerkungen und Merkwürdigkeiten. K zeigt die Entfernung von Kreuzburg. P. die von Pitschen. C. die von Constadt.
Wassermühlen	Windmühlen.	Brettmühlen.		Meil		
—	—	—	—	1½ P.	Adelig.	Gehört zu Naßadel.
—	—	—	—	1 C.	desgl.	Liegt im Kreuzburgischen, gehört aber zum Konstadter District.
—	—	—	—	—	— —	Unbekannt.
2	—	—	1	1 K.	desgl.	Ein hoher Ofen. Zwei Frischfeuer.
—	—	—	—	½ P.	desgl.	Eisenerz.
—	—	—	—	½ K.	— —	
—	—	—	—	1½ —	desgl.	Gehört zu Matzdorf.
—	—	—	—	½ P.	Kämm. Pitschen	
—	—	—	—	1 K.	Amt Kreuzburg.	
—	1	—	—	½ P.	Adelig.	
1	—	—	—	½ C.	desgl.	
1	—	—	—	1 K.	desgl.	
—	1	—	—	1½ P.	desgl.	
—	—	—	—	½ K.	Amt Kreuzburg.	Die Einwohner sind reformierte
—	—	—	—	1½ K.	desgl.	Böhmen.
1	—	—	—	¾ P.	Adelig.	
1	—	—	—	1 P.	desgl.	Heißt bei Büsching Constau.
1	1	—	—	1 C.	desgl.	Th. 13. Magazin.
—	—	—	Garn	1 C.	desgl.	Eine Pottaschsiederei.
1	—	—	—	C.	desgl.	
—	—	—	—	} ⅛ K.	Kämm. Kreuzb.	Eisenerz.
—	—	—	—	}		
—	—	—	—	1½ P.	Adelig.	Gehört zu Naßadel.
—	—	—	—	1½ K.	desgl.	Gehört zu Reinersdorf.
—	—	—	—	¼ P.	desgl.	
—	—	—	—	1 P.	desgl.	Eisenerz.
—	—	—	—	½ K	Amt Kreuzburg.	
—	—	—	—	—	Rustic. Domin.	
—	—	—	—	1½ P.	Adelig.	
—	—	—	—	1½ P.	desgl.	Gehört zu Naßadel.
—	—	—	—	1 P.	desgl.	
—	—	—	—	¼ P.	Kämm. Pitschen	

Nahmen der Dörfer.	Oeffentl. Gebäude: Kirchen: Protest.	Kirchen: Kathol.	Schulen: Protest.	Schulen: Kathol.	Pfarrhäuser.	Vorwerke.	Bauern.	Gärtner u. Häusler.
Jeroltschütz, (Gieroltschütz)	1	—	—	—	—	3	8	43
Karlsthal, Colonie	—	—	—	—	—	—	—	12
Klutschhof	—	—	—	—	—	1	—	—
Kochelsdorf, Kuchelsdorf, Poln. Kochlowicze)	—	—	—	—	—	1	7	23
Kunau, Poln. Kuniow	—	1	—	1	1	1	30	30
Kunzendorf, 2 Anth.	—	1	—	1	1	—	87	50
Laskowiz, (Lowkowiz)	—	1	—	—	—	—	25	40
Ludwigsdorf, (Poln. Nagadowicze)	1	—	—	—	—	2	35	34
Margsdorf	—	—	—	—	—	1	12	17
Matzdorf	1	—	1	—	—	2	4	23
Nankala	—	—	—	—	—	—	—	—
Naßadel 4 Anth.	1	—	1	—	—	5	5	37
Naßadel Nieder-, Colonie	—	—	—	—	—	—	—	10
Neudorf, (Tschetscherzin)	1	—	—	—	—	2	6	21
Neuwalde, Colonie	—	—	—	—	—	—	—	8
Omechau, (Miechow)	1	—	1	—	—	1	6	30
Pohlwitz, Colonie	—	—	—	—	—	—	—	12
Polanowitz	1	—	1	—	—	2	22	51
Prittwitz	—	—	—	—	—	—	—	16
Proschlitz	1	—	1	—	1	2	10	41
Reinersdorf, (Reinischdorf, Poln. Komorschno)	1	—	1	—	1	3	15	63
Roschkowitz, 2 Antheile	1	—	1	—	1	2	12	61
Rosen Ober-	1	—	1	—	1	1	6	35
Rosen Nieder-	—	—	—	—	—	1	5	18
Sarnau	—	—	—	—	—	1	6	14
Schiroslowitz	—	—	—	—	—	—	1	17
Schmard 1 Antheil	—	—	—	—	—	1	1	8
Schmard 2 "	—	—	—	—	—	2	—	21
Schmard 3 "	—	—	—	—	—	1	—	12
Schmard 4 "	1	—	—	—	—	1	—	13
Schmard 5 "	—	—	—	—	—	1	2	12
Schmard 6 "	—	—	—	—	—	1	4	--
Schönfeld, (Poln. Krziwiczinna)	1	—	1	—	—	2	17	25
Schönwald	1	—	1	—	—	—	28	30

Mühlen: Wassermühlen.	Mühlen: Windmühlen.	Mühlen: Bretmühlen.	Bleichen.	Entfernung von der Kreisstadt. Meil.		Herrschaft.	Anmerkungen und Merkwürdigkeiten.
—	—	—	—	½	C.	Adelig.	Hierher gehört Zabagne.
—	—	—	—	1½	P.	desgl.	Gehört zu Naßadel.
—	—	—	—	1¼	P.	desgl.	
1	—	—	—	½	P.	desgl.	
—	—	—	—	½	K.	Stift Matthiä zu Breslau.	
1	—	—	—	1	K.	desgl.	
—	—	—	—	½	K.	desgl.	
—	—	—	—	1	K.	Amt Kreuzburg.	Hierher gehört Biadacz u. Babkowsky, ein Freigut. Walkererde.
3	—	1	—	1½	K.	desgl.	Hierher gehört Zigan.
—	—	—	—	1½	K.	Adelig.	Ein Vorwerk, heißt Bezunka. Eisenerz.
1	—	—	—	⅛	K.	Amt Kreuzburg.	
—	—	—	—	1½	P.	Adelig.	
—	—	—	—	1½	P.	desgl.	Gehört zum 3ten Antheil.
1	—	—	—	1	P.	desgl.	Hieher gehört das Straßenwirthshaus Sawiska.
—	—	—	—	½	K.	desgl.	
1	—	—	—	1	P.	desgl.	
—	—	—	—	1½	P.	desgl.	Gehört zu Naßadel.
—	—	—	—	½	P.	Käm. Pitschen.	
—	—	—	—	1	K.	Amt Kreuzburg.	Reformierte Böhmen. Baumwollenspinnerei.
1	—	—	—	1	P.	Adelig.	
—	—	—	—	1½	P	desgl.	
2	—	—	—	½	P.	desgl.	} Ist eigentlich ein Dorf.
—	—	—	—	2	K.	desgl.	
—	—	—	—	2	K.	desgl.	
—	—	—	—	2	K.	Amt Kreuzburg.	
—	—	—	—	1	P.	Adelig.	
—	—	—	—	½	K.	— —	Rustical-Dominium.
—	—	—	—	—		Adelig.	
—	—	—	—	—		desgl.	
—	—	—	—	—		— —	Rustical-Dominium.
—	—	—	—	—		Adelig.	
—	—	—	—	—		— —	Rustical-Dominium.
—	—	—	Garn	½	K.	Adelig.	
—	—	—	—	1	K.	Amt Kreuzburg.	

Nahmen der Dörfer.	Oeffentl. Gebäude							
	Kirchen.		Schulen					
	Protest.	Kathol.	Protest.	Kathol.	Pfarrhäuser.	Vorwerke.	Bauern.	Gärtner u. Häusler.
Schweinern { Groß-	—	1	—	—	—	1	8	12
Schweinern { Klein-	—	—	—	—	—	1	—	8
Simmenau (Pol. Szimonskow) { 1 Anth.	—	—	—	—	—	1	1	20
Simmenau (Pol. Szimonskow) { 2 Anth.	1	—	1	—	—	2	4	33
Skalung	1	—	—	—	—	—	8	37
Sophienthal, Colonie	—	—	—	—	—	—	—	10
Tarne, Colonie	—	—	—	—	—	—	—	20
Tschlapel, (ehedem Czaplau)	—	—	—	—	—		—	16
Ulrichsdorf	—	—	—	—	—	—	4	4
Waldstälfuß, Colonie	—	—	—	—	—	—	—	8
Wesendorf, Colonie	—	—	—	—	—	—	—	14
Wilmsdorf, (Wilmannsdorf) Poln. Dobicwzig	1	—	1	—	1	3	—	33
Woislawitz	1	—	—	—	—	2	3	16
Wondschütz, (Wundschütz)	—	—	—	—	—	3	4	32
Würwitz { Deutsch-	1	—	1	—	—	1	13	38
Würwitz { Polnisch-	1	—	1	—	1	2	19	37
Wüttendorf, P. Bagdunczowiz { 1 Anth.	—	—	—	—	—	1	2	12
Wüttendorf, P. Bagdunczowiz { 2 Anth.	—	—	—	—	—	1	—	5

Mühlen			Bleichen.	Entfernung von der Kreisstadt. Meil.	Herrschaft.	Anmerkungen und Merkwürdigkeiten.
Wassermühlen.	Windmühlen.	Brettmühlen.				
—	—	—	—	$1\frac{1}{4}$ C.	Adelig.	
—	—	—	—	$1\frac{1}{2}$ C.	desgl.	
—	—	—	—	3 K.	desgl.	Liegt im Kreuzb. Kreise.
—	—	—	—	$1\frac{1}{2}$ C.	desgl.	Liegt im Konstädter Districte.
—	—	—	—	1 C.	desgl.	Liegt im Kreuzb. Kreise, gehört aber zu Oels.
—	—	—	—	$\frac{1}{8}$ C.	desgl.	
—	—	—	—	$\frac{3}{4}$ C.	desgl.	Gehört zu Polnisch Würwitz.
—	—	—	—	$\frac{1}{4}$ K..	desgl.	
—	—	—	—	[illegible]/8 K.	Amt Kreuzburg.	
—	—	—	—	$1\frac{1}{4}$ C	Adelig.	Gehört zu Groß-Schweinern.
—	—	—	—	$1\frac{1}{2}$ K.	desgl.	Gehört zu Matzdorf.
1	—	—	—	1 P.	desgl.	Hierher gehört Chudowa. Eisenerz.
—	—	—	—	1 P	desgl.	
—	—	—	—	$\frac{3}{4}$ C.	desgl.	
—	—	—	—	$\frac{3}{4}$ C.	desgl.	
—	—	—	—	1 C.	desgl.	
—	—	—	—	$\frac{1}{2}$ K.	Amt Kreuzburg.	
—	—	—	—	$\frac{1}{2}$ K.	Adelig.	

Register.

C.

N.

O.

S.

Geographische, naturhistorische und technologische Beschreibung des souverainen Herzogthums Schlesien.

Von

Johann Adam Valentin Weigel,

Evangelisch-lutherischem Prediger, Mitgliede der Gesellschaft naturforschender Freunde in Berlin, der naturforschenden zu Halle, und der ökonomisch-patriotischen des Fürstenthums Schweidnitz.

Vierter Theil.

Die Grafschaft Glatz.

Berlin, 1801.

Bei Christian Friedrich Himburg.

Ce n'est pas avec d'immenses connoissances, qu'on parvient toujours à mieux voir que les autres; c'est par une bonne methode toûjours secondée de l'observation.

MONTLOSIER.

Vorrede.

Es ist gewiß für jeden Bewohner eines Landes, er sey nun Eingeborner oder Fremdling, in mancherlei Hinsicht, sehr vortheilhaft, wenn er dieses Land recht kennt. Er wird, daß ich von den andern Vortheilen schweige, den Vortheil der Zufriedenheit mit dem Puncte, auf welchem er lebt und webt, haben; er wird diesen Punct liebgewinnen und sich nicht bloß nach einem unerklärbaren Gefühle, sondern nach Ueberzeugunng freuen, daß er nicht in Grönland oder Terra del Fuego lebt. Er wird dann gern, als Eingeborner auf seinem väterlichen Boden bleiben und sich redlich nähren, oder als Fremdling das Land, in welches ihn die Vorsehung geleitet, und wo er sich so mancher Vortheile erfreuet, eben so liebgewinnen, als sein eigenes Vaterland. Beide werden dann auch willig und gern das Ihrige zur Beförderung des allgemeinen Wohlstandes beitragen.

Die Grafschaft Glatz — noch nicht ganz so bekannt, wie sie es verdient — vereinigt in ihrem beinahe rund um mit Bergen eingeschlossenen Bezirke, so viele Natur-Producte und Schönheiten mit so vielen Vortheilen für ihre Bewohner: sie wird in neuern Zeiten von so vielen Fremden besucht, die theils bei den dasigen heilsamen Quellen Genesung suchen, theils die Freuden genießen wollen, die bei dem Anblicke einer schönen Gegend in die Seele strömen, theils die Natur-Producte aufsuchen, und die verschiedenen Fabriken und Manufacturen besehen wollen: daß ich durch alle diese Betrachtungen veranlaßt worden bin, der Beschreibung der Schlesischen Fürstenthümer in diesem Bändchen dasjenige einzuschieben, was ich über die Grafschaft Glatz gesammlet habe, in der mir schmeichelhaften Hoffnung, daß ich doch manchem, der mehr Realität als Amüsement liebt, einen angenehmen Dienst erweise. Die benützten Quellen habe ich überall ehrlich angezeigt.

Ergebenster Dank nun noch dem Herrn Obersten von Lindner in Schweidnitz, der mir gütigst einige Höhenmessungen mitgetheilt hat, dem Herrn Parochus Seliger in Wölfelsdorf, dem ich botanische, und dem Herrn Kämmerer Hallmann in Habelschwerdt, dem ich mineralogische Nachrichten zu verdanken habe.

Hätte die Glatzer Monathsschrift fortgesetzt werden können, so würde das Publicum unstreitig in der Kenntniß dieses gewiß merkwürdigen Ländchens viel gewonnen haben.

Ich liefere hier alles, was ich gesammelt habe, und füge nur noch an alle, die mich mit Berichtigungen und Zusätzen erfreuen können, die Bitte hinzu, mir diese Berichtigungen und Zusätze gefälligst mitzutheilen. Ich bin nicht so voll Eigenliebe, daß ich keinen Tadel oder Berichtigung anhören oder lesen könnte. Ich weiß es nur mehr als zu viel aus Erfahrung, wie geschwind man durch eine falsche Nachricht kann hintergangen werden, und mit welchen Schwierigkeiten das Studium der Natur verknüpft ist, die man auch bei allem guten Willen und bei aller Anstrengung nicht immer überwinden kann.

Haselbach bei Landeshut, den 22. Januar 1801.

Der Verfasser.

Inhalt.

Die Grafschaft Glatz.

Die

Die

Grafschaft Glatz.

Erster Abschnitt.

Physikalische Beschaffenheit.

Gewässer.

Die Grafschaft Glatz, einer der höchsten Puncte des nördlichen Europa, war, gleich dem übrigen Europa, in der ersten Epoche des Erdballes muthmaßlich mit Wasser bedeckt. Als dieses durch die Pässe von **Habelschwerdt**, **Grafenort**, **Glatz** und **Wartha** sich einen Durchgang gerissen, blieb sie wahrscheinlich ein See oder Morast. Auch dieser trocknete erst nach einem langen Zeitraume aus, und das Ländchen erhielt seine gegenwärtige Gestalt.

Diese Muthmaßung wird zu einem hohen Grade von Gewißheit erhoben, durch die vielen versteinerten Conchilien, die man hin und wieder in dem Flötzgebirge findet. Z. B. **Pectiniten**, **Mytuliten** — glatte und gestreifte mit natürlicher Schale — und **Chamiten** bei **Habelschwerdt** und **Rieslingswalde** im älteren Sandstein; **Trochiten** und **Entrochiten**, davon viele ihre innere Form noch haben, die meisten aber mit **Kalk**spath ausgefüllt sind, äußerst häufig, seltener **Pectiniten** und **Mytuliten**, in den Kalkbrüchen bei **Volpersdorf** und **Neudorf**; **Belemniten**, **Entrochiten** und kleine unversehrte Gartenschnecken in dem Hausdorfer Thale. Nicht weniger entdeckt man auch Ueberbleibsel aus dem Pflanzenreiche der Vorwelt, als **Weiden**=**Erlen**= und **Buchenblätter**, desgleichen auch Schilfstängel in dem älteren Sandstein bei **Kieslingswalde**. In dem **Conglomerate** bei **Buchau** liegen **versteinerte Baumstämme** (Holzstein) von drei und mehr Fuß im Durchmesser, die meist gespalten und von ihrer ersten Lagerstätte entfernt sind. *)

Doch ich will nicht länger bei Muthmaßungen über den Zustand der Grafschaft in der Vorwelt verweilen, sondern zu dem übergehen, was jetzt ist.

Unsere Grafschaft ist in Hinsicht ihres nicht großen Umfanges eine an Wasserquellen, die, auch bei anhaltender Dürre, nie ganz versiegen, sehr reiche Gegend. Man zählt dieser Quellen fast dreihundert, die sich beinahe alle in

d i e N e i ß e,

den Hauptfluß der Grafschaft, entweder **mittelbar** oder **unmittelbar**, ergießen. Die Neiße selbst entspringt in der südlichsten Gegend der Grafschaft, am **westlichen** Arme des Schneegebirges, in dem Habelschwerdter Districte, auf dem Territorio des Dorfes Thann,

*) Leop. v. Buch Versuch einer mineralogischen Beschreibung von Landeck. S. 19.

dorf, 4 bis 500 Fuß von der Böhmischen Gränze, aus zwei Quellen ungefähr einen Arm dick. Der kleine Bach, der aus diesen zwei Quellen entsteht, wird wegen seines schnellen Falles, das **schnelle Wasser** genannt. Den Nahmen, **die Neiße**, erhält sie erst unter Alt-Neißbach. Sie fließt unweit der Böhmischen Gränze bis zum Dorfe **Bobischau** gegen Abend. Hier wendet sie sich gegen Mitternacht, und fließt in dieser Richtung durch den **Habelschwerdter District** die Städte **Mittelwalde** und **Habelschwerdt** vorbei bis **Grafenort**. Zwischen diesem Dorfe und **Rengersdorf** verläßt sie den **Habelschwerdter District**, und strömt in den **Glatzer District**, die Stadt **Glatz** vorbei bis **Morischau**, wo sie die Grafschaft verläßt, und in das **Fürstenthum Münsterberg** eintritt. *)

Die **Neiße** verursacht öftere Ueberschwemmungen, und richtet dadurch großen Schaden an. In den neuern Zeiten ist die, die sich den 22sten Junius 1783 ereignete, eine der schrecklichsten und merkwürdigsten. Aecker und Gärten **wurden** verwüstet, Brücken zerstört, Häuser weggeschwemmt. Besonders hat die Stadt Glatz, wo 141 Häuser zusammenstürzten, und mehrere Personen ihr Leben einbüßten, viel gelitten. Das Wasser soll 29 Fuß hoch gestanden haben. **)

Ich habe oben gesagt, daß dieser Fluß beinahe alle Quellen der Grafschaft verschlinge. Ich will es versuchen

*) S. Th. 3. S. 3.

**) Eine weitläufigere Beschreibung findet man in der Glatzer Monatschr. B. 1, St. 2. S. 69. f. f. und unten bei der Stadt Glatz.

diese Quellen und die daraus zusammenfließenden Bäche und Flüsse, die der Neiße ihr Wasser zuführen, anzuzeigen. Der Gegenstand, ich gestehe es, ist etwas verwickelt, und ich würde, so viel ich auch darüber gesammlet und beobachtet habe, mich kaum an die Entwickelung wagen, wenn nicht die Herausgeber der Glatzer Monatsschrift, durch die Hydrographie dieser Grafschaft, (Bd. 1. St. 1. 2. 3. 4. Bd. 2. St. 1. 5. 6.) deren Verfasser der Herr Kämmerer **Hallmann** in **Habelschwerdt** ist, mir vorgearbeitet hätten. Ich werde indessen von jenem Plane, jedoch dem Ganzen unbeschadet, einigermaßen abweichen.

Die Neiße

nimmt in ihrem Laufe auf:

I. **Gewässer, die im Habelschwerdter Districte entspringen:**

A. Am rechten Ufer:

1) Das **Thanndorfer Wasser**, eine Viertelmeile von ihrem Ursprunge, unter **Thanndorf***). Dieses Wasser hat seinen Ursprung an dem zum Schneegebirge gehörigen **Appenberge**, und wird durch folgende Gewässer, die ebenfalls aus den über **Thanndorf** am **Appenberge** befindlichen Sümpfen sich sammeln,

*) Obgleich die Quellen des Neiß- und des Thanndorfer Wassers sich in der trockensten Jahreszeit wenig vermindern, und in der nassen eben so wenig vermehren, und das Bette derselben kaum einen Fuß breit und einen halben Fuß tief ist, so erweitert sich doch dasselbe bei Thanndorf auf einmahl zur Breite mehrerer Lachter. Diese gewaltsame Erweiterung erfolgte im Sommer

verstärkt, nähmlich durch

a) das Flößel im Hasengraben;

b) das Flößel im Mittelgraben;

c) die Alt-Neißbacher Quellen. Diese drei durch Anhöhen von einander getrennten Bäche fließen durch die Colonie Neu-Neißbach.

d) Das Flößel im Vordergraben. Wenn sich diese Quellen mit dem Thanndorfer Wasser vereiniget haben, so machen sie einen drei Fuß breiten und einen Fuß tiefen Bach, der in Thanndorf schon zwei Mühlgänge treibt. Sie führen nur Forellen.

2) Eine unbenahmte Quelle von der Mitte des Appenberges.

3) Den auf eben diesem Berge entspringenden Appenborn.

4) Einen kleinen unbenahmten Bach, der aus

a) dem Schafbade und

b) dem Kühborn entsteht, und

5) den Feldgraben in Schreibendorf, wo eine Mahlmühle ist.

6) Das Reinschfloß bei Bobischau.

7) Den Jartschker Graben.

1781 durch eine von einem Wolkenbruche verursachte Ueberschwemmung. Das hier zwischen Anhöhen eng eingeschlossene Wasser tobte so gewaltig, daß es Felsen fortwälzte, die Gegend seines Bettes verheerte, Häuser niederriß, Menschen und Vieh ersäufte, sein altes schmales Bett ganz veränderte, und um zwei bis drei Klafter vertiefte rc. Glatz. Monatschr. Bd. 1. St. 3. S. 150.

8) Das **Waldflößel**, aus der Schäferei.

9) Das **Schönthaler Wasser**. Es entspringt am Gläserberge, fließt durch Schönthal, und nimmt vor seinem Eintritte in die Neiße auf:

*) Oberhalb Schönthal:

a) Eine Quelle von den Bauergründen zu Ober-Schreibendorf.

b) Eine Quelle tiefer herab.

c) Eine Quelle bei der Kirche. Diese drei Quellen vereinigen sich vor ihrem Einflusse in das Schönthaler Wasser im Stutengraben.

**) Zwischen Schönthal und Mittelwalde:

d) Den Brunnengraben.

e) Eine am Gläserberge entspringende Quelle, die nach Mittelwalde geleitet wird.

f) Einen unbenahmten Bach, der durch die Vereinigung zweier Quellen entsteht, davon die eine **Prauses Feldflössel**, die andere der **tiefe Graben** genannt wird.

g) Das **Meisenwasser**, es entsteht ebenfalls durch Vereinigung zweier Quellen, davon die eine am Meisenberge, die andere bei dem Feldvorwerke, Dreihöfe entspringt.

h) Den **Spittelgraben**, der öfters ganz austrocknet.

10) Den schwarzen Graben.

11) Das Gläsendorfer Wasser zwischen Herzogswalde und Schönfeld. Es entspringt auf dem Thanndorfer Territorio über dem Gläserberge, von dem es herab, und, nachdem es mehrere im Walde entspringende Quellen aufgenommen hat, durch Gläsendorf, wo es eine Mühle treibt, und die dasigen Bleichen mit Wasser versieht, nach Schönfeld fließt.

12) Die Lauterbach bei Schönfeld. Sie entspringt in dem Lauterbacher Vorgebirge, fließt den Gabelberg herab. Sie versieht die Lauterbacher Bleichen mit Wasser, und treibt die Wassermangel daselbst. Sie wird verstärkt durch

a) das kleine Bergwasser, das auf dem kleinen Berge entspringt.

b) Eine unbenahmte Quelle, die am Schindelsteige aus den schwarzen Sümpfen entspringt.

c) Das hohe Bornwasser.

d) Ein von den Thanndorfer Gründen herströmendes Feldfloß.

e) Ein von den Lauterbacher Feldern herkommendes Feldfloß.

f) Ein Feldfloß, ebenfalls von den Lauterbacher Feldern.

g) Das Beschorner Floß, das von dem Thanndorfer Territorio herfließt.

h) Den **Bienseifen**, über den **Gläserberg**, der durch mehrere unbenannte Quellen verstärkt wird. Diese Gewässer von a bis h fließen zwischen Gläsendorf und Lauterbach durch die Hayner Gründe, und fallen bei Schönfeld in die **Lauterbach**.

i) Das **Hayner Wasser**. Es entspringt im Vorgrunde des Schneegebirges, fließt durch Hayn nach Schönfeld, und fällt hier in die **Lauterbach**. Gleich unten am Gebirge erhält es Zufluß durch:

a) Den **Gränzgraben**, der ebenfalls im Vorgrunde des Schneegebirges entsteht.

b) Den **Rätzergraben**.

c) Den **Mühlgraben**, der aus der **Lauterbach** nach **Hayn** gewiesen wird.

k) Den **Amnitzfluß**. Er entspringt am Heuberge bei **Neundorf**, verstärkt sich, außer mehreren unbenahmten Quellen, durch:

a) Das **Biersuppenwasser**,

b) das **Zeiskenwasser**, fließt durch **Neundorf**, wo er eine Mahl= und Brettmühle treibt, und

c) das **Mühlgrabenwasser**, das aus dem **Köhlerwasser** hierher geleitet wird, noch aufnimmt. Er strömt sodann zwischen **Ebersdorf** und Schönfeld seinem Einfallsorte in die **Lauterbach** zu.

13) } **Zwei unbenahmte Quellen**, davon
14) } die eine an den Ebersdorfer und Schönfelder Gränzen, die andere auf den Ebersdorfer Bauerfeldern entspringt, die durch einen Flößgraben in die Neiße geleitet werden.

15) Das **Ebersdorfer Wasser**, am Ende von **Ebersdorf**. Es entspringt am Schneegebirge, fließt durch **Urnitz** und **Ebersdorf**, und nimmt in seinem Laufe auf:

a) Das **Röhler Wasser**, das gegen Mittag von **Neundorf** am Gebirge entspringt, durch **Ober-Neundorf** und **Nieder-Urnitz**, und von da nach **Ebersdorf** fließt.

b) Eine unbenahmte Quelle von den **Wölfelsdorfer Gründen**.

c) } Zwei unbenahmte **Quellen** von den
d) } **Ebersdorfer Gründen**.

16) Den **Wölfelsbach** bei **Weißbrod**. Er entspringt unter dem **Schneeberge** an der Mitternachtsseite, aus dem sogenannten **schwarzen Born** am **Fichtenkamm**. Er nimmt seinen Lauf anfänglich gegen Abend, schlängelt sich in den Gebirgen herum bis in das Dorf **Wölfelsgrund** *), wo er erst seinen Nahmen von dem Dorfe erhält. Von hieraus fließt er west-

*) Auf der Mayerschen Karte: **Welsgrund**.

west nordlich fort über **Wölfelsdorf** und **Weißbrod** zur **Neiße**. Er nimmt noch auf:

* Bis nach Nieder-Wölfelsgrund:

a) Das **Schwalbensteinwasser**, das auf dem Schneeberge unter einer Felsengruppe, die **Schwalbensteine** genannt, entspringt, nicht weit von seinem Ursprunge.

b) Das **Urlichwasser**.

c) Das **Windbruchwasser**.

d) Das **Güttlerfloß** aus dem **Klapperborn**.

e) Das **Schützenflößel** nahe an Wölfelsgrund.

f) Das **Buckelwasser**, das vom **dürren Berge** herkommt *).

** Von Nieder-Wölfelsgrund bis zum Wasserfall:

g) Das **Urnitzberger Wasser**. Es rinnt am **Urnitzberge** aus mehrern Quellen zusammen. Wahrscheinlich fließen in den unwegsamen Gebirgen, in denen sich dieses Wasser meilenweit herumschlängelt, noch viele andere ganz unbekannte Quellen hinein.

Zu Wölfelsgrund hat der Wölfelsbach bei mittlerem Wasserstande schon eine Breite von 6

---

*) Der Wölfelsbach erhielt ehedem noch einen andern Zufluß vom dürren Berge. 1771 verschwand diese Quelle durch eine eigene Erscheinung. Den 17ten August borst dieser Berg bei hellem Himmel, ohne daß man eine unterirdische Erschütterung bemerkte, und schüttete auf einmahl eine ungeheure Menge Wasser aus, welches mit großem Getöse Holz, Brettklötze und Felsen mit sich fortriß. In kurzer Zeit war alles Wasser abgelaufen, und seitdem ist diese Quelle verschwunden.

Fuß und eine Tiefe von 2 Fuß. Er treibt eine Brettmühle, unweit welcher er seinen bekannten Fall *) macht, der eine nähere Beschreibung verdient.

Der Bach drängt sich, zwischen steilen Anhöhen, in seinem felsigen Bette, dessen Wände immer höher ansteigen, je mehr er sich seinem Hauptfalle nähert, fort. Das Wasser erreicht nun eine Felsenspalte von 4 Fuß Weite und 20 Fuß Höhe, und fällt, indem es seinen Lauf durch diese Spalte verfolgen will, auf einmahl 30 Fuß tief in einen 25 Lachter im Umkreise haltenden Kessel, welcher von etwa 60 Fuß hohen Felsen gebildet wird. Die Tiefe dieses Kessels ist sehr beträchtlich, aber noch unbestimmt, weil die zur Erforschung derselben hinabgelassenen Senkbleie durch das zurückprallende Wasser auf die Seite geschoben werden.

Dieser Felsenkessel, so merkwürdig als der Fall selbst, ist nur auf einer Seite, vermittelst angebrachter Stufen, zugänglich **).

Der Ausgang, den dieser Bach nach seinem Falle aus diesem Felsenkessel nimmt, ist ebenfalls

---

*) Dieser Fall ist 1825 Par. Fuß über der Ostsee erhaben.

**) Dieser sonst so schöne, mit Bäumen umkränzte und in ein heiliges Dunkel eingeschlossene Wasserfall steht jetzt, da auf der Mitternachtsseite das Holz weggeschlagen ist, nackt und beschämt da. Daher würden jetzt die Felsen-Präcipizen gegen über, wo die Nacktheit der Mittagsseite durch einige Bäume verdeckt wird, die beste Stelle zum Ansehen des Wasserfalles seyn.

der Betrachtung würdig. Die Natur hat den Felsen *) bis auf den Grund gespalten, um dem Wasser Abfluß zu verschaffen. In dieser 100 Fuß hohen und 2 Lachter breiten Spalte strömt der Wölfelsbach auf seinem steinigen, mit schroffen Felsen eingefaßten Bette gegen Abend hin nach Wölfelsdorf, und nimmt

*** Vom Wasserfalle bis zur Vereinigung mit der Reiße noch auf:

h) den **Wolkenfloß vom spitzigen Berge.**

i) Das **Thiergartenwasser**, aus dem Wölfelsdorfer Thiergarten.

k) Eine unbenahmte Quelle von den Wölfelsdorfer Bauerfeldern.

l) Den **Hötzelgraben.**

m) n) } Zwei unbenahmte Quellen zu Weißbrod.

Obgleich diese jetzt genannten 6 Quellen, die aus Flötzgebirgsschichten entspringen, nach Regen oder Thauwetter etwas lange trübe bleiben, so ist das Wasser der Wölfelsbach dennoch hart, verliert aber diese Härte schon in Nieder-Wölfelsdorf, und an manchen Orten von einer etwas bräunlichen Farbe, welche von den Steinen herrührt, über welche es fortrollt, aber aus dem Bache in ein Glas geschöpft, ist es krystallhell. Es gefriert selten, und dünstet bei der Kälte stark aus.

---

*) Es ist feinschieferiger Gneiß.

17) Den Plomnitzbach *). Er entspringt am Dorfe Weißwasser, zwischen dem schwarzen und dürren Berge, fließt durch Rieolingswalde und Plomnitz, und ergießt sich an der Habelschwerdter und Alt-Waltersdorfer Gränze in die Neiße. Außer andern minder beträchtlichen Quellen nimmt er auf:

a) Die Quellen des dürren Berges.

b) Das Glasegrundwasser.

18) Das Alt-Waltersdorfer Wasser, das von Martinsberg kommt, und sich durch viele unbenahmte Quellen verstärkt, unter Alt-Waltersdorf.

19) Das Hankefloß. Es entspringt auf den Gründen von Alt-Waltersdorf, und fällt bei Krotenphul in die Neiße.

20) Das Gänsefloß bei Rengersdorf.

B. Am linken Ufer:

21) Ein Feldflößel von der Böhmischen Gränze, in dem Dorfe Schreibendorf.

22) Das Hötzelflößel.

23) Das Rothflößel, und

24) das Ziegerflößel, zwischen Schreibendorf und Bobischau.

25) Das Zörnigflößel, von den Bauerfeldern, und

26) das Seifertfloß, das von der Böhmischen Gränze herkommt, bei Bobischau.

---

*) Auf der Mayerschen Karte: Habel.

27) Das **Einsiedelnwasser** bei Schönau. Es fließt mit dem Steinbacher Wasser, welches mehrere kleine Quellen aufnimmt, ehe es in die Neiße eintritt, an den Gränzen von Schönau und Steinbach, zusammen.

28) Den **Füllergraben** und

29) Den **Straßengraben** von den Schönauer Dominial-Feldern zwischen Schönau und Mittelwalde.

30) Den **Aupengraben** } Bei Mittelwalde.
31) Den **Schafgraben** }

32) Den **Hofgraben** bei Herzogswalde. Er entspringt im Mittelwalder Forst aus einer Quelle, die Prause Nickelsborn genannt wird.

33) Den **Hentschelgraben** } bei Schönfeld.
34) Den **Heydergraben** }

35) Das **Rosenthaler Wasser** bei Ober-Langenau. Es entspringt in dem Schnallensteiner Forst aus den schwarzen Sümpfen, fließt durch Rosenthal, und nimmt in seinem Laufe, außer 6 unbenahmten Quellen, noch auf:

a) Das **Hatscher Flößel**.

b) Das **Eibenfloß**, das aus den Eibensümpfen entsteht.

c) Das **Wiedmuthfloß**, von der Rosenthaler Pfarrwiedmuth.

d) Das **Schnalzfloß** (Schnalzbach) in Nieder-Rosenthal. Es entspringt am Fuße des Schnalzberges, und wird von dem glimmerreichen Sande, den es führt, auch das Goldflößel genannt. Im Thale nimmt es noch auf:

Das von den Seitendorfer Feldern herkommende Höllenwasser, mit dem sich vor den Eintritte in das Schnalzfloß noch

das Seitendorfer Wasser vereinigt.

36) Das Kristenfloß bei Ober-Langenau. Es kommt ebenfalls von den Seitendorfer Feldern. Eben daher fließt auch

37) das Gästelflößel.

38) Das Lichtenwalder Wasser. Es entspringt am Fuße des Heidelberges aus dem Zusammenflusse mehrerer Quellen, deren er nebst

a) dem Bakigflößel, und am untern Ende von Ober-Langenau

b) dem Bukelwasser, das ebenfalls am Heidelberge aus mehreren Quellen zusammenfließt, und durch den Bach aus Verlorenwasser verstärkt wird, noch mehrere aufnimmt.

39) Die Nieder-Langenauer Sauerbrunnen-Quelle.

40) Das Höllengrabenwasser in Nieder-Langenau. Es entspringt in dem nahen Alaunschiefergebirge.

41) Eine unbenahmte Quelle vom Steinberge, die ihr Wasser den Habelschwerdter Teichen zuführt.

42) Das Hundorfwasser. Die Quelle dieses am

Eulenberge, ein Vorberg des **Heidelberges**, entspringenden Baches ist nicht beträchtlich, wird aber bald durch 4 Quellen von den Hundorfer Bauerfeldern verstärkt. Noch nimmt es vor seinem Eintritte in die Neiße auf:

a) Das **weiße Brunnenwasser.**

b) Das **Hofeflößel.**

c) Das **Schneckenbrünnel.**

d) Das **Tolenbergwasser** an der Habelschwerdter Gränze.

e) f) Zwei unbenahmte Quellen in der Wüstung.

43) Die **Weistritz** *) (das **Kressenwasser**) bei **Habelschwerdt.** Sie entspringt im **Nesselgrunde** aus einem Torfmohre, in dem sogenannten Vorwerkshau. Ihr Wasser ist hart und von brauner Farbe, die es aus der Erdart, aus welcher es hervorquillt, erhält. Außer den vielen unbenahmten Quellen, nimmt sie in dem engen Thale, das sie auf lauter Flötzgebirgsarten durchströmt, noch auf:

a) Die **Tannigtquelle** mit der sich die **Vogelbergquelle** vor dem königlichen Holzflöß-Reservoir vereinigt.

b) Das

*) Sie wird zum Unterschiede der andern Weistritz, die Habelschwerdter Weistritz genannt. Sie hat indessen ihren Nahmen nicht so gleich von ihrer Quelle an. Von dieser bis dahin, wo sich das Kressenwasser in sie ergießt, heißt sie die Flößbach. Nach dem Einflusse des Kressenwassers erhält sie diesen Nahmen, und erst bei ihrem Eintritte in Neu-Weistritz bekommt sie den Nahmen Weistritz.

b) Das Kressenwasser.

c) Die Birkichtquelle.

d) Das Hüttenflößel.

e) Den rauschenden Born.

f) Das Gränzfloß; es macht die Gränze zwischen dem Spätenwalder und Nesselgründer Forst.

g) Das zweite Kressenfloß bei der Sandbrücke.

h) Das Leinflößel.

i) Das Schwotzerfloß, auf der Gränze zwischen dem königlichen und Habelschwerdter Forst.

k) Das Wagnerfloß.

l) Den Steinbruchborn.

m) Die Quelle aus Maders Sumpfe.

n) Den Glaserseifen. Seine Quelle heißt der Gü tersborn. Das Wasser dieser Quelle theilt sich einige Schritte von seinem Ursprunge in zwei kleine Bäche, wovon der eine, gen Abend ab, in die Erlitz fließt, der andere aber den Glaserseifen macht, in den, außer mehrern Quellen von den Bobischwiesen, noch das Melderfloß fließt.

o) Die Maderquellen in Hammer.

p) Das Pohlflößel entspringt aus drei Quellen, zu denen sich zwischen Hammer und Vogtsdorf noch fünf unbenahmte Quellen aus dem Sandsteingebirge gesellen.

q) Das Vogtsdorfer Wasser, das aus sehr vielen Quellen zusammenfließt.

r) Die Sauerbrunnenquelle zu Neu-Weistritz.

s) Das **Neu-Weistritzer Wasser**, dem die Wasser aus

a) dem **Stumpfborn**,

b) dem **Seidelmannborn**,

c) der **Hohausquelle**,

d) dem **Falkenborn**,

e) dem **Urbanborn**,

f) dem **Gränzborn**,

g) dem **Wingeborn**, und am Ende von **Neu-Weistritz** aus

h) dem **Kreckelborn**, zufließen.

t) Das **Spätenwalder Wasser** *). Es fließt in einem vom Gebirge gemachten engen Busen aus mehrern unbenahmten Quellen zusammen.

---

*) „Dieses Wasser bringt auf der Weistritz eine noch nicht erörterte Erscheinung hervor, wodurch im Winter die Neigung zur Aenderung der Witterung richtig angezeigt wird. Sein Wasser vermehrt sich nicht selten, auch bei starkem Froste. Es fängt an, in der Gegend, wo es sich mit der Weistritz einiget, zu rauschen und auszutreten, das in ihm angelegte Eis stürzt in die ebenfalls mit Eis bedeckte Weistritz. Diese tritt aus ihren Ufern, das in der Mitte liegende Eis wird losgesprengt, fortgetrieben, und so die Weistritz in einer Breite von 8 bis 10 Ellen gereiniget. Während dieses Vorganges ist die Weistritz mit einem Nebel bedeckt."

Dieses Ereigniß kam ein Mahl bei einem Barometer-Stande von 27′ 5″ 0‴; ein anderes Mahl bei einem Stande von 26′ 7″ 0‴ vor. Das Gewicht der Luft hat folglich darauf nicht Einfluß. Die Temperatur war ein Mahl 4, ein anderes Mahl 6, und sogar ein Mahl 10° unter Reaumurs 0. Da in der Ordnung eigentliches Thauwetter und Eisgang nur bei einer Wärme von 3, 4 bis 5 Grad über Reaumurs 0 vorkommt; so scheint auch die Temperatur der Luft diesen Eisgang nicht zu bewirken. Da man end-

u) Eine unbenahmte Quelle in Alt-Weistritz.

44) Das Gläsendorfer Flößel, bei Grafenort. Es entspringt am Bimsberge im westlichen Gebirgszuge, und verstärkt sich durch mehrere unbenahmte Quellen.

45) Das Lomnitzwasser, hart an der Gränze

---

lich auch beobachtet hat, daß nicht nur beim Südwinde, sondern beim kalten Nordwinde, die Weistritz mit Eis gegangen ist: so wird es ungewiß, welcher natürlichen Ursache man diese Wirkung vorzugsweise zuschreiben müsse. Vielleicht möchte der starke Dampf und Nebel, der bei dieser Gelegenheit von der Oberfläche des Wassers aufsteigt, uns auf die Spur der Ursache bringen.

Bekanntlich ist die Ausdünstung größer, je mehr der Unterschied zwischen der Temperatur der Luft und der Temperatur der ausdünstenden Oberfläche beträgt. Man siehet hieraus, daß das Wasser der Weistritz kälter seyn müsse, als die über derselben befindliche Luft, wenn eine stärkere Ausdünstung, die in Dampfes Gestalt erscheint, erfolgt.

Soll ein Eisgang in derselben Statt haben, so ist offenbar eine größere Quantität Wasser erforderlich, als vor dem Ereignisse vorhanden war. Man kann also, bis man eine bessere Erklärung hat, zweierlei annehmen:

1) Daß die wärmere Atmosphäre in dem Spätenwalder Thal, das von keinem als dem Südwinde so leicht bestrichen werden kann, dem in diesem Thale rinnenden kleinen Bache einen stärkern Zufluß verschaffe; daß dieses unter dem Eise, welches die Weistritz deckt, sich ansammle, solches endlich in der Mitte, wo es am schwächsten ist, durch Anspannung zersprenge, und das Eis gewaltsam forttreibe, oder

2) daß ein hoher Grad von Kälte das Flußbett unter dem Eise mit Grundeis verstopfe, und sodann eine ähnliche Wirkung erfolge." Glatz. Monatschr. B. 2. St. 1. S. 378.

des Habelschwerdter Districts mit dem Glatzer. Folgende vier Quellen reichen ihr ihr Wasser:

a) Der **Hüttengut-Born**, zu dem eine **Säuerlingsquelle** in Alt-Lomnitz tritt.

b) Die Quelle im **Hubrichtsgrunde**.

c) Die Quelle des **Steinhübels**.

d) Die Quelle im Thiergarten zu **Grafenort**.

46) Die **Thune** in **Rengersdorf**. Sie entspringt im westlichen Gebirgszuge, und verstärkt sich durch das **krumme Wasser**, das im **krummen Loche** entspringt, und in welches noch ein von Nesselgrund kommendes kleines Flößel fällt. Diese beiden gehen vereinigt nach **Neu Batzdorf**. Nun gesellt sich noch dazu das **Pohldorfwasser**. In dieser Vereinigung fallen alle drei bei Aspenau in die **Thun**, die nun den Habelschwerdter District verläßt, sich nach Alt-Batzdorf wendet und so der **Neiße** zufließt.

47) Das **Hauptflößel** ebenfalls bei Rengersdorf.

Noch ist zu bemerken, daß in dem **Halbelschwerdter District** das **Wilmsdorfer Wasser** *) entspringt, welches unten bei der **Weistritz** aufgeführt werden wird.

II. **Gewässer**, die im **Landecker District** entspringen. Sie fließen alle in den Hauptfluß dieses Districts, in

48) die **Biele**. Sie entspringt Mittag-Morgen der Grafschaft im **Bielendorfer** Forst in zwei

*) Auf der Mayerschen Karte: Eichwasser.

großen Thälern; eines liefert die **weiße**, das andere die **schwarze Biele**.

A. Die weiße Biele

entspringt nahe an der Gränze der Grafschaft mit dem Oestreichischen Antheil des Schlesischen Fürstenthums Neiße in einem kesselförmigen waldigen Thale, in welchem viele Quellen sind, die sich alle im Grunde des Kessels einigen. Sie fließt von Morgen gen Abend, und ist da, wo sie den Kessel verläßt, schon drei Fuß breit. Vor ihrer Vereinigung mit der **schwarzen Biele** nimmt sie auf:

a) Das **lange Floß** vom **Formberge**.

b) Das **Säuwieligfloß**, von den **Saalwiesen**.

c) Das **Tännlichfloß** } vom **Urlicht**.

d) Das **Schwarzgrabenfloß** } vom **Urlicht**.

e) Die Quellen der **Kressenflößer** und die vom **Mährischen Berge**.

f) Das **Schindelgrabenfloß** vom **Wiesewrige**.

Auf allen diesen Bächen wird Holz geflößt.

B. Die schwarze Biele

entspringt, wie gesagt, ebenfalls im Bielendorfer Forst, im sogenannten **tiefen Loche**, an der Mährischen Gränze. Sie fließt von Mittag gen Mitternacht, und erhält vor ihrem Eintritte in die **weiße Biele** Verstärkung durch:

a) Das **Stampfrichfloß**, vom **Stampfrichkamme**.

b) Das **Mühlbach-Grabenfloß**.

c) Das **Kesselfloß**, von der **Buchenlehne**.

d) Das **Platzgrabenfloß**, vom **Platzenberge.**

e) Das dreieckige **Urlichflößel.**

Nachdem sich diese Quellen, die aus dem Torfmohre, woraus sie entspringen, ein bräunliches Wasser liefern, mit der **schwarzen Biele** vereinigt haben, vereinigt auch sie sich mit der **weißen Biele** unter der Colonie **Neu-Bielendorf.** Ihr Bett ist nur ½ Ruthe breit. Außer sehr vielen unbenannten Quellen fließen ihr von den steilen Bergen, zwischen welchen sie in einem engen Thale strömt, mehrere Bäche zu. Die hauptsächlichsten sind:

* Am rechten Ufer:

a) Der **Kobelsbach**, bei **Alt-Gersdorf** (im obern Theile). Sie ist ein Zusammenfluß der Gewässer:

A) Der **hintern Kobelsbach.** Diese ist die erste Quelle, und kommt von der schwarzen Koppe.

B) Der **mittlern Kobelsbach**, } beide kommen vom Urlicht.
C) Der **vordern Kobelsbach**, }

D) Des **Salzgrabenfloßes.**

E) Des **Gruggrabenfloßes.**

b) Das **Hauswasser**, ebenfalls in **Alt-Gersdorf** (im untern Theile). Es kommt von der Karpensteiner Feldgränze.

c) Das **Karpenstein-Wasser**, das unter dem

Karpenstein entspringt, bei Landeck, nebst den sämmtlichen Badequellen.

d) Das **Leuthener Wasser** bei **Thalheim.**

e) Das **Schönauer Wasser**, das in der Gegend des **Heidelbergs** entspringt, zwischen **Unter-Thalheim** und **Ober-Reyersdorf.**

f) Der **Heinzebach** in Ullersdorf, der von Heinzendorf kommt *), und sich an der Gränze des Landecker und des Glatzer Districts mit dem **Droschkauer** und **Werdecker Wasser** vereinigt.

** Am linken Ufer:

g) Das **Mühlbacher Wasser**, bei **Gompersdorf.** Es entspringt am Urlichtgraben, und wird verstärkt durch:

A) Den **kalten Graben**, vom **dürren Berge.**

B) Das **hintere steinige Grabenfloß.**

C) Den **schwarzen Graben.**

D) Das **vordere steinige Grabenfloß.** Nachdem sich diese vier Quellen mit ihm vereinigt haben, treten bei **Gompersdorf** noch hinzu:

E) Das **kleine Mühlbachfloß.**

F) Das **Pfaffensteigflößel.**

---

*) Ich berühre dieses Wasser nur hier als ein im Landecker Districte entspringendes, es fällt aber erst mittelbar durch das **Droschkauer Wasser**, dessen unten bei den Gewässern des Glatzer Districts gedacht werden wird, in die **Biele.**

h) Das Neu = Mohrauer Wasser. Es entspringt am Mühlbacher Kamme, und wird anfänglich das Kanser Flößel genannt. Mit ihm vereinigen sich im Neu = Mohrauer Forst und fließen in das dasige Flöß = Reservoir:

A) Das Salzgrabenfloß.

B) Der vordere Baudergraben, der am Wernersberge entspringt.

C) Der hintere Baudengraben, der vom hohen Urlicht kommt.

D) Der schwarze Graben, der aus den rothen Sümpfen entspringt.

E) Der linke Zwieselgraben; er kommt von der Hirschenkuppe.

F) Der rechte Zwieselgraben, der aus den Kaisersümpfen entspringt.

G) Das Schönflößel; es kommt von der Mährischen Gränze.

H) Das Schindelgrabenfloß, an der Landstraße von Wilhelmsdorf nach Mähren.

Zu diesen vereinigten Quellen gesellt sich in Neu Mohrau

I) der Faulhabersgraben,

K) das Volkmersfloß.

Bei Wilhelmsthal, wo nun das Neu= Mohrauer Wasser, Morgen, vorbeiströmt, vereinigen sich mit demselben:

L) Das Camnitzer Wasser, das an der Morgenseite des Schneeberges, im hintern

Schneegrunde, an der Gränze von Mähren entspringt, sich von Mittag gegen Morgen wendet, durch Camnitz und Wilhelmsthal vorbeiströmt, wird verstärkt durch:

a) Den mittelsten Schneegrund, am Schneeberge.

b) Den vordersten Schneegrund, am Riemerberge.

c) Die Eibigflößer, von der Eibiglehne.

d) Das tiefe Lochflößel,
e) Den Stubenseifner Graben.
f) Den schwarzen Graben.
— von dem großen Seefelde an der Mährischen Gränze.

g) Das Letzelfloß, vom Letzelberge.

h) Das Nickischgrabenfloß, vom Mühlberge.

M. Das Klessengrundwasser, bei Alt-Mohrau. Es entspringt am Schneeberge, auf der langen Wiese, aus den Quellen des Tanzplans und aus dem rothen Born. Mit ihm vereinigen sich:

a) Die hintern Aschenbaudenfloßel,
b) Das Ranserfloß,
c) Der Diebsgraben,
— von der Heudorfer Lehne.

d) Das Höllenfloß, von der Johannisberger Gränze.

e) Das Johannisbeerflößel, vom Schneeberge.

f) Das rothe Floß, von der Riemerkuppe.

N. Das Heudorfer Wasser, bei Seitendorf. Es entspringt am schwarzen Berge über Heudorf und nimmt auf:

a) Das Urlichgrabenfloß, das auf dem Fichtigkamme entspringt.

b) Den Neumannsgraben, in Heudorf.

c) Das Johannisberger Flößel.

Nachdem sich alle diese Gewässer von h. A — N mit einander vereinigt haben, fallen sie unter dem Nahmen: das Neu-Mohrauer Wasser, an der Gompersdorfer und Schreckendorfer Gränze in die Biele.

i) Das Conradswalder Wasser; es entspringt in den Gebirgen bei Seitenberg aus mehrern Quellen, fließt durch Wolmsdorf und Conradswalde, und endlich in Kunzendorf in die Biele.

k) Das Raumnitzwasser in Ober-Eisersdorf.

Nachdem nun die Biele, deren Wasser hell und hart ist, und seiner Schnelligkeit wegen seltener zufriert, die Dörfer Bielendorf, Neu- und Alt-Gersdorf, Gompersdorf, Schreckendorf, Olbersdorf, Ober-Thalheim, die Stadt Landeck vorbei, die Dörfer Nieder-Thalheim, Reyersdorf, Kunzendorf durchströmt hat, tritt sie in den Glatzer-District, fließt durch Ullersdorf, Eisersdorf, und fällt bei Piltsch, am rechten Ufer, in in die Neiße.

III. **Gewässer, die im Glatzer District entspringen, und**

† unmittelbar in die Neiße fallen.

* Am rechten Ufer:

49) Das Hausdorfer Wasser. 50) Der Königshayner Bach mit dem sich der Neudecker Bach vereinigt.	Nahe b. Glatz.

** Am linken Ufer:

51) Das Gabersdorfer Wasser bei Mühldorf, zu dem sich das Wiesauer Wasser gesellet.

†† Mittelbar fällt durch die Biele in die Neiße:
Das **Droschkauer Wasser** *), in welches die Heinzebach, am linken Ufer, und das **Werdecker Wasser**, am rechten Ufer, an der Gränze des Landecker und Glatzer Districts fallen. Es fließt durch **Droschkau**, berührt bei Heinzendorf den Landecker District und fällt in Ullersdorf in die Biele.

Noch fließen in diesem Districte die **Weistritz** und **Steine**, in erstere fällt das **Wallisfurther** und **Reichenauer Wasser**, die an der Gränze dieses Districts entspringen: sie kommen unten vor.

IV. **Gewässer, die im Hummler District entspringen.** Sie ergießen sich theils in die **Weistritz**, theils fließen sie nach **Böhmen**, Von den letztern weiter unten.

---

*) Sieh oben Seite 23.

52) Die **Weistritz** (das **Pfaffenwasser**). Sie entspringt in dem **Nesselgrunder Forst**, zwischen **Grunwald** und dem **schwarzen Floße**, das die Gränze zwischen der Grafschaft Glatz und Böhmen bestimmt, am sogenannten **Böhmischen Kamme** unter dem Straßenbau, aus drei Quellen, die man dort die **Dreifloßer** nennt. Diese drei Quellen vereinigen sich in einem zum Behufe dee Holzflößens angelegten Behälter, und werden nun die **Reinerzer Flößbach** genannt. Sie treibt schon 5 oder 600 Schritte von ihrem Ursprunge eine Mühle. Sie fließt die Stadt **Reinerz** vorbei, durch die Dörfer **Hartau, Alt-Heide, Ober- und Nieder-Schwedeldorf**, und fällt dann bei **Glatz** in die **Neiße**, nachdem sie in ihrem Laufe unter dem oben genannten Behälter noch aufgenommen hat:

a) Das **Mühlfloß**, bei **Grunwald**, das am Kettengebirge entspringt, und noch vor seinem Eintritte in die **Weistritz** eine Mühle treibt, aus mehrern unbenahmten Quellen.

b) Den auf den Seefeldern angelegten **Rehdanzgraben**, dessen Wasser von dem Torfe, aus welchem es abgeleitet wird, braun gefärbt ist.

c) Das **weiße Floß** zwischen **Gränzendorf** und **Grunwald**.

d) Das von Gränzendorf kommende **Kalkfloß**.

e) Das **rothe Floß** (**Rothwasser**), aus dem Reinerzer Forst, das an der Gabel entspringt, unter dem Wagnerberge.

f) Das hintere Kohlauer Wasser, das ebenfalls von Gränzendorf kommt; und aus den Bergen an der Gränze entspringt.

g) Das Romswasser, bei Reinerz.

h) Die Säuerlingsquellen, bei Reinerz.

i) Das Klinkeiflößel, in Hartau, das bei Biebersdorf aus einigen unbenahmten Quellen entspringt, unter denen sich eine Säuerlingsquelle befindet.

k) Das Rückertser Wasser fließt durch die Höllenwiesen *) zur Weistritz. Es ist ein Zusammenfluß

a) der Steinbach, die aus mehrern Quellen an den Bergen oberhalb Friedersdorf entspringt, und durch dieses Dorf fließt, und

b) des rothen Flosses, das im Wünschelburger District, auf der Heuscheune in Carlsberg, aus mehrern Quellen entsteht, und durch Johannsthal strömt.

l) Das Glaserwasser. Es entspringt im Glaserloche, zwischen dem großen und kleinen Vogelberge, geht durch Glasendorf **) und fällt unter Rückerts in die Weistritz. Es wird verstärkt durch:

a) Das Hasenflößchen, das im großen Fich=

---

*) Die Höllen sind ein tiefes zwischen steilen Sandsteinbergen sich hinziehendes Thal, in welchem einige unbeträchtliche Quellen entspringen.

**) Auf der Mayerschen Karte Klessendorf.

tig entspringt, und sich mit mehrern andern vom **Vogelberge** herabkommenden Quellen vereinigt.

b) Das **Steinflößel**, das bei **Biebersdorf** auf einer Anhöhe, oberhalb der Jägerwohnung, unter einer abgestumpften Fichte entspringt.

c) Einige unbenahmte Quellen.

m) Das **Pfaffenwasser**, das aus dem Reinerzer Forst kommt, und an den **Räuligerbergen** entspringt.

n) Der **Zementbrunnen** *) nebst noch einigen kleinen süßen Quellen und einer Säuerlingsquelle bei **Alt-Heide**.

o) Das **Wallisfurther Wasser**, zu dem sich noch eine **Zementquelle** gesellt, und das sich in **Ober-Schwedeldorf** mit dem **Reichenauer Wasser** vereinigt.

p) Das **Eichwasser** (Alt-Wilmsdorfer Wasser) bei **Soritsch**. Es durchströmt **Neu-** und **Alt-Wilmsdorf**.

V. Gewässer des Wünschelburger und Neuroder Districts **).

53) Die **Steine**. Sie entspringt in dem Fürstenthume Schweidnitz ***), bei dem Dorfe Steinau

---

*) Diese Quelle kommt aus einem ungeheuren Lager Kalktuff, dessen Menge ihr sehr hohes Alter zu erkennen giebt. Körper, die man in dieses Wasser legt, werden incrustiert.

**) Ich muß hier beide Districte zusammennehmen, da ihre Gewässer alle in die Steine fließen.

***) Siehe Th. 1. S. 6.

1 Meile vor Friedland, strömt aber bald nach Böhmen, und von daher bei **Tschuntschendorf**, Wünschelburger Districts, in die Grafschaft Glatz. Aus dem Wünschelburger Districte fließt sie unter **Nieder-Steine** in den Glatzer District, wo sie bei **Steinwitz**, der Vorstadt von Glatz, sich in die **Neiße** ergießt. Sie nimmt auf:

A. **Gewässer des Wünschelburger Districts.** Sie fließen auf der **rechten Seite** in die **Steine**.

a) Den **Posna**, (Pusa. Das Rathener Wasser. Das Wünschelburger Wasser.) bei **Mittel-Steine**. Er entspringt an der **Heuscheune**, deren sämmtliche Quellen er verschlingt, und in seinem Laufe noch an sich zieht:

Das Albendorfer **Wasser**, (es wird dort der Bach **Kidron** genannt) unter **Ober-Rathen**.

b) Das **Seibersdorfer Wasser** in **Nieder-Steine**.

B. **Gewässer des Neuroder Districts.** Sie fallen auf der **linken Seite** in die **Steine**.

c) Das **Schönauer Wasser**, gleich beim Eintritte der Steine in die Grafschaft bei **Tschuntschendorf**. Es kommt aus Böhmen, und nimmt das **Gronsdorfer Wasser** an sich.

d) Die **Walditz** (das Neuroder Wasser), in **Ober-Steine**. Sie entspringt an der Gränze der Grafschaft mit dem Fürstenthume Münsterberg, am Volpersdorfer Gebirge, fließt durch Neurode gen Scharfeneck. In ihrem Laufe nimmt sie auf:

Das Kunzendorfer Wasser bei Neurode. Es entspringt an der Böhmischen Gränze zwischen Schönau in Böhmen und den Vierhöfen, fließt durch Königswalde, Ludwigsdorf und Kunzendorf. Mit ihm vereinigen sich:

α) Das Falkenberger Wasser, das vom Eulengebirge herströmt, in Luwigsdorf.

β) Das Hausdorfer Wasser, das vom Kuhberge, Reichenbacher Kr.* , kommt, und mit dem sich ein Bach vom Escherkamme vereinigt.

e) Den Schlegeler Bach, in Mittel-Steine. Er fließt aus mehreren Quellen, deren eine von Biehals kommt, zusammen.

f) Das Eckersdorfer Wasser, das an den Schlegeler Bergen zusammenfließt.

g) Den Roth-Waltersdorfer Bach, der von den Gebirgen an der Gränze des Fürstenthums Münsterberg und der Grafschaft Glatz herströmt.

---

*) S. Th. 1. S. 16. Der Kuhberg liegt nicht gegen di Böhmische, sondern gegen die Glatzer Gränze. Ich halte es fü Pflicht, diesen Irrthum hier zu berichtigen.

Nach

Nachweisung, in welcher Folge sich die angeführten 53 Gewässer in die Neiße ergießen:

1. Das Thanndorfer Wasser. Nr 1.
2. Eine Quelle vom Appenberge. Nr. 2.
3. Der Appenborn. Nr. 3. Am rechten Ufer.
4. Ein Feldflößel von der Böhmischen Gränze. Nr. 21. Am linken Ufer.
5. Ein unbenahmter Bach. Nr. 4. A. r. U.
6. Das Hötzelflößel. Nr. 22.
7. Das Rothflößel. Nr. 23. A. l. U.
8. Der Feldgraben. Nr. 5. A. r. U.
9. Das Ziegenflößel. Nr. 24. A. l. U.
10. Das Reinschfloß. Nr. 6. A. r. U.
11. Das Zörnigflößel. Nr. 25.
12. Das Seifertfloß. Nr. 26.
13. Das Einsiedelnwasser. N. 27. A. l. U.
14. Der Jartschkergraben. Nr. 7. A. r. U.
15. Der Füllengraben. Nr. 28. A. l. U.
16. Das Waldflößel. Nr. 8. A. r. U.
17. Der Straßengraben. Nr. 29.
18. Der Aupengraben. Nr. 30.
19. Der Schafgraben. Nr. 31. A. l. U.
20. Das Schönthaler Wasser. Nr. 9. A. r. U.
21. Der Hofgraben. Nr. 32. A. l. U.
22. Der schwarze Graben. Nr. 10.
23. Das Glasendorfer Wasser. N. 11. A. r. U.
24. Der Hentschelgraben. N. 33.
25. Der Heidergraben. N. 34. A. l. U.

26. Die Lauterbach. Nr. 12. A. r. U.

27. } Unbenahmte Quellen. Nr. { 13. } A. r. U.
28. } { 14.

29. Das Rosenthaler Wasser. Nr. 35. A. l. U.

30. Das Ebersdorfer Wasser. Nr. 15. A. r. U.

31. Das Kristenfloß. Nr. 36.
32. Das Gästenflößel. Nr. 37.
33. Das Lichtenwalder Wasser. Nr. 38.
34. Die Nieder-Langenauer Sauerbrunnen-Quellen. N. 39. } A. l. U.
35. Das Höllengrabenwasser. Nr. 40.
36. Eine Quelle vom Steinberge. Nr. 41.

37. Der Wölfelsbach. Nr. 16. A. r. U.

38. Das Hundorfwasser. Nr. 42. } A. l. U.
39. Die (Habelschwerdter) Weistritz. Nr. 43.

40. Der Plomnitzbach. Nr. 17.
41. Das Alt-Waltersdorfer Wasser. Nr. 18. } A. r. U.
42. Das Hankefloß. N. 19.

43. Das Gläsendorfer Flößel. Nr. 44.
44. Das Lomnitzwasser. Nr. 45. } A. l. U.
45. Die Thune. Nr. 46.
46. Das Hauckflößel. N. 47.

47. Das Gänsefloß. Nr. 20. } A. r. U.
48. Die Biele. N. 48.

49. Die Weistritz. Nr. 52. A. l. U.

50. Das Hausdorfer Wasser. Nr. 49. } A. r. U.
51. Der Königshayner Bach. Nr. 50.

52. Die Steine. Nr. 53. A. l. U.

53. Das Gäbersdorfer Wasser. Nr. 51. A. l. U.

Bemerkungen über die Breite, Tiefe und und den Fall einiger oben genannten Gewässer:

A. Die unmittelbar in die Neiße fallen, nach Angabe der Glatzer Monathschrift.

Das Einsiedelnwasser, (Nr. 13.*) hat bei seinem Einfalle in die Neiße 3 Fuß Breite und 1 Fuß Tiefe **).

Das Schönthaler Wasser, (Nr. 20.) ist bei seinem Eintritte in die Neiße 2 Fuß breit und 1 Fuß tief.

Die Lauterbach, (Nr. 26.) hat bei ihrer Ausmündung 9 Fuß Breite und 2 Fuß Tiefe.

Das Ebersdorfer Wasser, (Nr. 30.) hat beim Einflusse in die Neiße 9 Fuß Breite und 1 Fuß Tiefe.

Das Lichtenwalder Wasser, (Nr. 33.) hat bei der Ausmündung 6 Fuß Breite und 1 Fuß Tiefe.

Der Wölfelsbach, (Nr. 37.) hat bei Wölfelsgrund 6 Fuß Breite und 2 Fuß Tiefe, und beim Einfalle in die Neiße 18 Fuß Breite und 2 Fuß Tiefe.

Das Hundorfwasser, (Nr. 38.) ist beim Eintritte in die Neiße 4 Fuß breit und 1 Fuß tief.

Die (Habelschwerdter) Weistritz, (Nr. 39.) ist beim Eintritte in die Neiße 26 Fuß breit und 1 Fuß tief.

*) Die Nummer bezieht sich auf vorhergehende Nachweisung.

**) Der mittlere Wasserstand ist zum Maßstabe angenommen.

Die Biele, (Nr. 48.). Da wo die beiden Bielen sich vereinigen, ist

die **weiße Biele** 1 Ruthe breit, 1 Fuß tief;
die **schwarze Biele** 8 Fuß breit, 1 Fuß tief.

Beide sind nach der Vereinigung 1½ Ruthe breit, und 2 Fuß tief.

Bei der Ausmündung hat sie 78 Fuß Breite, 2 Fuß Tiefe.

Auf eine Meile von 3804 Toisen Länge ist der Fall der Biele bis zur Mündung 136 Fuß *).

Die Weistritz, (Nr. 49.) ist bei der Ausmündung 24 Fuß breit, 3 Fuß tief.

Die Steine, (Nr. 52.) ist beim Eintritte in die Grafschaft 40 Fuß breit, 2 Fuß tief. Bei dem Einfalle in die Neiße hat sie 50 Fuß Breite und 2 Fuß Tiefe.

Die Neiße ist bei Habelschwerdt 72 Fuß breit, 3 Fuß tief. Beim Austritte aus der Grafschaft hat sie 160 Fuß Breite und 4 bis 5 Fuß Tiefe. Ihr Fall ist von ihrem Ursprunge bis an die Schlesische Gränze 424 Fuß.

Nach den Höhen-Bestimmungen des Herrn Obersten **v. Lindner** liegen **über dem Deutschen Meere**

die Quellen der Neiße . . . 1237 Par. Fuß;
die Stadt Mittelwalde . . . 1177 — —

*) v. **Buch** Versuch einer mineralogischen Beschreibung von Laudeck. S. 5.

der Sauerbrunnen zu Nieder-
Langenau . . . . 1130 Par. Fuß;
die Neiße zu Habelschwerdt beim
Einfalle der Weistritz . . . . 1093 — —
die Neiße beim Einfalle der Biele 937 — —
die hölzerne Brücke zu Glatz . 867 — —
der Ort, wo die Neiße die Graf-
schaft verläßt . . . . . . 813 — —
die Quelle der Neiße ist über
Schweidnitz . . . . . . 1980,0 — —
die Neiße bei Glatz über Schweid-
nitz . . . . 200,77 — —
erhoben. (v. L.)

Wenn man die Länge des Laufes der Neiße, in gerader Linie zu 5 Meilen annimmt, jede zu 3804 Toisen gerechnet, so kommen auf 100 Toisen 2 Fuß 2 Zoll Fall, also auf 1 Meile 84 Fuß 9 Zoll.

B. Die mittelbar in die Neiße fallen.

Das **Schnalzfloß** ist bei seinem Eintritte in das **Rosenthaler Wasser** (Nr. 29.) 6 Fuß breit und 1 Fuß tief.

Der **Robelsbach** hat bei der Ergießung in die Biele ½ Ruthe Breite und ½ Fuß Tiefe.

Das **Neu-Mohrauer Wasser** hat bei **Wilhelmsthal** 1 Ruthe Breite und 1 Fuß Tiefe; bei **Alt-Mohrau** 1 Ruthe Breite, 3 bis 4 Fuß Tiefe, nnd ist daher der Biele am Wasserstande gleich.

Das **Kamnitzer Wasser** ist bei seinem Eintritte in das Neu-Mohrauer Wasser 1 Ruthe 3 Fuß breit, 1 Fuß tief.

Die Seefelder,

eine wasserreiche Gegend, auf der zwei Flüsse, die **Weistritz** und **Erlitz** entspringen, gehören unstreitig zu den Merkwürdigkeiten der Grafschaft Glatz. Eine Beschreibung derselben gehört, denke ich, hierher.

Diese Seefelder liegen zwischen **Kaiserswalde** und **Reinerz**, vom letztern Orte etwas über eine Meile entfernt *), gegen die Böhmische Gränze, ungefehr 2000 Fuß über dem Meere, über Schweidnitz 2176,4 Par. Fuß (v. L.) erhaben. Sie sind ein zwischen hohen Bergen tiefliegendes Thal, dessen Quadrat-Inhalt 353 Morgen 165 Ruthen ist. Ein Graben von 419 Ruthen Länge **), bei dem sogenannten Loche $8\frac{1}{2}$ Fuß Rhl. Breite und 6 Fuß Tiefe, den der Forstmeister **Rehdanz** (er wird daher der Rehdanzgraben genannt) bald nach der Preußischen Besitznehmung der Grafschaft anlegte,

*) Von Glatz aus führen drei Wege dahin. Der nächste ist der durch **Nesselgrund**; der zweite geht über **Rückerts** und **Biebersdorf**, und der dritte über **Reinerz**.

**) Die Länge von seinem Anfange am Reinerzer Wege bis zum Anfange der Seefelder beträgt 255 Ruthen.

Von da bis zum Dammhänsel (ein kleines Viereck, das zum Behuf der Arbeiter am Graben angelegt worden)	20 —
Von da bis zum Graben, der das Wasser aus dem vierten See des Reinerzer Antheils nach dem Rehdanzgraben bringt	43 —
Von da bis zu dem Graben, der das Wasser aus dem ersten See des Nesselgrunder Antheils in den Rehdanzgraben bringt	46 —
Von da bis zu dem Loche	55 —
	419 Ruthen.

um aus den Forsten Holz nach der Weistritz zu flößen, theilt dieses Thal in zwei Theile, davon der größere der Reinerzer, der kleinere der Nesselgrunder Antheil genannt wird. Seine Gränzen sind: Vom Morgen gegen Mittag, der **Fouquet-Weg**, der im **Nesselgrunde** seinen Anfang nimmt und nach **Grunwald** führt. Ganz gegen Mittag der **Muttergotteshau**. Von Mittag gegen Abend die **Böhmischen Kämme**. Ganz gegen Abend der **lange Berg**. Mitternachtwärts der **Wagnerberg**. Ganz gegen Mitternacht der **Palzhübel** und die **Gabel**. Von Mitternacht mehr nach Morgen der **Reinerzer Forst**. Ganz gegen Morgen der **Reinerzer** und **Nesselgrunder Forst**.

In diesem Thale *), das ehedem ein zusammenhängender einziger Sumpf war, sind jetzt, nach Anlegung mehrerer Abzugsgraben, die theils das Wasser in die Weistritz, theils in die Erlitz leiten, noch 8 Seen (Tümpel) die meistentheils eine beträchtliche und in dem nachgebenden Schlamme nicht leicht zu ergründende Tiefe haben, jedoch nicht ganz unergründlich seyn können, da man hin und wieder binsen- und schilfartige Gewächse und einige Arten Segge darin findet. Die größten dieser Seen (der größte ist der siebente, der vorn am Rehdanzgraben liegt) haben nicht über 40 Fuß im

---

*) Könnte es nicht — ich erlaube mir hier vielleicht eine sehr gewagte Hypothese — ein durch einen Erdfall, oder durch irgend eine Erderschütterung versunkener Wald seyn, da man in der Tiefe zwar ganz vermoderte, aber noch in ihrer Gestalt da liegende starke Bäume, z. E. im Loche, und etliche Fuß tiefer, gewöhnliche Erde, Sand und Thon geschichtet findet?

Durchmesser, andere nur 20 bis 30 Fuß. Der Boden — kleine Mohrhügel, die wie kleine Inseln aus dem trüben, ocherfarbigen Wasser, das einen faulen, prikkelnden Geschmack hat, und dessen Spiegelfläche, wenn es nicht vom Winde bewegt wird, pfauenschweifig ist, hervorragen — mit Sumpfmoos (Sphagnum palustre Linn.) überzogen, zwischen welchem noch andere Gewächse *) hervorragen, ist oben rostfarben, aber in der

*) Vor dem Jahre 1790 mag wohl die Vegetation noch stärker gewesen seyn In dem so sehr trockenen Sommer jenes Jahres brach an der Mittagsseite ein Feuer aus, das sich durch den Wind allgemein verbreitete, und die ganze Gegend binnen mehrern Tagen von Pflanzen entblößte. Man sieht noch an manchen Stellen die Ueberbleibsel von diesem Brande. Indessen findet der Botaniker seine Mühe bei der Besuchung dieser merkwürdigen Gegend doch wenigstens durch einige seltnere Seggen belohnt. Ich hoffe nicht getadelt zu werden, wenn ich die Flora der Seefelder, so weit ich sie kenne, und von andern angezeigt finde, hersetze.

Classis 3.	*Schoenus albus L.*
	Eriophorum vaginatum L.
	——— *polystachion L.*
——— 4.	*Scabiosa columbaria L.*
——— 5.	*Drosera rotundifolia L.*
	——— *longifolia L.*
——— 6.	*Juncus pilosus L.*
	Scheuchzeria palustris.
——— 8.	*Epilobium montanum L.*
	——— *roseum L.*
	Vaccinium Myrtillus L.
	——— *uliginosum L.*
	——— *Vitis idaea L.*
	——— *Oxycoccos L.*
	Erica vulgaris L.

Tiefe, wie die querdurchzogenen Graben zeigen, Torf, der auch schon auf einer Stelle ausgestochen und brauchbar befunden worden, so daß er, nach **Zeplichals** Versuchen, eine bessere Schmiedekohle, als Steinkohle giebt. An manchen Stellen ist der Boden fest genug, um sicher darauf stehen zu können, an andern ist er ganz

---

Classis 10. *Ledum palustre L.*
Andromeda polyfolia L.
——— 12. *Sorbus aucuparia L.*
——— 14. *Melampyrum sylvaticum L.*
——— 21. *Carex pulicaris L.*
—— *canescens L.*
—— *flava L.*
—— *limosa L.*
—— *stellulata Leersitii.*
—— *flacca Schreb.*
—— *obtusangula Ehrh.*
Betula alba L.
——— *turfosa Schrankii?*
Pinus montana Hofm.
—— *Abies L.*
——— 22. *Salix caprea L.*
—— *aurita L.*
——— 24. *Sphagnum obtusifolium Dill.*
——— *intermedium Dill.*
Polytrichum commune L.
———— *juniperinum Wild.*
———— *alpinum L.*
———— *urnigerum L.*
Gymnostomum truncatulum Hedw.
Lichen prunastri Scop.
Cladonia simplex.
Aecidium Pini.

Wahrscheinlich werden noch mehrere Pflanzen, besonders Cryptogamisten, entdeckt werden.

elastisch (Zittererde) so daß man ohne die geringste Mühe sich senken und wieder heben kann. Dieß mag wohl daher kommen, daß sich das Wasser oft sogar weit unter das Ufer erstreckt. Man erzählt, daß schon, ehe der Rehdanzgraben und andere Abzugsgräben gemacht worden sind, die Gewässer in etwas abgenommen, und das trockne Land zugenommen habe, wozu wahrscheinlich das oben genannte viele Sumpfmoos etwas mag beigetragen haben. Jetzt wagt man schon im Winter mit Schlitten darüber zu fahren, welches sich ehedessen niemand getrauete. Ich selbst habe nie Gelegenheit gehabt, das Innere der Seefelder zu untersuchen, ich setze daher nur das her, was die Glatzer Monathschrift (Bd. I. St. 3. S. 137. f.) davon erzählt. Der Verfasser jenes Aufsatzes sagt: „Ich wählte, die innere Beschaffenheit kennen zu lernen, die Gegend des Loches, weil hier der ganze Torf bis auf seine lettige Grundlage sichtbar war. Die obere Schicht wurde durch einen dichten Rasen aus Moos, Heide und Beerkraut und andern Pflanzen gebildet. Unter diesem Rasen lag eine drei bis vier Fuß tiefe Schicht faseriger, röthlicher Torf, den man zum Unterschiede des folgenden, den Torf der neuern Formation nennen könnte. Diesem folgte eine vier bis fünf Fuß tiefe Schicht guten, festen, schwarzen Torfes, in dem die vegetabilischen Urstoffe schon mehr vermohrt waren. Diesen könnte man Torf der ältesten Formation nennen. Dieser letztern Schicht folgte die Grundlage, welche aus einem grauweißlichen, fetten Thone bestehet. Aus dieser Untersuchung ergab sich, daß die Mächtigkeit des Torfes am Loche selbst $6\frac{1}{2}$ Fuß Rhl., am

Rehdanzgraben hin aber 6 bis 7 Fuß betrug. Wahrscheinlich mag dieser Torf durch die ganze Fläche in der letztern Mächtigkeit zu finden seyn. — — Die thonige Unterlage des Torfes ist ein Gemenge aus Thonerde, Kieselerde, und nur sehr wenig Kalkerde, dem noch ein beträchtlicher Torftheil beigemengt ist; fühlt sich fett an, ist im Bruche feinkörnig, matt und von grauweißlicher Farbe. Sie giebt einen brauchbaren Ofenkitt, wozu sie hier und da von den benachbarten Dorfschaften auch genutzt wird. Sie könnte anstatt des Tripels benutzt werden, da das Metall davon eben so blank, wie vom Tripel wird.“

„Mit dem Wasser aus dem Torfe konnte ich an Ort und Stelle keine Versuche unternehmen, da ich, außer etwas Kurkuma und Lackmußpapier kein Reagens bei mir führte, und auf diese war die Wirkung sehr unbedeutend. Herr Leder-Fabrikant Gerhard zu Glatz hat die Versuche des H. Suckow, mit dem Torfwasser zum Garmachen des Leders bestätigt gefunden.“

Man hat behaupten wollen, daß auf den Seefeldern, eben so wie auf der Riesenkoppe, kein lebendiges Geschöpf seinen Aufenthalt habe. Diese Behauptung ist indessen von den Seefeldern eben so unrichtig, wie von der Riesenkoppe. Kein Winkel, er sei auch noch so rauh, ist von lebendigen Geschöpfen ganz leer. Ueberall ist Leben, unter der Rinde der Bäume, in Blättern und Blattstielen, selbst in Grashalmen und an Wurzeln *) der Pflanzen. Sollten die Seefelder eine Ausnahme

*) Th. 1. S. 32. Anmerk. **)

machen? Unmöglich. Der Verfasser des oben angeführten Aufsatzes hat die **Drossel** (Turdus musicus Lin.) und die **Grasmücke** (Motacilla corrucca L.) und verschiedene Insecten: einige Libellen, z. B. die Semblis lutaria Fab. Notonecta glauca F. Dytiscus cinereus, Donacia Sagittariae und simplex gefunden. Ohne Zweifel würde man bei genauerer Untersuchung noch mehrere Arten Insecten entdecken, die theils als Larven, theils als vollkommene Insecten im Wasser oder in sumpfigen Gegenden leben. Am Rehdanzgraben auf den Fußsteigen fand er Cicindela campestris F. Carabus metallicus und multipunctatus F. Byrrhus pilula F. Auf den Birken: Cryptocephalus obscurus F. Curculio pyri und niger F. So schwärmte auch gegen Abend eine Art Mücken, deren Stiche sehr schmerzhaft waren, in großer Anzahl herum. Am Fuße der Berge gegen Reinerz findet man Gneiß und Granit. Wahrscheinlich ruhen also die Seefelder auf diesen beiden Gebirgsarten und der Gneiß auf Granit.

Ob man auf den Seefeldern wirklich Bergkrystalle finde, kann ich nicht entscheiden. Unmöglich ist es nicht, da man auch in den Torfgräben bei Lomnitz, Hirschberg. Kr. sehr viele **Rauchtopase** findet. Künftige Erfahrungen werden es entscheiden.

Seen findet man in der Grafschaft nicht; auch die Teiche sind nicht häufig. Die ansehnlichsten sind zu Habelschwerdt, Nieder-Schwedeldorf, Deutsch-Tscherbenei und Rengersdorf.

G e w ä s s e r,

die zwar in der Grafschaft Glatz, an der Gränze, entspringen, aber bald nach Böhmen und Mähren fließen.

1. Die Morawa

(Morell) entspringt aus verschiedenen Quellen, deren Wasser zusammenlaufen, an der Mittagsseite des Schneeberges 10 oder 12 Klafter vom Gipfel herab, fließt nach Mähren und an der Gränze von Ungarn in die Donau.

2. Die Erlitz.

(Worlitz) entspringt auf den Seefeldern, auf dem Nesselgrunder Antheil. Sie läuft erstlich unter einer dicken Rasendecke fort, und wird erst am Abfalle der Seefelder sichtbar. Sie strömt Abend-Mittag an der Glatzer und Böhmischen Gränze im Hummler und Habelschwerdter District, und tritt im letztern unweit Gränzendorf in Böhmen ein, wo sie bei **Königsgrätz** sich in die Elbe ergießt.

3. Der Methafluß,

der in der Gegend von Adersbach entsteht, berührt bei **Schlaney** die Grafschaft, und nimmt daselbst das **Gellenauer**, von **Lewin** kommende, Wasser auf.

So strömen die Gewässer der Grafschaft drei Meeren zu: 1) Dem schwarzen **Meere** die **Morawa** durch die **Donau**. 2) Der **Nordsee** die **Erlitz** durch die **Elbe**. 3) Der **Ostsee** die **Neiße** durch die **Oder**.

Berge und Ebenen.

In diesem rings um von Bergen eingeschlossenen und durchkreuzten Ländchen giebt es wenig beträchtliche Ebenen, man müßte denn die Thäler, die diese viele Berge bilden, dafür annehmen. Einem einzelnen Reisenden, der noch oben drein auf gewisse Zeit eingeschränkt ist, ist es nicht möglich, alle diese Berge und Thäler aufzusuchen, weil er, theils außer dem Mangel an hinlänglicher Muße nicht selten durch die Witterung in seinen Untersuchungen verhindert wird, theils aber auch, weil er oft, selbst an Ort und Stelle, von den Einwohnern die richtigen Nahmen nicht erfahren kann *). Ich will mir nicht gern eine Unrichtigkeit zu Schulden kommen lassen, und etwas auf ein Gerathewohl hersetzen. Ich sehe mich daher gedrungen, nur einige der vornehmsten Thäler anzuführen:

1) Das **Neißthal**. Es zieht sich von **Mittelwalde** hin, und ist das längste, weiteste und fruchtbarste. Schon der Nahme zeigt an, daß es von der Neiße durchströmt wird.

2) Das **Bielenthal**, in welchem die bei **Bielendorf**, unweit von dem Neißer Schneeberge, entsprin-

*) Ich habe hiervon erst im verflossenen Frühjahre eine abermahlige Erfahrung gemacht. In einem Dorfe, das sich zwischen mehrern Bergen hinzieht, fragte ich verschiedene Einwohner um die Nahmen der Berge, und meist erhielt ich die Antwort: das weiß ich nicht. Nur erst nach langen Umfragen fand ich einen Mann, der mir richtigen Bescheid gab. Bisweilen weiß sogar der Beamte des Dominiums die Frage nicht zu beantworten. Eben so geht es auch mit den Bächen.

gende Biele fließt. Es ist wegen der nahen Berge weit enger als das vorige und folgende.

3) Das Thal der Steine, das von der von Braunau in Böhmen herkommenden Steine bewässert wird. Es fängt sich bei Tschuntschendorf an, und zieht sich bis zum Eintritte der Steine in die Neiße hin. Es ist nicht so groß wie das Neißthal, aber ebenfalls fruchtbar.

4) Das Weistritzthal, in welchem die auf den Seefeldern entspringende Weistritz fließt. Es zieht sich vom Abend gegen Morgen.

5) Das Hausdorfer Thal im Neuroder District.

I. Allgemeine Uebersicht der die Grafschaft Glatz einschließenden Berge.

Ich bin überzeugt, daß ich diese allgemeine Uebersicht nicht besser darstellen kann, als wenn ich das hersetze, was der Herr **von Buch**, der zwei Sommer auf die mineralogische Untersuchung der Grafschaft verwendet hat, in seinem **Versuche einer mineralogischen Beschreibung von Landeck** sagt: (S. 3. f. f.)

„Nordwärts bei **Falkenberg** erhebt sich das **Eulenbirge**; es wendet sich bald in eine südliche Richtung, und fällt steil bei **Wartha** ab, in das gewaltsam gebildete Neißthal. Seine erste Erhebung ist die **hohe Eule**, ein Berg von 3326 Fuß über der Meeresfläche (v. Gersdorf). Der höchste Berg dieses Gebirges scheint der **Ottenstein** zu seyn, unweit **Hausdorf**, höher als der **Brocken**; dem **Vesuv** und **Fichtelberge** an Höhe gleich.

Der westliche Gebirgsabfall ist der kürzere, sein Verhältniß zum östlichen fast wie eins zu zwei."

„Vom Warther Thale herauf steigt das **Schlesisch-Mährer Gebirge**, die Fortsetzung des **Eulengebirges**; mit diesem fast in Höhe gleich, oder auch niedriger, zieht es sich fort, bis dahin, wo **Neiße**, **Mähren** und **Glatz** zusammenstoßen; dort geht ein Arm zwischen **Mähren** und **Glatz**, der andere zwischen **Neiße** und **Mähren**, erhebt sich dort bis zur ansehnlichen Höhe des **Neißer Schneebergs**, und fällt gänzlich ab, nach Jägerdorf zu. Jener Arm bildet bald die ansehnliche Höhe, die **Schmiedekoppe**, unweit **Bielendorf**, fällt etwas wieder nach **Wilhelmsthal** ab, und steigt zum Haupte der Glatzer Berge, dem **Schneeberge**, auf. Dann fällt er schnell, gänzlich ins Neißthal bei **Mittelwalde** ab. Aber nicht so schnell ist der Abfall nach Norden. Er zieht sich noch gegen vier Meilen in das Land hinein, und dieses kleine Gebirge umschließt Landeck von der Westseite, so wie jenes Schlesisch-Mähren es auf der Ostseite umgiebt. Es verdient den Nahmen des **Gebirges des Schneeberges**. Seine Gränzen sind das **Bielenthal** bis **Ullersdorf** hin, **Petersdorf**, **Neu-Waltersdorf**, **Rieslingswalde**, **Wölfelsdorf**, **Neudorf**, **Lauterbach**. Die Abfälle des Schlesisch-Mährer Gebirges sind sich fast ganz gleich in der Landecker Gegend. Es ist einerlei Entfernung von Reichenstein bis zum Jauersberge, und von hier bis Reyersdorf im Bielenthale; jener Ort aber liegt 900, dieser 1140 Fuß über das Meer."

„Zwischen

„Zwischen Reinerz und Mittelwalde zieht sich von Nordwest nach Südost das Habelschwerdter Gebirge herab; eine Bergreihe, deren höchster Punct der Grunewald bei Reinerz, wahrscheinlich an Höhe nicht viel dem Schneeberge nachgiebt. Beide sind schon im October beschneiet."

„Vor dem Habelschwerdter liegt das **Gebirge der Heuscheune**, das von Friedland her, steil ins Weistritzthal abfällt."

II. Nahmen der Berge *).

A. Im Glatzer District:

Der Humörig **) Der Huprich	bei Wiltsch.	Zum Eulengebirge gehörig.
Der Kalksteinberg (rothe Berg) bei Gabersdorf, mit einem Kalksteinbruche.		
Der Glotzberg bei Königshayn.		
Der Spitzberg †) Der breite Berg. Der Vogelsberg. Der rothe Berg.	S. Th. 3. unter den Bergen des Fürstenth. Münsterberg. Sie ziehen sich über die Gränze der Grafschaft.	Zum Schlesisch Mährer Gebirge gehörig.
Der Ochsenberg. Der kahle Berg. Der Schäferberg.	bei Glatz.	Liegen von der Gränze ab.

*) Ich bescheide mich sehr gern, daß einer oder der andere Berg nicht genannt wird. Welcher Sterbliche kann denn bei aller Mühe, die er sich nur immer giebt, alles wissen, alles erfahren.

**) Er ist über Schweidnitz 1151,5 Par. Fuß erhaben. (v. L.)

†) Er ist 1555,82 Par. Fuß über Schweidnitz erhaben (v. L.).

Der **Finkenhübel**, zwischen den Dörfern Reichenau und Dürr-Kunzendorf *). Der **Klapperberg** bei Werdeck.	Liegen von der Gränze ab.

Der **Schloßberg** bei Piltsch. Hier soll ehedem ein Schloß gestanden haben, das von einem Könige von Polen zerstört worden.

B. In dem Landecker District.

Der **große Jauersberg** (Geiersberg) unweit Schönau. Hier gränzen das Fürstenthum **Münsterberg**, und zwar der Frankensteinische Kreis, die **Grafschaft Glatz** und das **Reichensteiner Territorium**.

Der **große Heidelberg**, bei Heidelberg.

---

*) Eine mineralogische Beschreibung dieses Berges giebt uns der Hr. v. Buch a. angef. Orte. S. 34. f. „Die Hauptmasse dieses Berges ist röthlichbraune Wake, seltener graulichschwarze, von vielen eingemengten Blättchen schimmernd. Sie ist theils, in diesem Zustande rein; viel öfter aber doch mit Mandeln erfüllt von Gerstenkorn-Größe bis zu der einer Wallnuß, von runder oder auch sehr lang gezogener röhrenförmigen Gestalt. **Chalcedon** von milchweißer, perlbläulich und rauchgrauer Farbe ist in den meisten Fällen der Bestandtheil derselben; oft liegt dann auf der äußern Rinde, blutrother **Carneol** darauf; dann eine Druse von graulich und milchweißem Amethyst, oder ein Beschlag von **Grünerde**. Oft aber läßt auch der **Chalcedon**, mit kleinnierenförmiger Oberfläche, einen leeren Raum in der Mitte zurück. Durch die Verwitternng sind alle Blasenräume leer auf der Oberfläche des Berges; ihr innerer Raum wird dann von einer eisengrauen metallischschimmernden Haut bedeckt. Sehr merkwürdig sind einige Turbiniten zwischen den Mandeln in der Wake selbst, mit ihr von einerlei Farbe, inwendig hohl; die man

Der **Winklersberg** bei Leuthen *), auf dessen Höhe sich die Gränze der Grafschaft und des Oestreichischen Antheils von Neiße hinzieht. Seine Höhe über der Meeresfläche rechnet man auf 3000 Fuß. Hr. **von Buch** sagt von diesem Berge **): „Auf dem hohen Gebirgsrücken, nordwärts an der Straße von **Landeck** nach **Neiße** steigt der **Winklersberg** auf, als der höchste Punct dieses Theils des Schlesisch-Glatzer Gebirgs. Die auf der Westseite hoch hervorstehenden Felsen lassen ihn schon von fernher bemerken. Sehr steil fällt er nordwärts in das Leuthner Thal ab, weniger auf der Ostseite; sein Gipfel ist eine Plattform, die einigen Aeckern Raum giebt; die sich doch aber auch etwas nordwestwärts gegen Leuthen zu neigt. Jene Massen an der Süd-

---

vielleicht hier noch häufiger, bei näherem Nachforschen, finden würde. Sie sind so wohl erhalten, daß sie das umgebende Gestein selbst vor fernerer Zerstörung geschützt haben muß. Bei der bisherigen Seltenheit der organischen Producte in der Trapp-Formation ist dieses Vorkommen von Wichtigkeit. Mitten in der Wake kommen auf der Reichenauer Seite reine Quarzlager vor, von 3 bis 4 Fuß Mächtigkeit, die nur aus kleinen Krystallen zusammengesetzt zu seyn scheinen. Hin und wieder erscheint dann eine Druse in einer größern Höhlung, und oft von dunkel violblauen Amethyst-Pyramiden, da der Quarz selbst graulichweiß ist. Und nicht selten wechseln, im größern Quarzlager, kleinere von rothem Jaspiß, ohne sich jedoch weit zu erstrecken. Die schönen Fossilien dieses interessanten Mandelsteinberges werden häufig verarbeitet. Er selbst ruhet auf rothem, mehr oder weniger grobkörnigem Conglomerate des Steinkohlengebirges.

*) Auf der Karte: **Leyden**.

**) A. angef. O. S. 34.

westseite sind mehrere Fuß starke, unregelmäßige Säulen, die meistens aus grobkörnigem, mit vielem **Olivin** gemengten **Basalte** bestehen. Aber auch hier ist der Basalt des Fußes kleinkörnig und dicht. Häufig und auf eben die Art mit dem schwarzen muscheligen Fossil gemengt, als der Basalt des Ueberschaarberges; zum Theil kommt es in noch größern und rundern Massen hier vor. Basaltische Hornblende enthält dieser Basalt eben so wenig. Seine Unterlage ist ein mächtiges, schwarzes, unvollkommen schieferiges, mit Quarz sehr innig gemengtes Hornblendlager, das hier überall zum Glimmerschiefergebirge gehört."

Der Ueberschaarberg *). Auch von diesem Berge giebt der Hr. v. Buch eine sehr genaue und lehrreiche Beschreibung *). Ich liefere sie wörtlich: „Nordwärts im Thale, in dem **Leuthen** am Schlesisch-Mährer Gebirge sich hinabzieht, erhebt sich ein Basaltberg, in einer Gegend, die nur allein im Besitze älterer Gebirgs-Formationen zu seyn schien. Der Berg erreicht nicht die Höhe des Thalabhanges; aber er ist dennoch von der Gebirgsart, die ihn trägt, auch äußerlich abgesondert. Steil fällt er ins Thal süd- und westwärts hinab. Sehr merklich ist auch von Osten her seine Erhebung, und nur nach einer kleinen Schlucht auf den basaltischen Gränzen, erreicht nordwärts der Glimmerschiefer

*) Auf der Karte: **Dieberschaarberg.**

*) A. angef. O. S. 29. f.

die Höhe des Gebirgsjoches. Die westliche Seite des Berges dorthin, wo das Gebirge auch schnell in das Landecker Thal hinabfällt, ist diejenige, die am meisten die innere Natur desselben verräth. Hier stehen die Basaltsäulen entblößt, senkrecht, in fast 100 Fuß Höhe, nur durch wenige Bäume und Büsche verdeckt, die den Anblick um so mehr noch erheben, und auch dem Landschaftsmahler ein erhabenes und würdiges Bild zeigen. Unten liegen am Thalabhange wenige Hütten zerstreut, mächtige Trümmer bedecken in großer Menge den Fuß der kühnen Säulenreihe, und fernhin sieht das Auge Landeck und Thalheim in der Tiefe sich fortziehen, mit dem immer höher ansteigenden Gebirge des Schneebergs gekrönt. Die Säulen sind gegen zwei Fuß mächtig, zu 3 bis 5 Fuß Höhe gegliedert, meistens fünfseitig, die Glieder zum Theil winkelig mit auf einander stehenden convexen und concaven Flächen derselben. Zeit und Witterung arbeiten heftig an ihrer Zerstörung; nicht allein am Fuße, auch weit den Abhang hinunter im Thale sind die Säulenstücke geworfen, und bedecken die Felder. Lange geht der Weg von Leuthen nach Landeck zwischen großen Mauern dieser herabgestürzten Massen, und ziehet dort durch die großen im Basalte zerstreueten Olivinkörner, die Aufmerksamkeit an sich. Die südliche Seite des Berges wird durch Waldung, die nördliche durch eine Rasendecke geschützt; und dort zeigen sich weder Säulen noch Ausgehendes des innern Basaltes, noch weniger nordwärts; aber den Gipfel bedecken ungeheure Massen, Ueberbleibsel einer größern Höhe des Berges. Der Basalt, aus dem sie bestehen, ist grobkörnig, graulichschwarz und durchaus sehr porös. Die Poren erreichen die Größe von einem Zoll und mehr, bei verhältnißmäßiger Tiefe, und sind diese Höhlen auch so groß nicht, so siehet man die kleinern doch so zusammengedrängt, daß die Massen ausgehauenen Mühlsteinen nicht unähnlich sind. Sie sind nicht Folge der Verwitterung, denn weit in das Innere des Berges hinein erstreckt sich diese Form des Basalts; sie ist auch nur dem Gipfel desselben allein eigen, und kommt am Fuße nicht vor. Die Poren haben eine mehr längliche und eckige, als runde Gestalt, inwendig mit einem braunen, matten, erdigen Ueberzuge; nicht selten enthalten sie hellweißen Zeolith als einen Beschlag in feinen Dendriten auf dem Rande der Höhlungen, fast auf ähnliche Art, als der Vitriol die Schwefelkiese in der Atmosphäre zu bedecken pflegt. Er ist das einzige Fossil, das in ihrem Innern sich findet, ob gleich Olivinpuncte häufig sind in der festen Masse des Ganzen. Der Basalt der Säulen und der am Fuße des Berges ist uneben von feinem Korn, etwas dunkler graulichschwarz, als jener poröse und grobkörnige des Gipfels. Die in ihm eingemengten Fossilien sind äußerst mannigfaltig und häufig. Olivin in großen Massen von mehreren Zollen Durchmesser bis zu kleinen, kaum sichtbaren Puncten herab in jeder Art des Basalts, im grobkörnigen, im dichten, im porösen des Gipfels. In grösseren Rücken ist er häufig von Isabellgelber Farbe, die ins spargelgrün und zeisiggrün übergehet; in kleinern olivengrün. Im erstern Falle wenig glänzend, kleinmuschelig, nur an den Kanten durchscheinend; im letztern glänzend, halb durchsichtig, kleinkörnig mit einer Anlage zum blätterigen Bruche. Immer liegen in diesen Massen kleinere von dunkeloliven und lauchgrünem Augithe, die sich durch Farbe und grössere Härte von jenen sehr unterscheiden. Sie lassen sich fast gar nicht mit dem Messer schaben, da doch der Olivin weniger hart noch als der Quarz, dem Eisen sehr bald in Pulvergestalt weicht. Selten sind die Augithkörner einzeln, und dann doch nie von der Größe, in welcher hier der Olivin vorkommt. Sie sind sehr ausgezeichnet, wenn der Olivin zu braunem Ocher verwittert ist. Der Verwitterung trotzend stehen sie in kleinen Partien in dem Ocher erhaben, noch mit frischer Farbe und glänzend. Häufiger noch, oder vielmehr in größern Massen, als Olivin, siehet man vorzüglich im porösen Basalt des Gipfels, den grobkörnigen Feldspath. Die Massen sind oft von 4 bis 5 Zoll Länge, und 2 bis 3 Zoll breit; von einer merkwürdigen regelmäßigen oblongen Gestalt, an der die Ecken gewöhnlich abgerundet sind. Sie sind geblich- und graulichweiß, eben so porös als der Basalt, der sie umschließt; aber der Feldspath ist in den Poren niemahls krystallisiert, sondern nur mit einem matten braunen Ocher bedeckt.

Die großen Olivin- und diese Feldspathmassen liegen oft hier so nahe an einander, daß sie fast sich berühren, und doch hat hier jede Formation dieser Fossilien ihren eigenen Wirkungskreis gehabt, denn nie siehet man sie im Gemenge, wie etwa Olivin und Augith. Gänz anders erscheinet auch dieses Phänomen, wenn wir vom Gipfel herabsteigen und den Fuß des Berges betrachten. Auch hier ist dieser Feldspath nicht selten: aber vergebens sucht man so große Massen als dort. In runder Gestalt erreichen sie kaum die Größe der Wallnüsse; und häufig siehet man ihre gelblichweiße Farbe durch die Isabellgelbe, des inliegenden Olivins, gehoben; und fest, wie die basaltische Grundmasse, hängen auch ihre Theile zusammen. Nicht gar selten sind hier die Körner von **milchweißem, kleinmuscheligem Opale**, der sich durch seine Härte charakterisirt. Aber viel häufiger noch ein **dunkelschwarzes, glänzendes, kleinmuscheliges, sehr hartes Fossil** in sehr verschiedenen Graden der Größe. Alle im Basalt fein eingesprengte schimmernde Puncte, bestehen aus nichts anderem, als diesem Fossile, und gewöhnlich stehen sie dann in kleinen sphärischen Kugeln auf der sie einschließenden Masse. Sie kommen, vorzüglich am Fuße des Berges, auch größer vor, wo ihre Kennzeichen sehr deutlich sind. Sogar siehet man dort Krystalle von $1\frac{1}{2}$ Zoll Länge. Von **basaltischer Hornblende** ist keine Spur am ganzen Berge zu finden, ihre Stelle vertritt dieses schwarze Fossil, das man in neuern Zeiten auch an andern Orten häufig im Basalte gefunden hat. In seiner Nachbarschaft zeigt sich oft ein anderes Fossil, das sich eben so wenig den jetzt bekannten einordnen läßt. Es ist von hyacinthrother Farbe, in langen Säulen krystallisiert, wenig glänzend, unvollkommen kleinmuschelig im Bruche, sehr hart; es unterscheidet sich durch das letztere Kennzeichen, wesentlich vom Olivin, durch Bruch, Farbe und Glanz vom schwarzen Fossile, seinem Begleiter. Sehr selten ist diesem Berge außerdem noch gelblichweißer, aus einander laufend feinstrahliger Zeolith, in kleinen Massen eigen. — Unter dem Basalte auf der Südseite setzt ein wenig mächtiges Lager von **Mandelstein** zu Tage aus, dessen Grundmasse grünlichgraue **Wake** ist, in der erbs- und nußgroße Mandeln von **Kalkspath** in großer Menge eingewickelt sind; auch diese Masse erscheint sehr blasig, aber auf ganz andere Art, als jene Blasen im Basalte des Gipfels. Hier sind sie rund, inwendig eben, und von der Form der noch festsitzenden Kalkspathmandeln, und offenbar durch Verwitterung des Kalkspaths entstanden; dort eckig, inwendig sehr uneben, oft mit darin angeschossenem Kalkspathe, und nie von der Form der in der festen Masse eingemengten Fossilien: im Innern der Gebirgsart, wie an der Oberfläche; offenbar also ursprünglich, oder gleichzeitig mit der Basalt-Formation selbst."

„Dieser Mandelstein liegt auf einem andern Lager, das vorzüglich an der Südwestseite, auf dem

Wege vom **Ueberschaarberge** nach **Leuthen** herab, hervorkommt. Ein Conglomerat von grünlichgrauer Farbe; in dem vorzüglich glänzende, aschgraue **Glimmerschieferstücke** kenntlich sind, mit vielen eckigen Basalt- und Quarzstücken, und etwas gelblichweißem Kalkspathe. Auch dieses Lager ist nicht sehr mächtig und scheint gegen Südost einige 20 Grad einzuschießen."

„Der ganze Berg ruht auf grünlichgrauem stark glänzendem **Glimmerschiefer**, mit vielen eingemengten rothen **Granaten**; der, nicht viel unter demselben, dem darunter hervorkommenden Gneiße Platz macht."

Der **Hutberg**.
Der **Harteberg**. } Bei Nieder-Thalheim.
Der **graue Berg**.

Der **graue Berg** erhebt sich bei Nieder-Thalheim an der rechten Seite der Biele. Er ist ein kleinerer **Basaltberg**, als die vorigen *). „Man nennt ihn der Farbe des Basalts wegen den **grauen Berg**. Er folgt in einige hundert Schritt Länge der Richtung des Thales, von Süden nach Norden, mit einer so scharfen Kante, daß man auf ihr nur wenige Schritte mißt."

„An seinem Abhange liegen in ungeheurer Menge große Basaltmassen auf einander gethürmt, die auf der obern Kante nicht Raum hatten. Der Basalt ist meistens grob- und kleinkörnig mit vie-

*) Hr. v. Buch a. angef. O. S. 33.

lem Olivin völlig ohne basaltische Hornblende; aber auch mit weniger eingemengten fremden Fossilien, als jener Berg bei Ueberschaar. Er ruhet auf grobschieferigem, sehr glimmerreichem Gneiße, und erhebt sich kaum 120 Fuß über dem Bette der Biele."

Der **Karpenstein**. Er hat seinen Nahmen von dem darauf gestandenen Schlosse **Karpenstein**. Jetzt sieht man fast nur noch die Grundmauer davon. 1428 wurde es von den Hussiten geplündert. 1442, zur Zeit des Böhmischen Interregni wurde es ein Aufenthalt der Räuber, die die umliegenden Gegenden sehr verwüsteten, und die Straßen unsicher machten. Deswegen wurde es 1443 vom Herzoge Wilhelm zu Münsterberg und Troppau mit Beihülfe der Breslauer eingenommen, und die Räuber zerstreuet. Weil es zu Anfang des sechzehnten Jahrhunderts wieder als ein sicherer Zufluchtsort der damahligen häufigen Befehder gebraucht wurde, ist es 1513 von den Schlesiern gänzlich zerstört worden *).

Der **blaue Berg**, bei Reyersdorf.

Der **Schwarzberg**, über den die Gränze geht. } Bei Alt-Gersdorf.
Der **Heidelberg**. }

Der **Spitzberg**, bei Neu-Gersdorf.

Der **Eulenberg**, bei Schreckendorf.

*) Weitläufiger erzählt die Glatzer Monathschrift Bd. 1. St. 1. S. 17. ff. die Geschichte dieses Schlosses.

Die **Schmiedekoppe**, einer der höchsten Puncte des Schlesisch-Mährer Gebirges. Der **Wernersberg**. Der **Fromberg**. Der **Urlichtberg**.	Bei Bielendorf.

Der **Neißer Schneeberg**, an der Gränze der Grafschaft.

Der **Platzenberg**, bei Neu-Mohrau.

Der **Letzelberg**.

Der **Hainberg**. Der **Mühlberg**. Der **Seifenberg**.	Bei Kamnitz.

Der **Pohu** *). Der **schwarze Berg**.	Bei Heudorf.

Der **Zechenberg**, bei Johannisberg. Hier wurde vor alten Zeiten Bergbau getrieben, und das Dorf selbst ist von den Bergleuten gegründet worden.

Der **Heuberg**.

Die **Müllerkoppe**.

Die **Riemerkoppe**. Diese drei Berge formieren ein hufeisenförmiges, eine Viertelmeile langes, schmales und tiefes Thal, den **Klessengrund**, das sich zwischen der **Müllerkoppe** und dem **Heuberge** hinzieht, und bei der **Riemerkoppe**, die sich im Hintergrunde des **Heuberges** erhebt, verfließt. Vor alten Zeiten wurde hier von Bergleuten, die auch den Grund zur **Stadt Wilhelmsthal** legten,

*) Man giebt seine Höhe über dem Meere auf 3100 Par. Fuß an.

auf der Abendseite dieses Grundes auf Silber gebaut. Man findet noch jetzt mehr als hundert Stellen, wo theils auf Schachten, theils auf Stollen gearbeitet wurde. Die Bergart dieses Bergabhanges ist ein oft in hohen Felsen zu Tage ausgehendes weißgraues Amethystgestein, weißer, oft mit violettblau tingierter **Kalkstein**, sehr häufig violetter **Spath**, schwarzer **Stangenschörl** und spathiger **Eisenstein**.

Der **Krausenberg** (Böhmische Berg), bei Wolmsdorf.

Der **Fischerberg**, bei Winkeldorf.

Der **kahle Berg**, bei Heinzendorf.

Die Berge dieses Districtes werden gewöhnlich zum Schlesisch=Mährer Gebirge gezählt.

C. Im Habelschwerdter Districte.

Der **Schneeberg**, bei Urnitz, Wölfelsgrund und Neundorf, macht die Gränze zwischen Mähren, Böhmen und unserer Grafschaft. Er wird **der Schneeberg** genannt, weil auf ihn der Schnee nicht nur früher fällt, sondern auch länger liegen bleibt, als auf den andern Bergen der dasigen Gegend. Schnee, sogar in den Sommermonathen, ist auf diesem Berge keine Seltenheit *). Er

*) „In diesem laufenden Jahre," (1800) schreibt Hr. Parochus Seliger zu Wölfelsdorf, „war der Schneeberg und die umliegenden Berge vom 13ten bis 20sten Junius mit so tiefen Schnee bedeckt, daß man Mühe hatte, ihn zu durchwaten. Ich

ist nach der **Riesenkoppe** der höchste Berg des nördlichen Deutschlands. Nach den barometrischen Beobachtungen des Hrn. Abtes **Felbiger** und des Hrn. Geheimen Finanz-Rathes **Gerhard**, erhebt sich der Schneeberg 3065 Par. Fuß über **Habelschwerdt.** Diese Stadt liegt 75 Par. Fuß über **Glatz. Glatz** über der Meeresfläche *) 867 Par. Fuß. Die ganze Höhe des Schneeberges über der Meeresfläche, wäre daher 4007 Par. Fuß **). Hr. v. **Gersdorf** giebt die Höhe der Riesenkoppe 4949 Par. Fuß an, mithin wäre der Schneeberg 942 Par. Fuß niedriger. Hr. Abt **Felbiger** rechnet die Höhe der Riesenkoppe 5768 Par. Fuß. Nach dieser Angabe wäre die Riesenkoppe 1761 Par. Fuß höher als der Schneeberg. Der Canonicus Herr **Aloys David** ***) giebt die Höhe des Schneebergs

---

kann überhaupt aus mehrjährigen Beobachtungen sagen, daß, wenn mein Thermometer im freien Schatten gegen Norden gestellt, den 51° oder 52° Fahrn. oder + 8⅓ — 8⅞ Reaum. bei Niederschlägen zeigt, auf diesem Berge Schnee vorhanden, der sich desto weiter herunter zieht, je tiefer das Thermometer steht. Im Jahre 1785 habe ich den 24. Jun. in einigen Schluchten unter diesem Berge von dem grausamen Winter zurückgebliebenen Schnee gesehen."

*) Der Roßmarkt, Vorstadt von Glatz 214,00 Par. Fuß. Das Jesuiter-Kloster, oberster Stock, 264,5 Par. Fuß über Schweidnitz. (v. L.)

**) Nach einer andern Messung 4442 Par. Fuß und nach einer dritten 4672 Par. Fuß. Wer kann wohl geirrt haben? — —

***) Geographische Ortsbestimmung des Marienberges bei Keulich. Prag 1799.

730 Wiener Klafter über die Nordsee bei Hamburg an. Rechnet man die Höhe der Schneekoppe 837 Wiener Klafter, so ist, nach dieser Angabe, der Schneeberg 137 W. Klafter niedriger.

„Die Angabe des Hrn. **David**,“ schreibt mir der Hr. Oberst **v. Lindner**, „ist offenbar zu gering. Den 15ten September dieses Jahres veranstaltete ich eine Messung des Schneeberges **durch den Glatzer Capellan Hrn. Heinrich**, und den 23sten desselben Monaths eine **durch den Hrn. Hauptmann v. Aßmann und Hrn. Pfarrer Seliger** zu Wölfelsdorf. Beide Messungen stimmen bis auf 1½ Fuß überein, und sind folglich zuverlässig. Sie geben den Gipfel des Glatzer Schneeberges auf dem Puncte, wo die Gränzsäule steht, 3666,67 Par. Fuß über mein Barometer zu Schweidnitz, welches 90 Par. Fuß über der Weistritz hängt, und 911,806 Par. Fuß über der Nordsee erhaben ist. Diese letztere Angabe nehme ich indeß nicht für ganz richtig an. Die Beobachtungen, welche diesen ganzen Monath hindurch (den Monath October) zu Kuxhaven und hier gemacht werden, müssen der gänzlichen Richtigkeit erst das Siegel aufdrücken.“

Hr. Canonicus **David** beobachtete, den 22sten August 1796, die Sonnenhöhe auf dem Schneeberge zu verschiedenen Stunden, und bestimmte die Polhöhe darnach. Er berechnete die Abweichung der Sonne nach den Wiener Ephemeriden, indem er annahm, der Schneeberg liege in Zeit 1½ Minute östlicher als Wien.

Wahre Zeit.			Wahre Sonnenhöhe.			Polhöhe.		
10 Uhr	54′	35″	49°	1′	54″	50°	12′	43″
	35	46		6	54			26
	57	3		11	54			30
0	1	23	51	17	27			29
	52	52	49	46	55			26
	55	57		36	55			⊙
	57	8		31	55			40
	58	34		26	55			26

Mittel 50° 12′ 28″

Man kann daher ohne merklichen Fehler 50° 12′ ½ bei Zeichnung und Prüfung der Karten annehmen*).

„Der ganze **Schneeberg** **) ist eine Felsenmasse, größtentheils isoliert, er steht nur bei den **Schwalbensteinfelsen** mit dem südwestwärts liegenden niedrigern Berge im Zusammenhange. Seine Gestalt ist ein abgestumpfter Kegel. Sein Rücken bildet beinahe eine Ellipse, deren kleinere Axe von Nordwest nach Südost, und die größere von Südwest nach

*) Ich erinnere mich irgendwo die Polhöhe des Schneeberges 50° 23′ 20″ angegeben, gefunden zu haben; allein diese Angabe ist zuverlässig falsch.

**) Diese Beschreibung des Schneeberges ist ein Auszug eines Briefes des Hrn. Parochi Seliger an den Hrn. Obersten v. Lindner, in Schweidnitz, der mir ihn gütigst mitgetheilt hat. Von wem könnte man sie wohl richtiger erwarten, als von diesem unermüdeten Forscher nach den Naturmerkwürdigkeiten der Grafschaft.

nach Nordost gerichtet ist. Der Umfang der Scheitelfläche ist so groß, daß, ökonomisch zu urtheilen, 144 große Scheffel Getreide *), ohne auf die Halden oder Abhänge zu gerathen, auf demselben ausgesäet werden könnten. Auf dieser Fläche wächst keine Holzart, nicht einmahl ein Strauch. Empetrum nigrum L. ist selten. Erica vulgaris L. Vaccinium Myrtillus L., kleine strauchartige Gewächse häufiger. An den Abhängen um den Berg herum stehen etliche verkrüppelte, kaum 8 Fuß hohe, verdorrte Tannen. Man entdeckt nicht den mindesten jungen Anflug. Ein Beweis, wie mich dünkt, daß entweder das Klima kälter geworden, oder daß das Regen- und Schneewasser durch die lange Reihe von Jahren, die zum Hervorkeimen und Fortwachsen der Tannen erforderliche tragbare Erde abgespühlet hat. Der Boden ist meist mit Hypnum abietinum L., Hypnum Schreberi, Hypnum parietinum, Dicranum Scoparium Hedw., Lichen islandicus L., Lichen rangiferinus bedeckt. Diese Gewächse, das letzte ausgenommen, fordern eine wenigstens zwei Zoll tiefe Erde, und mehr möchte wohl nicht vorhanden seyn. Der Graswuchs ist so sparsam, daß es die Gebirgsbewohner umher nicht der Mühe werth achten, auf dieser Einöde Heu zu sammlen. Mit karger Hand hat die sonst freigebige Natur nur einigen Alpen-

*) Andere geben diese Fläche ungefähr ¼ Stunde lang und etwas weniger breit an.

pflanzen einen Wohnsitz angewiesen, wobei sie auf die herrschende Steinart, den Granit *), Rücksicht genommen zu haben scheint. Die Vegetation der sichtbar blühenden Pflanzen kommt in gewöhnlichen Jahren, in den Monathen Junius, Julius und etwa die Hälfte des Augusts zu Stande. Die sogenannten **Schwalbensteine**, der größte Felsen kommt nicht hoch zu Tage, sind mehr eine Anhäufung und Uebereinanderschüttung (Gerölle) größerer Steine, als eine verbundene Masse."

Die gewöhnlichsten hier wildwachsenden Pflanzen sind:

Cl. 2. *Veronica montana L.*
Circaea alpina L.

Cl. 3. *Phleum alpinum L.*
— *pratense L.*
Agrostis Spica Venti L.
— *arundinacea L.*
Aira caespitosa L.
— *montana L.*
Poa angustifolia L.
— *sudetica Haenke.*
Cynosurus cristatus L.

Cl. 5. *Lysimachia punctata L.*
Campanula Jacq.
Thesium alpinum L.
Chaerophyllum silvestre L.
— *aureum L.*

*) Die Höhe deckt Glimmerschiefer mit Granaten.

Cl. 5. *Phellandrium mutellina L.*
Cl. 6. *Juncus albidus L.*
Cl. 7. *Trientalis europaea L.*
Cl. 8. *Polygonum bistorta L.*
Cl. 10. *Dianthus superbus L.*
Silene nutans L.
Stellaria nemorum L.
Cucubalus Behen L.
Lychnis dioica L.
Cl. 12. *Potentilla aurea L.*
——— *reptans L.*
Cl. 13. *Delphinium intermedium Ait.*
Aconitum neomontanum Koelle.
Ranunculus aconitifolius L.
Cl. 14. *Thymus acinos L.*
Euphrasia officinalis L.
Digitalis ambigua Jacq.
Cl. 15. *Lunaria rediviva L.*
Cl. 16. *Geranium phaeum L.*
Cl. 19. *Hypochaeris helvetica Jacq.*
Hieracium alpinum L.
——— *murorum L.*
——— *aurantiacum L.*
Cacalia albifrons.
Solidago Virgaurea L.
Senecio Saracenicus L.
Tussilago alpina.
Viola tricolor, mit großer gelber Blume.
Cl. 24. *Lycopodium Selago.*

Flechten sind wenige vorhanden. *Lichen geogra-*

phicus (Verrucaria geographica Hofm.) überzieht die Steine und Felsentrümmer beinahe ganz, und ist daher der häufigste.

Lichen muralis L.
— *rupestris L.*
— *silaceus Hofm.*
— *scruposus Hofm.*
— *caninus L.*
— *ater Hofm.*
— *cinereo - ater Jacq.*
— *physodes Hofm.*
— *olivaceus Hofm.*
— *sterilis Acharii.*
— *ochroleucus Ehrh.* *)
Byssus Iolithus L.
Bacomyces ericetorum.
— — *byssoides.*
Verrucaria squamulosa Schrad.
Lichen glaber Acharii.
— *cylindricus L.*
Umbilicaria polyphylla Hofm.
— — *crinita Hofm.*

Der Standort dieser Flechten sind nur Granitfelsen. Selbst die Laubmoose sind nicht von Belang.

Grimmia apocarpa Hedw.
Orthotrichum striatum Hedw.
Gymnostomum Hedwig. (Bryum apocarpum β. Lin.)

---

*) Hier hat die ganze Flechte einerlei Farbe, im Riesengebirge hingegen hat sie schwarze Spitzen.

Polytrichum piliferum Schreb.
— — juniperifolium Wild.
— — urnigerum L.
Trichostomum heterostichum Hedw.
Dicranum virens Hedw.
— — purpureum Hedw.

Es mögen aber auch noch viele Gewächse meinen schwachen Augen entgangen seyn."

„Von den Schwalbensteinen südwestwärts hinab, schon etwas im Thale, zeigen sich Vaccinium myrtillus L. und Vitis idaea L. Einige hundert Schritte nach dieser Weltgegend hin, fangen die Bäume Pinus picea und Abies, und mit unter Sorbus aucuparia an, sparsam zu stehen: sie haben ein trauriges Ansehen. Die zwei Pinus=Arten sind etwa 16 bis 18 Fuß hoch, und Sorbus aucuparia noch kleiner. Man merkt keinen Wachsthum an ihnen, vielmehr verdorren ihre Gipfel. Die ältesten Leute, die von ihrer Jugend an, diese rauhe Gegend besucht haben, geben das Zeugniß, daß vor 40 Jahren die Bäume in dem nähmlichen Ansehen gewesen, daß ihre Zahl keineswegs zugenommen, sondern sich eher vermindert habe. Eine gute halbe Stunde von den Schwalbensteinen, südwestwärts hinab, hatte **Graf Michael Emanuel v. Althan** ein Haus zu seinem Sommeraufenthalte in dieser Wildniß erbauet, und einen Stall für Pferde. Obgleich dieses Haus, von dem man gegenwärtig nur noch einige Rudera von Balken sieht, mitten im Walde steht, so war doch das dort herumwachsende Holz nicht stark und lang genug, um Bohlen und Balken für dieses kleine Gebäude zu liefern, sondern es mußte alles aus dem tiefsten Thale heraufgeschafft werden. In diesem Thale ist der Boden sehr gut, und liegt gegen zwei Fuß tief, und das Gras belohnt den Aerntern ihre Mühe. Hier zeigen sich in üppigem Wuchse Veratrum album und Doronicum pardalianches L. Die letztere Pflanze wächst bis zum Wölfelsgrunder Wasserfall. Der völlige Wachsthum der Waldbäume Pinus Abies und picea, Fagus sylvatica und der sehr sparsame Acer pseudo-platanus und platanoides fängt erst eine Stunde von dem Schneeberge abwärts in dem Schnallenstein und den Althanischen Gebieten an. Der **Otterstein** an diesem Berge ist ein Serpentinfels, und ist 3158 Par. Fuß über der Ostsee erhaben, und über den Breslauer Horizont 2616 Par. Fuß."

Der **Appenberg**, bei Thanndorf.

Der **Glaserberg**, unweit Thanndorf.

Der **Gabelberg**. }
Der **kleine Berg**. } Bei Lauterbach.

Der **Urnitzberg**, bei Urnitz.

Der **Rübenberg**.

Der **Mittelberg**. }
Der **kleine Schneeberg**. } Bei Wölfelsgrund.

Der **spitzige Berg** (**Spitzberg**), bei Wölfelsdorf, mit einer Andachts-Capelle, die den Sommer hindurch von einigen der herumliegenden Gebirgsbewohner besucht wird. Seine Scheitelfläche ist

2788 Par. Fuß über der Ostsee, und über den Breslauer Horizont 2246 Par. Fuß erhaben.

Der schwarze Berg.
Der dürre Berg. } Bei Weißwasser.

Der **Gickericht**, bei Neu=Waltersdorf.

Der **Kreuzberg**, bei Alt=Waltersdorf.

Der **Eichberg**, bei Grafenort.

Der **Florianberg**, bei Plomnitz. Hier schlug 1745, den 14. Februar, der Preußische General Lehwald, das unter dem Kaiserlichen General Wallis stehende Corps, und drängte es nach Mähren zurück.

Der **Röhrberg**, bei Weißbrod.

Diese bisher genannten Berge des Habelschwerdter Districts gehören zum Schneegebirge; die folgenden zum Habelschwerdter Gebirge.

Der **Hopfenberg**, bei Habelschwerdt, mit einer dem H. Florian gewidmeten Capelle.

Der **Bärhübel**, bei Brand †).

Der **Dolenberg**.
Der **Gäbelberg** *). } Bei Alt=Weistritz.

Der **Kohlenberg**.
Die **Schließelkoppe**.
Der **Heidelberg** **).
Der **Pöschelberg** ***). } Bei Neu=Weistritz.

Der **kleine Heidelberg**, bei Lichtenwalde †).

---

*) Er besteht aus Wake.

**) Er besteht aus Glimmerschiefer, Porphyrschiefer und Porphyr.

***) Er besteht aus Porphyr.

†) Die Gebirgsart ist Porphyr.

Der **Schnalzberg**, bei Marienthal.

Der **Schnallenstein**, ein steiler felsiger Hügel, zwischen **Rosenthal** und **Seitendorf**. Er hat seinen Nahmen von dem ehemahls daselbst gestandenen festen Schlosse **Schnallenstein**, das 1428 von den Hussiten geplündert und zerstört worden ist.

Der **Meisenberg**, bei Mittelwalde.

Der **Ranserberg**.
Der **Eulenberg**. } Bei Sauerbrunn.
Der **Bimsberg**.

Der **Buchenhübel**, bei Voigtsdorf. Er liegt 1682,1 Par. Fuß über Schweidnitz. (v. L.) *)

Der **Vogelberg**, bei Pohldorf.

D. Im Hummler District.

Der **Grunwald**, der höchste Punct des Habelschwerdter Gebirges.

Der **Capellenberg**, mit einer Einsiedelei, bei Reinerz.

Der **Hutberg**.
Der **Schlammerberg**. } Eben daselbst.
Der **Holzberg**.

Der **Hirtenberg**.

Der **Ratschenberg**, auf dem eine Colonie angelegt ist.

Der **Hummel**, zwischen **Reinerz** und **Lewin**; merkwürdig theils wegen der weiten und schönen Aussicht, die man darauf hat, theils wegen der

*) Ein anderer Beobachter giebt die Erhebung dieses Berges 2889 Par. Fuß über die Ostsee an.

Ueberreste eines in alten Zeiten daselbst gestandenen Schlosses, zu dem damahls der ganze jetzige Hummler District gehörte. Den Nahmen **Hummelschloß** soll es von seinem ersten Besitzer und Erbauer, **Homole**, haben. In alten Urkunden findet man auch den Nahmen **Landesfried** (Landfrede). 1427 nahmen die Hussiten dieses Schloß ein, und beunruhigten daraus die umliegenden Gegenden. Zu Anfange des sechzehnten Jahrhunderts waren die Befehdungen und Räubereien in der Grafschaft und in den umliegenden Gegenden sehr häufig. Wahrscheinlich haben die Befehder und Räuber auch dieses Schloß zu ihrem Aufenthaltsorte gebraucht; es ist daher endlich zerstört worden *). Gegenwärtig ist der Berg von dem Reinerzer Magistrat zu einem angenehmen Lustorte umgeschaffen. Man hat einen bequemen Weg dahin angelegt, verschiedene Lauben errichtet, und andere artige Anlagen gemacht. Friedrich Wilhelms II. Bild ruhet auf dem Gipfel auf einer Säule.

Der **Randskerberg**, bei Kaltwasser.

Die **hohe Mense** (**Münze**), bei Grunwald. Man hat hier eine der schönsten Aussichten. Sie ist, nach einer 200 Fuß unter dem Gipfel angestellten barometrischen Beobachtung, 2376,4 Par. Fuß über Schweidnitz erhaben. (v. L.)

Der **lange Berg**, bei den Seefeldern.

---

*) Mehrere Nachricht findet man in der Glatzer Monathschrift. B. 1. St. 1.

Der **Wagnerberg.**
Die **Gabel.** } Bei den Seefeldern.
Der **Palzhübel.**

Der **rothe Berg**, bei Biebersdorf.

Der **weiße Berg**,
Der **Zickelberg**, } bei Jacubowitz.

Der **Hradiske**, bei Lewin. Auch hier soll, nach einer alten Sage, in vorigen Zeiten ein festes Schloß (Hradisch) gestanden haben, das von den Hussiten zerstört worden.

Der **Spiegelberg**, bei Deutsch-Tscherbeney.

Der **Schäfelberg**, bei Bukowine.

Der **Hopfenberg**,
Der **hohe Berg**, } bei Rückerts. Sie gehören schon zum Gebirge der **Heuscheune.**

E. Im Wünschelburger District.

Die **Heuscheune** (Heuschaar), die ein Theil des Sandsteingebirges ist, das sich bei **Albendorf** (Schlesisch) anfängt, sich über **Schömberg** und **Adersbach**, wo das bekannte sehenswürdige **Steingebirge** (**Steinstadt** wird es in der dortigen Gegend genannt,) ist, und über Braunau bis in die Grafschaft hinzieht, und diesen merkwürdigen Berg, eine halbe Meile von Wünschelburg, bildet. Sie ragt mit ihrem auf einem hohen Bergrücken, darf ich sagen? ungeheuren Dache über alle sie umgebenden Berge hervor. Die an der Seite des sogenannten Großvaterstuhls abgenommene Polhöhe ist 50° 28′ 25″ und die Erhebung über der Meeresfläche 2907 Par. Fuß. Man kann die Länge der obern Fläche auf 1500 und die Breite auf 500 Schritt annehmen. Nach einer genauen Messung soll die Grundfläche, auf welcher die eigentliche Heuscheune ruhet, 350 Magdeburgische Morgen betragen. Ihre Richtung ist von Mitternachtabend gegen Mittagmorgen. Ich glaube diesen Berg nicht besser beschreiben zu können, als wenn ich eine Reise auf seinem Gipfel bezeichne. Von **Wünschelburg** aus *) geht man durch eine nicht ganz ebene Ebene, denn es geht bisweilen etwas bergauf und wieder thalein. Nachdem man eine am Fuße des Gebirges liegende Wiese vorbei und über einen Bach gekommen, befindet man sich in einem rings um mit schroffen Felsenwänden, die mit Nadelholz bewachsen sind, umgebenen Kessel. Aus diesem Kessel geht der Weg (er wird der **Leierweg** genannt) durch ein kleines Gebüsch, sehr steil, beinahe senkrecht, von einer herabgerollten Felsenmasse zu der andern, die man nicht ersteigen, sondern recht im eigentlichen Sinne erklettern muß. Hat man diesen **Leierweg** abgeleiert (man kann wirklich keinen eigentlichen Schritt gehen) so stößt man auf einige Häuser und etliche Ackerstücke. Der Weg ist nun nicht mehr so steil, und führt durch einen Wald, an dessen Ausgange das Dorf **Karlsberg**, in einer Ebene liegt. Rechter Hand an dieser Ebene liegt die Felsenmasse, die eigentlich die **Heuscheuer** genannt wird. Auf

*) Ich führe meine Begleiter über Karlsberg, ein anderer Weg geht über Passendorf, wo man die kleine Heuscheune und ein dem Adersbacher ähnliches Steingebirge vor sich hat.

einer andern mit Bäumen bewachsenen, in der Nähe befindlichen Felsenmasse ist ein in dem Baierischen Erbfolgekriege 177$\frac{8}{9}$ erbautes Blockhaus, in welchem einige Invaliden zur Besatzung liegen. Die Heuscheune selbst ist eine fast senkrechte Felsenwand, aus der hier und da mehrere Felsenspitzen hervorragen. Wenn man längst dieser Felsenwand ungefähr 500 Schritte fortgeschritten ist, so kommt man zu einem Wege, der sich um etliche Häuser herumschlängelt, und auf den Gipfel führt. Man kommt nun, wenn man eine kleine Strecke weiter gegangen ist, zu einer verschlossenen Thür, zu der man den Schlüssel bei dem Förster in Karlsberg gegen ein beliebiges Don gratuit abhohlt *). Von hieraus schlängelt sich der Weg durch eine Menge von Felsen, bald mehr, bald weniger steil, oft ganz enge, bis zu einem Fleck, den man den **Lustgarten** nennt. Er führt diesen Nahmen, weil er ganz von Felsen eingeschlossen ist. Hier ist der sogenannte **Tafelstein**, ein Felsen, der sich aus einer

*) Ich muß hier eine Anekdote zur Warnung erzählen. Ein Gelehrter, der die Grafschaft in botanischer Absicht bereisete, bestieg die Heuscheune ohne Begleitung. In dem Dorfe Karlsberg bot sich ihm ein Knabe zum Begleiter an, mit der Nachricht, er müsse erst gegen ein Trinkgeld den Schlüssel zur Thüre bei dem Förster abfordern. Der Knabe gieng und kam zurück. Der Reisende fragte nicht weiter nach dem Schlüssel. Sie kamen an die Thüre und fanden sie geöffnet, weil schon vorher eine kleine Gesellschaft hinaufgestiegen war. Die zuerst hinaufgegangene Gesellschaft ging früher, als der Gelehrte, zurück. Als er auf seinem Rückwege mit seinem Begleiter an die Thür kam, war sie ver-

ungeheuren Tiefe erhebt, einen ziemlich weiten Umfang hat, und mit einem Geländer umgeben ist. An diesem Geländer kann man bis an den Abgrund gehen. Von hier aus hat man eine Aussicht, die sich nicht beschreiben läßt, die man selbst sehen, selbst empfinden muß. Die Felsen sind hier an mehrern Orten nach rechten Winkeln durchschnitten, und durch einige Lachter tiefe, weitere oder engere Spalten getrennt. Zwischen diesen Spalten sieht man in der Tiefe belaubte Bäume. Eine dieser Spalten wird dort der **klingende Kessel** genannt, weil man einen hellen kupferähnlichen Klang hört, wenn man an die innere, mit braunem eisenartigen Ocher überzogene Seite anklopft. Auch der **Tafelstein** hat in der Mitte eine solche Spalte. Von hier aus sehen die Bäume in der Tiefe wie ganz niedriges Gesträuch aus. Die Aussicht in die Ferne ist hingegen herzerhebender, und reicht bis auf das Riesengebirge.

Ganz nahe bei dem Tafelstein ist Friedrich Wilhelm II. der 1790 d. 10. August die Heuscheune be-

---

schlossen. — Wo ist der Schlüssel? war natürlich die erste Frage. — Herr, ich hab ihn nicht. Ich wußte daß die Thür offen wäre weil ich schon Leute hatte hinauf gehen sehen: ich wollte mir nur etliche Böhmen verdienen. — Wie sollen wir nun hinauskommen? — Ich werde ihnen einen Weg zeigen. Er zeigte ihm auch wirklich einen für einen dreisten Knaben freilich leichten, aber für einen erwachsenen, vorsichtigen Mann äußerst beschwerlichen und gefährlichen Weg, auf dem man über Klüfte zwischen Felsen hinwegspringen muß. Wer verdient mehr Tadel? jene Gesellschaft oder der Knabe?

stiegen hat, ein Denkmahl errichtet. Es ist eine in einen Sandsteinfelsen eingegrabene Tafel von Priborner Marmor, mit der Inschrift:

König *Friedrich Wilhelm*, *dem Zweyten*,
Sey dieses Denkmahl geweyht!
Er überstieg stets mit erhabnen Muthe,
Die Hindernisse Seiner Zeit.
So stieg Er auch auf dieses Felsen Spitze,
Dem kühnen Werke der Natur.
Fest, wie auf *Preussens* Thron,
Safs Er auf hohem Sitze,
Dort überschaut Er Böhmens Flur.
Dem Kriege wehret Er mit Seinem sichern Schilde,
Hier blickt Sein Aug' voll Majestät und reiner Vatermilde
Hin auf Sein glücklich Volk.

Schon vorher hatten des damahligen Kronprinzen, jetzt regierenden Königs Majestät, des Prinzen Ludwig Königl. Hoheit, und im folgenden Jahre haben des in Schlesien dirigierenden Ministers, Hrn. Grafen v. Hoym Excellenz, die Heuscheune besucht. Man siehet daher in der Gegend des **Großvaterstuhls**, auf einem auf den sogenannten Nahmenstein ruhenden Felsen folgende Inschriften:

König
Friedrich Wilhelm
der II
war hier den 10. August.
1790.

Kronprinz Friedrich Wilhelm
war hier den 7. August
1790.

Carl Friedrich Ludwig
Prinz von Preussen
war hier den 7. August
1790.

Ministre Graf von Hoym
war hier den 2. Junii
1791.

Noch hat man hier bei dem **Tafelstein** den höchsten Gipfel nicht erstiegen. Ein enger Fußsteig, auf welchem viele Stufen im Felsen eingehauen sind, führt ziemlich steil bergan. Hat man die oberste Fläche erreicht, so findet man einen etwa 40 Fuß hohen Felsen mit etlichen Absätzen, zu dem man auf drei steilen Treppen hinaufsteigt. Auf diesem obersten Gipfel ist eine runde Höhlung in einem Felsen, die ihm das Ansehen eines sogenannten **Großvaterstuhls**, den ich oben schon genannt habe, giebt. Ist die Aussicht bei dem **Tafelsteine** schon entzückend, so ist sie es in dieser Höhe noch mehr. Man übersieht den größten Theil der Grafschaft, eine ansehnliche Gegend von Schlesien, Böhmen, und einen Theil des Riesengebirges. Nahe bei dem Großvaterstuhle, auf der höchsten Fläche des Nahmensteins sind die vier Himmelsgegenden, und die oben angeführte Polhöhe verzeichnet *).

Außer diesem Felsen mit dem Großvaterstuhle befinden sich hier noch einige solcher hohen Felsen, davon ich zwei bemerkenswerth zu seyn glaube. In dem einen ist eine Höhlung, durch welche man hindurch auf der andern Seite wieder herauskriechen kann. Auf dem Gipfel des andern liegt ein großer Stein, der einem Menschenkopfe ähnelt.

Daß die Vegetation in der Höhe, wo diese unendliche Menge Felsenmassen bald über und unter einander liegen, bald senkrecht in die Höhe stehen, nicht groß seyn könne, läßt sich leicht erachten. Nadelholz, Abreschen und Birken haben meist ein mageres Ansehen. Sichtbar blühende Pflanzen siehet man wenig, aber desto mehr Laubmoose und und Sandstein liebende Flechten. Nur weiter herunter, in der Gegend von **Karlsberg**, wo man auch einige Vogelkirschbäume antrifft, stehen die Waldbäume munterer. Um Karlsberg herum sieht man Kartoffelfelder und vielen schönen Flachs. An Getreidebau ist hier nicht zu denken, es wäre denn einiger Hafer.

Wahrscheinlich muß die Heuscheune einst höher gewesen seyn, und durch irgend eine Naturerscheinung ihre jetzige Gestalt erhalten haben.

Wenn

---

*) Diese Verzeichnung rührt von dem Astronomen und Herzogl. Sachsen = Weimarschen Lieutenant Hrn. **Venc** her.

Wenn die Jahrzahl 1565 nebst dem Zeichen IHS und einem Kaufmannszeichen auf einem Steine an der Mittagsseite, linker Hand der Passage nach dem so genannten **Nahmenstein**, nicht aus irgend einer Ursache erst später eingegraben worden, so ist dieser Berg in dem genannten Jahre das erste Mahl besucht worden. Gewiß ein zu den damahligen Zeiten gefährliches Unternehmen.

Man kann die **Gebirgsarten**, auf welche dieses Sandsteingebirge aufgesetzt ist, auf dem Wege nach **Passendorf** deutlich bemerken: es sind **Gneiß** und **Granit**.

<table>
<tr><td>Die kleine Heuscheune.
Der Spiegelberg.
Der Karlsberg mit einem Blockhause.</td><td>In der Gegend der Heuscheune. Sie bestehen aus Sandstein.</td><td rowspan="4">Gebirge der Heuscheune.</td></tr>
<tr><td colspan="2">Der Geiersberg, bei Seifersdorf.</td></tr>
<tr><td colspan="2">Der große Vogelsberg, bei Karlsberg an der Heuscheune. Er ist 1836,1 Fuß über Schweidnitz erhaben. (v. L.)</td></tr>
<tr><td colspan="2">Die Jägerkoppe, bei Crainsdorf.</td></tr>
</table>

F. Im Neuroder District.

Alle diese Berge werden zu dem Eulengebirge gezählt.

Die **hohe Eule**, bei Falkenberg *). Sie ist nach der barometrischen Messung des Hrn. von Gersdorf 3326 Par. Fuß über die Meeresfläche erhaben.

Der **Gläserberg.**

Der **Escherkamp.**

*) S. Th. 1. S. 13.

Der **Ottenstein**, unweit Hausdorf. Er scheint der höchste Berg dieses Gebirges zu seyn, höher als der **Brocken** *), dem **Vesuv** **) und Fichtelberge an Höhe gleich ***).

Der **Hayn**.	Bei Hausdorf.
Der **Ruhberg** †).	
Der **Gänseberg**.	
Der **Vogelberg**.	
Der **Erlicht**.	
Der **Lehrberg** ††).	

*) De Luc rechnet die Höhe des Brocken 3268 Par. Fuß.

**) Shuckburgh giebt die Höhe des Vesuvs zu 3696 P. F. an.

***) Herr v. Buch am angef. O. S. 3.

†) S. Th. 1. S. 13.

††) Der Lehrberg ist ein dem Mineralogen merkwürdiger Berg, wegen des ihm eigenen Gesteins Hr. v. Buch sagt am angef. Orte S. 18. indem er von einer dem Serpentinsteine untergeordneten, aus Feldspath und Hornblende gemengten Gebirgsart redet, die man zu Heinrichswalde, Frankenberg und Briesnitz (im Frankensteinischen), desgl bei Neurode unter dem Steinkohlengebirge zwischen Schlegel und Ebersdorf findet. „Ob das Gestein des Lehrberges bei Hausdorf, eines isolierten Bergrückens am Eulengebirge, ebenfalls hierher gehöre, ist nicht entschieden; allein das Vorkommen jenes Gesteins am Abhange des Berges spricht gewissermaßen dafür, bis nähere Untersuchungen ihm einen bessern Platz anweisen Ein Gemenge von bräunlichrothem Jaspiß und blaßrauchgrauem Quarz enthält eine unendliche Menge von Trümmern, die, mit mehr und minder Anhalten, das Gestein nach allen Richtungen durchkreuzen; die Trümmer sind mit kleinen starkglänzenden Quarzkrystallen von doppelt sechsseitigen Pyramiden erfüllt, die auf hervorstehenden Felsenstücken einen ungewohnten Glanz um sich verbreiten; eine vorzüglich große Masse hat daher den Nahmen des Diamanten-Felsens; auch Kalkspath enthalten die Trümmer weniger häufig.

Der **Ringenberg**, unweit Volpersdorf. Man sieht hier noch Spuren von einem alten Schlosse.

Der **Heiersberg**, bei Volpersdorf.

Die **Heukoppe** (die hohe Koppe), gegen Silberberg.

Der **St. Annaberg**, bei Neurode.

Die **Wolfskoppe**. }
Der **Kirchberg**. } Bei Schlegel.
Der **Allerheiligen Berg**. }

Noch muß ich einiger merkwürdigen Höhlen gedenken:

1. Die Salzlöcher

sind zwei Höhlen am Fuße eines Kalkberges bei **Seitendorf**, unweit dem **Schnallenstein**. Ihre Höhe beim Eingange ist ungefähr gegen 8 Fuß, und weiter hinten etwa 3 bis 4 Fuß. Sie erstrecken sich wahrscheinlich weit in den Berg hinein, man kann aber nur gegen 30 Fuß tief in denselben fortschreiten: eine weitere Untersuchung verbietet das darin stehende Wasser. Die Wände sind, wie es in den Höhlen der Kalksteingebirge gewöhnlich ist, mit Tropfstein bekleidet. Wahrscheinlich sind diese Höhlen einst größer gewesen, nun aber, eben

---

Auf der Südseite des Berges kommt in diesem sonderbaren Gestein sehr derber Kupferkies vor, auf den in vorigen Zeiten viele bergmännische Versuche gemacht worden sind, in vielem kleinkörnigem Braunspathe von röthlichbrauner Farbe, bräunlichrothem Jaspiß, spathigem Eisenstein und etwas weißem Kalkspath. Auch hier ist die Art der Lagerstätte des Kupferkieses unbestimmt, und in jeder Rücksicht fernerer Untersuchungen werth."

so wie das sogenannte Kützelloch bei Kaufung, durch das Wegbrechen des Kalksteins verkleinert worden.

2. Die Quarklöcher

am Fuße des Schneeberges, auf der Mährischen Seite, sind ebenfalls zwei in Kalkstein, der hier in mächtigen Gängen in das Gebirge einbricht, befindliche Höhlen, die, wie es scheint, aus mehrern niedrigen, mit einander verbundenen Gängen bestehen. Sie sind nicht so hoch wie die Salzlöcher. Man kann nur sehr gebückt darin fortkommen, wird aber endlich auch hier vom Wasser am weitern Eindringen verhindert. Statt daß die Wände in den Salzlöchern trocken sind, dringt hier aus den Wänden beständig Wasser. Die Wände sind theils mit nicht ganz festem Tropfstein, theils aber, und am häufigsten, mit einer weißen, geruchlosen, frisch gemachtem Käse (Quark, daher auch der Nahme **Quarklöcher**) ähnlichen Masse bekleidet, die auf der Zunge einen erdigen Geschmack zurückläßt. Man kann diese Masse leicht, wenn man mit der Hand darüber hinfährt, von der Wand abnehmen. Wahrscheinlich ist sie nichts anders, als eine mit zu viel Wasser vermengte Kalkauflösung, als daß sie zu vollkommenen Krystallen anschießen, und der Tropfstein recht verhärten könnte.

Der meist bergige, steinige und kalte Boden (der bessere ist in dem **Neißthale** bei **Habelschwerdt** und in dem **Thale der Steine**) hindert in manchen, besonders in den gebirgigen Gegenden, den gedeihlichen Wachsthum der Feldfrüchte. In dem Landecker Districte z. E.

schränkt sich der Ackerbau bloß auf Gerste und Hafer ein; hingegen ist der Ertrag der Viehzucht desto beträchtlicher. Auch bei Wilhelmsthal lohnt der Ackerbau nur kärglich. Noch vor ungefähr 30 Jahren mußten die Bewohner der Grafschaft beinahe ¾ ihres Getreidebedarfs aus dem Schweidnitzischen und Frankensteinischen ziehen. Jetzt ist der Ackerbau, theils durch Urbarmachung wüster Stellen, theils durch Umwandlung des Waldes in Ackerland, (ob mit Vortheil für die kommenden Geschlechter an solchen Stellen, die zum Holzanbau tauglicher als zum Getreidebau sind?) theils aber auch vorzüglich durch eine bessere Einrichtung der Landwirthschaft von mehrern Gutsbesitzern, unter denen sich besonders der Graf von Magnis auszeichnet, auf einen so hohen Grad gebracht, daß die Grafschaft, wie man sagt, nicht nur ihren Getreidebedarf, einigen Weizen ausgenommen, sich selbst liefern soll, sondern auch in guten Jahren etwas ausführen kann. Wahrscheinlich würde der Ertrag des Ackerbaues noch höher steigen, wenn er mit der Viehzucht in ein besseres Verhältniß gesetzt würde. Ich will damit sagen, wenn der Bauer statt der Pferde, mit denen allein er seinen Acker bearbeitet, mehr Ochsen halten, und sich bequemen wollte, gleich den Besitzern größerer Güter, sein Augenmerk mehr auf den Kleebau und Kunstwiesen zu richten, und die Stallfütterung einzuführen, um sich mehr Dünger zu verschaffen, damit er seine Felder nicht so lange, gewöhnlich drei Jahre, brach liegen lassen müßte. Der Viehdünger ist ja, nach den Erfahrungen einsichtsvoller Oekonomen, jedem andern Düngungsmittel vorzuziehen.

Waldungen.

Man kann sicher annehmen, daß die Waldungen mehr als ¼ des Flächeninhalts der Grafschaft einnehmen. Sie enthalten

an königlichen Forsten	50000
an Dominial= und andern Wäldern	100000
	150000 Morgen.

Die ansehnlichsten Waldungen sind:

A. Im Glatzer District.

Bei Falkenhayn. Bei Neu=Heide.

B. Im Landecker District.

Bei Landeck.
= Camnitz.
= Neu=Gersdorf.
= Bielendorf.
= Heinzendorf.

Bei Heudorf.
= Klessengrund.
= Neu=Mohrau.
= Mühlbach.

C. Im Habelschwerdter District.

Bei Habelschwerdt.
= Brand.
= Lichtenwalde.
= Mittelwalde.

Bei Neundorf.
= Stuhlseifen.
= Voigtsdorf.
= Wölfelsgrund.

D. Im Hummler District.

Bei Biebersdorf. Bei Rückerts.

E. Im Wünschelburger District.

Bei Albendorf. Bei Karlsberg.

F. Im Neuroder District.

Bei Falkenberg. Bei Nieder=Hausdorf.

Diese Waldungen liefern nicht nur der Grafschaft das zum Hausgebrauche (85000 Klafter), zu den

Glas- und Ziegelhütten, Brauereien und Branntwein-brennereien, Eisenhämmern, Kalköfen und Bleichen (15000 Kl.), sondern auch den Holzarbeitern zu Tellern rc. benöthigte Holz. Auf der Viele und **Weistritz** werden wohl 20000 Klafter in die **Neiße**, in dieser weiter geflößt, und außer der Grafschaft abgesetzt. Zu Brettklötzen, Schindeln und andern zum Bauen nöthigem Holze kann man mit dem, was von diesem Bau-Materiale ausgeführt wird, auch gegen 10000 Klafter rechnen. Man kann sicher annehmen, daß jährlich 120000 Klafter Holz gefällt werden. Sollte nicht, obgleich schon mehrere Branntweinbrennereien und Bierbrauereien rc. zur Steinkohlenfeuerung eingerichtet sind, wenn man noch fortfährt, Waldland in Ackerland zu verwandeln, mit der Zeit doch wohl Mangel, wenn auch vielleicht nicht ein gänzlicher, an Holz entstehen, so daß der Preis desselben, wie es jetzt schon anfängt, zu einer solchen Höhe steigen könnte, die für den ärmern Theil der Bewohner und für die Leinwand-Manufactur drückend werden könnte.

Die Forsten der Grafschaft stehen unter der Forst-Commission zu Schmiedeberg.

Producte.

A. Thierreich.

Die Pferde, mehr Hengste, als Wallachen und Stuten (man glaubt die letztern wären zu den Arbeiten im Gebirge nicht dauerhaft genug), sind von einem großen und starken Schlage, zu langsamen Arbeiten geschickt und ausdauernd, zu schnellern Fuhren und zum

Reiten, eben wegen ihrer Größe, nicht ganz brauchbar. In der Grafschaft selbst werden wenig junge Pferde gezogen, Alt-Waltersdorf und noch etliche andere Dörfer ausgenommen; sondern man kauft sich hin und wieder auf den Schlesischen Pferdemärkten meistentheils ganz junge Pferde, um sie desto besser an die Strapazen der Ackerarbeit und des Fuhrwerks in diesem gebirgigen Ländchen zu gewöhnen.

Das Rindvieh ist gleichfalls von großer Art, und liefert, vermöge der guten Weide und der hier und da angelegten künstlichen Wiesen, viel Milch, die größtentheils, weil es am Absatze der frischen Milch und Sahne fehlt, zu Butter, mit welcher ein ansehnlicher Handel nach Schlesien und selbst in einige andere Provinzen des Preußischen Staats (es geht sehr viel nach Berlin) getrieben wird, und Käse genützt. Auf den Gütern des Grafen von Magnis, eines der ersten Oekonomen in der Grafschaft, der auch Ostfriesisches Rindvieh eingeführt hat, findet man besonders sehr schönes Rindvieh. Auf dem Lande werden auch viele Ziegen gehalten, aus deren Milch die Besitzer sehr gute Käse zu bereiten wissen. Milch, Butter und Käse sind überhaupt von vorzüglich gutem Geschmacke.

Die Schafzucht ist nichts weniger, als unbeträchtlich, und die Wolle, die größtentheils in den Tuch- und wollenen Zeug-Manufacturen der Grafschaft selbst verarbeitet wird, ist von mehr als mittlerer Güte. Eine der schönsten und beträchtlichsten Schäfereien ist zu **Eckersdorf** und auf andern Gütern des Grafen von Magnis, der nicht nur Spanische, sondern auch

Ungarische und Oestreichische Schafe auf seinen Gütern eingeführt hat *).

Der Maulbeerbaum dauert freilich nicht in allen Gegenden der Grafschaft aus, jedoch ist zu Gabersdorf zur Zucht der Seidenwürmer eine Plantage angelegt.

Die Bienenzucht ist nicht so beträchtlich, als sie vielleicht seyn könnte. Man zählte in der ganzen Grafschaft im Jahre 1799 nur 1697 Bienenstöcke; 1894 Bäuten standen leer.

---

*) „Er hat sich nicht auf die Veredelung mit rein Spanischer Race eingeschränkt, sondern zweckmäßige Verbindung zwischen derselben und der Ungarischen und Oestreichischen Race gemacht Nur die vorzüglichsten Böcke und Schafe wählet er zur Fortpflanzung aus, und kennet die Abstammung jedes Individuums. Daher übertreffen seine Schafe die Spanischen schon weit an Größe und an Reichhaltigkeit der Wolle, ohne ihr in Ansehung der Feinheit nachzugeben Seine vorzüglichsten Böcke geben 9 bis 12⅓ Pfund Wolle, wovon der Stein, zu 24 Pfund, mit 16 bis 22 Rthlr. auf der Stelle bezahlt wird. Ein Stör von neun Monathen war vom Scheitel bis da, wo der Schwanz anfängt, nach Leipziger Maß 1 Elle 19 Zoll, die Breite um die Brust herum 1 Elle 6 Zoll. Ein vierjähriger 2 Ellen lang, 1 Elle 18 Zoll breit; ein sechsjähriger Stör 2 Ellen 4 Zoll lang, 1 Elle 22½ Zoll breit.“

„Seine zur Schafweide bestimmten entlegenen, bergigen Ländereien, werden im ersten Jahre dreijährig mit Hafer, im zweiten mit Kartoffeln bestellt, und im dritten unter Gerste und Hafer mit einem Gemenge von weißem Klee, Luzerne, Esparcette, Pimpinelle, Raygras und Honiggras besäet. Im vierten Jahre wird der Schlag nicht behütet, sondern als Wiese benutzt und zweimahl gemähet, damit sich die eingestreueten Futterkräuter und Gräser hinlänglich bestecken können. Im fünften Jahre kommen die Schafe darauf, und nun bleibt der Schlag so viele Jahre liegen, als er hinlänglich bestaudet ist.“.

„In dem genannten Jahre waren, die Herrschaft Wallisfurth abgerechnet, deren Bestand man nicht genau erfahren konnte *):

Pferde	3656
Fohlen	186
Ochsen	1384
Kühe	17403
Junges Vieh	6038
Schafe	25489
Schweine	163
Summa	54319.“

Die Grafschaft liefert an **Wildbret**: Hasen, Rehe, Hirsche, Repphühner, Haselhühner, Krammetsvögel, Schnepfen, wilde Aenten und Gänse und andere kleine Vögel. Sonst leben noch Füchse, Marder, Eichhörnchen, Geier, Sperber, Steinadler und andere Vögel in der Grafschaft, unter denen ich als Seltenheit den Ziegenmelker (Caprimulgus europaeus L.) und die kleine Rohrdommel (Ardea minuta L.) anführe.

Zu Pischkowitz und Walditz sind Fasanerien.

„Im Winter erhalten die Schafe reichliches Futter, welches aus Klee, Heu, lang und mit Stroh zu Häckfel geschnitten, dann aber vorzüglich aus Kartoffeln, bestehet. Die Kartoffelfütterung hat er nähmlich den Schafen sehr zuträglich und höchst vortheilhaft gefunden. Nach der Stärke der Fütterung richtet sich der Ertrag der Wolle.“

„Für die Gesundheit der Schafe werden mannigfaltige Vorkehrungen mit dem besten Erfolge getroffen.“ — S. Glatzer Monathschrift B. 2. St. 6. S. 673.

*) Auf dieser Herrschaft können leicht 120 Stück Vieh seyn, ohne die Schafe.

Fische, die in den Gewässern der Grafschaft leben, sind:

Forellen, in der Neiße, in dem Thanndorfer Wasser, im Schönthaler Wasser, wenige in der Lauterbach und in den sich darein ergießenden Bächen, in dem Schnalzflößel, in dem Rosenthaler Wasser, in dem Ebersdorfer Wasser, in dem Lichtenwalder Wasser, in dem Wölfelsbach, in dem Plomnitzbach und in dem Lomnitzer Wasser.

Aalruppen und Quappen, in der Neiße und Lauterbach.

Asche, in der Neiße, Biele und Wölfelsbach.

Plötzen (Rothfinderle), Rothaugen, Barben.

Nase (Schwarzbauch, Zuppe), Steinbeißer, Döbel (Häßling), Kresse, Kaulkopf, in der Neiße, Biele und Steine.

Schleien (selten), Goldschleie und Karausche (beide selten), Weißfisch, Alte, Barsche, Kaulbarsche, Neunaugen, in der Neiße.

Hechte, in der Neiße und in dem Lomnitzwasser.

Erlitze, Ockelei (Uckelei, Geuster) in allen Flüssen.

Karpfen, in der Neiße und den wenigen Teichen.

Spiegelkarpfen, in den Teichen, doch sehr selten.

Gründeln, in der Neiße, Lomnitzbach, Biele und Steine.

Schlammbeißer, in sumpfigen, morastigen Gräben und Teichen.

Fischotter, in der Neiße.

B. Pflanzenreich.

Die, wie oben schon gesagt worden, sehr beträchtlichen Waldungen liefern Laubhölzer (Erlen, Eschen,

Birken, weniger Eichen) und Nadelhölzer (Kiefern, Fichten und Tannen). In den fruchtbaren Thälern, dem **Neißthale** und dem **Thale der Steine**, werden vorzüglich die gewöhnlichen Getreidearten, nur nicht zu viel Weizen, und einige Hülsenfrüchte angebauet. Um Habelschwerdt wird auch etwas Syrisches oder Jerusalemskorn (Hordeum coeleste L.) gebauet, und auf den Schwedeldorfer Dominial=Feldern sah man einst auch türkischen Hafer (Avena orientalis Schreb.). In den Gebirgsgegenden, z. E. bei Landeck, schränkt sich der Getreidebau bloß auf Gerste nnd Hafer ein. Kartoffeln werden sehr viele, auch zur Viehfütterung, gezogen. Auf den Anbau des Flachses, der besonders in einigen Gegenden sehr gut gedeiht, ist man sehr bedacht, welches auch dem Anbauer, wegen der vielen Spinner, ganz einträglich und für die Leinwand=Manufactur sehr vortheilhaft ist. Hin und wieder findet man auch, doch vielleicht nur auf Dominial=Aeckern, wenigstens sah ich einst bei Scharfeneck ein großes Feld damit bepflanzt, Runkelrüben, dieses zur Viehfütterung im Winter so nützliche Gewächs. Küchengewächse werden nur in den Gärten bei den Städten, besonders zu Glatz, Habelschwerdt und Wünschelburg angepflanzt; so genannte Kräutereien, wie um Breslau und Liegnitz, siehet man, außer bei Habelschwerdt, wo die ehemahlige Gemeinhütung dazu eingerichtet worden ist, in der Grafschaft nicht. Obgleich in den rauhern gebirgigen Gegenden höchstens nur der Vogelkirschbaum ausdauert, so wird doch in andern minder rauhen Gegenden, um Landeck, zu Lichtenwalde, Neu=Waltersdorf und Alt=Weistritz (hier schöne Borsdorfer) in guten Obstjahren viel Obst, auch von den edlern Arten, gewonnen. Vielleicht könnte, bei mehrerer Bemühung, der Obstgewinn noch höher getrieben werden, wenn die Ackerbesitzer überall, wo Boden und Klima es erlauben, wie in der Gegend um Löwenberg, die Landstraßen und Ackerränder mit Obstbäumen, wären es in den rauhern Gegenden nur Vogelkirschen bepflanzten *). Bei Reinerz wird einiger Hopfen gebauet; Heu wird sehr viel in den grasreichen Thälern, auf Bergwiesen eingeärntet. Der **Heuberg** hat von dem vielen Heu, das da eingesammlet wird, sogar seinen Nahmen. Man findet auch hin und wieder künstliche Wiesen und schöne Kleefelder.

Wegen der vielen Berge und mehrern von Bächen gewässerten Thäler enthält die Grafschaft viele, nicht nur überall wachsende, sondern auch manche seltene Pflanzen. Der Hr. Pf. Seliger zu Wölfelsdorf hat in einem nicht gar zu großen District um seinen Wohnort herum 610 Arten sichtbar ehelicher Pflanzen entdeckt. Ich

*) Die Glatzer Monathschr. B 2. St. 4. S. 570. enthält eine Lobrede auf den Bauer Georg Täubner, in Dürr-Kunzendorf am Finkenhübel, der nicht nur vor 40 Jahren einen schönen Obstgarten anlegte, sondern auch an einem ziemlich steilen und sehr steinigen Berge seine Aecker zu beiden Seiten mit Obstbäumen bepflanzte, die er selbst erzog, propfte und copulierte. Auf seinem ganzen Gute sieht man jedes schickliche Plätzchen mit einem Obstbaume bepflanzt. Zuletzt hat er noch die Morgenseite seines Flachsdörrhauses mit einem Weinstocke geziert. Sanft ruhe seine Asche, wenn er alt und lebenssatt zu seinen Vätern versammlet wird, und ärnte dort den herrlichen Lohn der treuen und fleißigen Arbeiter!

setze das Verzeichniß der mir bekannt gewordenen seltenern her. Ich habe sie größtentheils der Freundschaft des Hrn. Seliger für mein Herbarium zu verdanken, und mein Herz befiehlt mir, diesem so sehr, ja über alle Erwartung freundschaftlichen, gefälligen und unermüdeten Forscher der Natur hier öffentlich meinen Dank zu zollen. Diejenigen Pflanzen, die ich entweder nicht selbst gesehen, oder die dieser, mein Freund, noch nicht gefunden hat, sondern vom Hrn. Dr. Kröker, als Einwohner der Grafschaft, in seiner Flora Silesiaca angezeigt sind, bezeichne ich mit *K., so wie die, die andere angezeigt haben, bloß mit *.

Zweite Classe.

Circaea alpina. Am Schneeberge.

Veronica montana. Ebendaselbst.

Lycopus europaeus. An feuchten Stellen um Wölfelsdorf.

Dritte Classe.

*Schoenus nigricans.** Am Schneeberge.

——— *albus.* Auf den Seefeldern.

Eriophorum vaginatum. Ebendaselbst.

——— *alpinum.** Am Schneeberge.

Cyperus flavescens. Die kleine Varietät, die Dr. Kroeker in der Anmerkung bei Cyperus flavescens anführt. Auf den Wiesen um Wölfelsdorf.

Panicum glaucum.

——— *viride.*

——— *Crus galli.*

——— *sanguinale.* Um Habelschwerdt.

——— *Dactylon.* *K.

Phleum alpinum.
Aira montana.
Agrostis arundinacea.
Poa angustifolia.
—— *sudetica Haenke.*
—— *rubens.*
—— *alpina.*
Cynosurus cristatus.
} Am Schneeberge.

Festuca rubra.
——— *myurus.*
} Auf Wegen und an Ackerrändern.

Bromus asper, hirsutus Curt. Auf Aeckern.
———— *giganteus.* An Ufern der Waldbäche.
———— *gracilis Weig.* Auf Aeckern.
Avena strigosa. Unter dem Getreide.
Lolium tenue. Auf Grasplätzen um Wölfelsgrund.
Elymus caninus. Unter Gesträuchen.

Vierte Classe.

Scabiosa columbaria L. Polymorpha Weig. Am Wege nach den Seefeldern.

Fünfte Classe.

*Primula minima.** Am Schneeberge †).
———— *Glaciensis.* Am Ratschenberge. Unter diesem Nahmen wird von dem H. Dr. Blottner zu Reinerz, in der Glatzer Monathschrift eine Primula aufgeführt, die auch in der hiesigen Gegend sehr häufig mit der Primula veris gefunden wird. Noch bin ich zweifelhaft, ob es eine eigene Art sei. Ich vermuthe, es ist die Blume eines noch jungen Stockes,

†) Auch Hr. Parochus Seliger hat sie noch nicht gefunden.

der noch nicht Kraft genug hat, mehrere Blüthen zu treiben. Doch, ich will nicht entscheiden; nur meinen Zweifel, den mir mein Freund verzeihen wird, will ich anzeigen, um auf irgend eine Weise zur Gewißheit zu kommen. Wäre sie wirklich eine eigene Art, so dächte ich, wäre es besser, man nennte sie Primula uniflora, da sie doch an mehreren Orten, als in der Grafschaft Glatz, gefunden wird.

*Cortusa Matthioli.** } Am Schneeberge.
Lysimachia punctata. }

Campanula cervicaria. In der Gegend des Eulenberges bei Schreckendorf.

Campanula barbata Jacq. Am Schneeberge.

Rhamnus catharticus. An Bächen und Gräben.

Vitis pentaphylla. In dem herrschaftlichen Garten zu Wölfelsdorf, wo sie vor dreißig Jahren angepflanzt worden, hat sie sich bisher erhalten, durch Ausläufer vermehrt, aber nie reife Früchte getragen.

Thesium alpinum. Am Schneeberge.

Gentiana ciliata. Auf dem Hummelberge.

——— *germanica Wild.* Auf Waldwiesen.

Ulmus campestris. Mehr in Dörfern, als in Waldungen.

Phellandrium Mutellina. Am Schneeberge.

Chaerophyllum aureum Jacq. Am Schneeberge.

Sambucus Ebulus. In Dörfern.

——— *racemosa.* In Waldungen.

Drosera rotundifolia. } Auf den Seefeldern.
——— *longifolia.* }

Sechste

Sechste Classe.

Allium ursinum. Zu Lichtenwalde auf schattigen Wiesen.

Uvularia amplexifolia. Zu Neundorf auf schattigen Wiesen.

Juncus albidus Hofm. } Auf den Seefeldern.
—— *pilosus.*
Scheuchzeria palustris.

Siebente Classe.

Trientalis europaea. Am Schneeberge.

Achte Classe.

Epilobium montanum. } Auf den Seefeldern.
—— *roseum Schreb.*
Vaccinium Myrtillus.
—— *uliginosum.*
—— *Vitis idaea.*
—— *Oxycoccos.*

Adoxa moschatellina. Auf Wiesen.

Zehnte Classe.

Monotropa hypopithys. An schattigen feuchten Waldplätzen.

Ledum palustre. } Auf den Seefeldern.
Andromeda polyfolia.

Dianthus superbus. } Am Schneeberge.
Silene nutans.

—— *gallica.* Unter dem Getreide bei Wölfelsdorf.

Stellaria nemorum. Am Schneeberge.

—— *Alsine.* (St. lateriflora Kroek.) Auf den Seefeldern.

Cucubalus Behen. } Am Schneeberge.
Lychnis dioica.

Eilfte Classe.

Euphorbia Characias. *K. Am Schneeberge.

Zwölfte Classe.

Prunus Mahaleb. *K. Auf dem Gebirge.

Crataegus Oxyacantha. ⎫
——— *monogyna.* ⎭ In Hecken.

Sorbus domestica. * Am Schneeberge.

Rosa alpina. Am Schneeberge.

——— *pyrenaica.* In den Schnallensteiner Waldungen.

——— *rubiginosa.* Auf den Bergen bei Landeck.

Potentilla aurea. ⎫
——— *reptans.* ⎭ Am Schneeberge.

Geum montanum. Bei Lewin.

Dreizehnte Classe.

Delphinium intermedium Ait. (elatum Kroek.) Am Schneeberge.

Aconitum neomontanum Koelle. Am Schneeberge.

Thalictrum aquilegifolium. Auf der hohen Eule.

Ranunculus aconitifolius. Am Schneeberge.

Vierzehnte Classe.

Thymus acinos. Am Schneeberge.

Melampyrum sylvaticum. Auf den Seefeldern.

Rhinanthus Alectorolophus. Um Wölfelsdorf.

Digitalis ambigua. Am Schneeberge.

Funfzehnte Classe.

Thlaspi Schrankii. Um Wölfelsdorf.

Lunaria rediviva. Am Schneeberge, im Klessengrunde, an der Eule.

Arabis thaliana. Am Ratschenberge auf Aeckern.

Cardamine petraea. Am Schneeberge.

Cardamine trifolia. Bei Thanndorf auf einer Wiese.

Sisymbrium strictissimum. Am Schneeberge. *K.

Sechzehnte Classe.

Geranium phaeum.
——— *alpinum.* } Am Schneeberge.

Siebzehnte Classe.

Polygala austriaca. *K. Am Schneeberge.

Orobus vernus. Hin und wieder in Waldungen.

Neunzehnte Classe.

Hieracium alpinum. Am Schneeberge.

——— *murorum.* Ebendaselbst.

——— *sylvaticum.* In Waldungen,

——— *paludosum.* An den Ufern der Waldbäche.

——— *Gronovii.* *K.
——— *paniculatum?* *K.
——— *porrifolium.* *K.
——— *montanum Jacq.*
——— *Sprengerianum.* *K.
——— *grandiflorum Haenk.*
Hypochoeris helvetica. (Pontana Krock.) } Am Schneeberge.

Arctium personata. *K. Im Klessengrunde.

Carduus Erisethalis. *K. Bei Reyersdorf, am Fuße des blauen Berges.

——— *polyanthemus.* *K. Bei Reyersdorf im Klessengrunde.

——— *eriophorus.* *K. Am Schneeberge.

——— *rivularis.* Auf feuchten Wiesen.

Cacalia albifrons. (C. alpina K.)

Tussilago alpina.

Senecio Saracenicus.

——— *Doria Jacq.* *K.

Aster novae Angliae. Hat durch Anpflanzung das Incolat.

Solidago Virga aurea. } Am Schneeberge.

——— *flexicaulis.* * K. }

Doronicum Pardalianches. Am Fuße des Schneeberges und im Wölfelsgrunde.

Arnica montana. Auf mehreren Bergen.

Viola tricolor, (V. grandiflora K.) mit großer gelber Blume. Am Schneeberge.

Zwanzigste Classe.

Orchis bifolia.

—— *globosa.*

—— *coriophora.*

—— *ustulata.*

—— *latifolia.*

—— *sambucina.*

—— *maculata.*

—— *conopsea.*

Ophrys Nidus avis.

—— *corallorhiza.*

—— *spiralis.*

—— *ovata.*

—— *cordata.*

Serapias latifolia.

—— *longifolia.*

Ein und zwanzigste Classe.

Carex pulicaris. }

—— *uliginosa.* }

—— *canescens.* } Auf den Seefeldern.

—— *flava.* }

—— *limosa.* }

—— *caespitosa.* Auf feuchten Wiesen.

—— *sylvatica.* An Waldgräben.

—— *flacca Schreb.* Auf den Seefeldern.

—— *inflata.* In Waldgräben.

Carex obtusangula Leers. Auf den Seefeldern.

—— *ovalis.* Auf Wiesen.

—— *digitata.* Beim Schnallenstein.

—— *stellulata Leers.*

—— *agastachys.* In Waldgräben, sehr selten.

Betula ? turfosa Schrankii. Auf den Seefeldern.

Pinus montana Schrankii. Ebendaselbst.

Zwei und zwanzigste Classe.

Salix triandra. An den Ufern der Bäche.

—— *pentandra.* Ebendaselbst.

—— *alba.* Auf Wiesen.

—— *aurita.* Auf den Seefeldern.

—— *caprea.* Ebendaselbst.

—— *viminalis.* An den Ufern der Bäche.

—— *polymorpha Ehrh.* Auf Wiesen.

—— *babylonica.* An den Ufern der Bäche.

Drei und zwanzigste Classe.

Valantia glabra. Auf Ackerrändern bei Brand und Schönfeld.

Veratrum album. Am Fuße des Schneeberges.

Acer Pseudo platanus. } Nicht häufig in den Schnal-
—— *platanoides.* } lensteiner Forsten.

Vier und zwanzigste Classe.

Equisetum hyemale L. In sumpfigen Waldgegenden.

—— *fluviatile L.* In Wassergräben.

—— *palustre L.* Auf sumpfigen Wiesen.

—— *arvense L.* Auf Aeckern.

—— *sylvaticum L.* In Gehölzen.

Polypodium vulgare L. Vorzüglich in Felsenritzen.

Polypodium Phegopteris. Unweit dem Wasserfalle im Wölfelsgrunde.

——— *Filix Mas. L.* In Wäldern.

——— — *Foemina.*

——— *incisum Hofm.*

——— *molle Schreb.* An Baumwurzeln in Gehölzen.

——— *aristatum L.* An Abhängen der Bergschluchten, selten.

——— *cristatum Hofm.*

——— *fragile L.* In den Ritzen der Felsen am Schneeberge.

——— *Dryopteris.* In Felsenritzen. An Baumwurzeln und an alten faulenden Stöcken.

Onoclea (osmunda) Spicant. Auf felsigem Waldboden.

Ptéris aquilina L. In Wäldern.

Asplenium Ruta muraria L. An Felsenritzen und an alten Mauern.

——— *septentrionale L.* In Felsenritzen.

——— *germanicum L.* An Felsen und Mauern.

——— *Trichomanes L.* Ebendaselbst.

Osmunda lunaria L. An feuchten Orten auf den Seefeldern.

Lycopodium clavatum L.
——— *annotinum.*
——— *complanatum L.*
——— *Selago L.*
} Hin und wieder in Waldungen.

Phascum cuspidatum Schreb.

——— *subulatum Schreb.*

Phascum crispum Hedw.
——— *patens Hedw.*
——— *nitidum Hedw.*
——— *serratum Schreb.*
——— *confervoides Bridel.* Auf Brachfeldern um Wölfelsdorf.

Buxbaumia foliosa L. Auf dem Wege vor dem Wasserfalle im Wölfelsgrunde.
——— *aphylla L.* Auf faulenden Baumstöcken, aber selten.

Sphagnum obtusifolium Ehrh.
——— *acutifolium Ehrh. intermedium Dill.* } Auf den Seefeldern und torfigen Wiesen.

Polytrichum commune L. Auf feuchten Waldplätzen.
——— *juniperifolium Wild.* Am Schneeberge.
——— *piliferum Schreb.* Ebendaselbst.
——— *urnigerum L.* Auf den Seefeldern und am Schneeberge.
——— *aloides Hedw.* Auf den Seefeldern.
——— *ericoides Hofm. P. nonum Hedw.* Am Schneeberge.

Orthotrichum obtusifolium Schrad. Auf alten Weiden.
——— *crispum Hedw.* Auf alten Baumstöcken.
——— *anomalum Hedw.*
——— *striatum Hedw.*
——— *affine Schrad.* } Am Schneeberge.

Encalypta (Leersia) *vulgaris Hofm.* Auf alten Mauern.
——— *ciliata.* Am Schneeberge.
——— *grandis. E. streptocarpa Schrad.* (Journ. für

die Botan. St. 4. S. 254 u. 470.) An einem Waldfelsen bei Lichtenwalde.

Gymnostomum (Bryum L.) *truncatulum Hedw.* Auf den Seefeldern.

——— (Bryum L.) *pyriforme Dill.* Ebendaselbst.

——— *Hedwig. Bryum apocorpon β. L.*

——— *fasciculare? Bridel.*

——— *rutilans Schrad.* (Journ. für die Bot. S. 4. S. 247 und 248.)

Tetraphis pellucida Hedw. Mnium pellucidum L. An schattigen Waldorten.

Bryum apocarpum L. Grimmia apocarpa Hedw. An alten Baumstöcken am Schneeberge.

——— *pulvinatum L.* An Mauern und Felsen.

——— *Starkeanum Hofm. Weissia Starkeana Hedw.* †)

——— *curvirostrum. Diks Weissia recurvirostra Hedw.* Um Wölfelsdorf.

——— *controversum Hofm. Weissia controversa Hedw.*

——— *viridulum L. Fissidens exilis Hedw. Dicranum viridulum Swarz.* An Abhängen in Waldungen.

——— *parvulum* Diks. *Dicranum pusillum Hedw.*

——— *simplex L. Dicranum varium Hedw.*

——— *ovale Hofm. Dicranum ovale Hedw.*

——— *aquaticum Hofm. Dicranum aquaticum Ehrh.*

---

†) Der vollendete Hedwig nannte dieses Laubmoos zum Andenken des ersten Finders desselben, des Hrn. Pastors Stark in Groß-Tschirne, eines um die Schles. Flora sehr verdienten Mannes, Weissia *Starkeana.*

Bryum virens Hofm. Dicranum virens Hedw. Hier und da auf Felsen.

——— *purpureum Hofm. Mnium purpureum L.*

——— *bipartitum Diks?* Varietät von Dicranum purpureum.

——— *strumiferum Hofm. Fissidens strumifer. Hedw.* Auf Felsen.

——— *polycarpum. Fissidens polycarpus Hedw.*

——— *aciculare L. Dicranum aciculare Hedw.*

——— *heteromallum L. Dicranum heteromall. Hedw.*

——— *glaucum L.* Auf sumpfigen Wiesen.

——— *longifolium Hofm. Dicranum longifol. Ehrh.* Auch in der Grafschaft Glatz hat es Hr. Parochus Seliger noch nicht mit reifen Kapseln entdecken können.

——— *scoparium L.* Auf den Seefeldern.

——— *rugosum Hofm. Dicranum undulatum Ehrh.*

——— *undulatum L. Polytrichum undulatum Hedw.*

——— *rigidulum Hofm. Didymodon rigidulum Hedw.*

——— *heterostichum Hofm. Trichostomum heterostichum Hedw.*

——— *canescens Hofm. Trichostom. canescens Hedw.*

——— *lanuginosum Hofm. Trichostomum lanuginosum Hedw.*

——— *fasciculare Dill.*

——— *? capillaceum. Swarzia capillacea Hedw.*

——— *convolutum Hofm. Barbula convoluta Hedw.*

——— *mucronulatum Hofm.*

——— *fallax Hofm. Barbula fallax Hedw.*

——— *rurale L. Barbula ruralis Hedw.*

Bryum murale L. Tortula muralis Hedw.

—— *cuneifolium Hofm.* Varietät von Tortula muralis; kommt auch unter den Nahmen Bryum tegulare und Tortula acuminata vor.

—— *stellatum Hofm. Barbula rigida Hedw.*

—— *subulatum L.*

—— *tortuosum. Tortula tortuosa Hedw.* Auf den Felsen beim Wasserfalle im Wölfelsgrunde.

—— (Dicranum) *Schreberi.* Sieh Journal für die Botanik St. 4. S. 258. n. 18.

—— (Dicranum) *elegans.* Journal für die Botanik St. 4. S. 257.

Trichostomum tortile Schrad. In den Schnallensteiner Wäldern, an Gräben und Ackerrainen.

—— *striatum. Grimmia striata Schrad.* Journal für die Botanik, St. 4. S. 251. Weissia fugax Hedwigii. An Felsen unter dem Schneeberge. Der Hr. Parochus Seliger schickte dieses Laubmoos, das er zuerst entdeckte, dem vollendeten Hedwig kurz vor seinem Tode; er belegte es mit diesem Nahmen. Eine nähere Beschreibung desselben wird, wie ich höre, in den nachgelassenen Schriften zu finden seyn, die des Vollendeten Sohn herausgeben wird.

Mnium androgynum L.

—— *palustre.* Auf den Seefeldern.

—— *triquetrum L. Meesia longiseta Hedw.*

—— *Pohlia Hofm. Pohlia elongata Hedw.* In Wäldern an feuchten Orten.

—— *hornum L.* An schattigen feuchten Waldorten.

Mnium crudum L. An schattigen feuchten Waldorten.
—— *pseudotriquetrum Hedw.*
—— *annotinum L.*
—— *nutans Hofm. Webera nutans Hedw.*
—— *serratum Schrad.*
—— *pyriforme L. Webera pyriformis Hedw.*
—— *caespiticium L.*
—— *capillare L.*
—— *hygrometricum L.*
—— *argenteum L.*
—— *carneum L. Bryum delicatulum Hedw.* Auf Brachen.
—— *stellare Schrad.* In gedrungenen Rasen auf mit Erde und Sand überzogenen Felsen, in den kleinen Bächen der Schnallensteiner Waldungen.
—— *cuspidatum Hofm. Bryum cuspidatum Schreb.*
—— *serpyllifolium L. Bryum punctatum Schreb.*
—— *roseum. Bryum roseum Schreb.*
—— *undulatum L. Bryum ligulatum Schreb.*
—— *fontanum L.* Auf nassen Wiesen.
—— *laterale. Bartramia halleriana Hedw.*
—— *pomiforme. Bryum pomiforme L.*
Hypnum bryoides L. Fissidens bryoides Hedw.
—— *taxifolium L. Fissidens taxifolius Hedw.*
—— *adiantoides L. Fissidens adiantoides Hedw.* An feuchten Stellen.
—— *denticulatum L.* } An Baumwurzeln und
—— *sylvaticum Huds.* } schattigen Stellen.
—— *trichomanoides Schreb.* An Baumwurzeln.

Hypnum complanatum L.

—— *pennatum. Fontinalis pennata. Neckera pennata Hedw.*

—— *crispum L.* Auf den Felsen des Wasserfalls im Wölfelsgrunde.

—— *purum L.*

—— *compressum Schreb.* In Wäldern um Wölfelsdorf.

—— *cuspidatum L.*

—— *triquetrum L.*

—— *nitens Schreb.* Auf feuchten Wiesen um Wölfelsdorf.

—— *abietinum L.* Mit der Kapsel.

—— *proliferum L.*

—— *recognitum Hedw.* Swarz hält es für eine Varietät des H. proliferi.

—— *umbratum Ehrh.*

—— *parietinum.* Am Schneeberge.

—— *commutatum Hedw.* Auf feuchten Stellen um Wölfelsdorf.

—— *silicinum Dill.*

—— *crista castrensis L.*

—— *molluscum Hedw.* An der Mauer des herrschaftlichen Gartens zu Wölfelsdorf.

—— *uncinatum Hedw.*

—— *cupressiforme L.*

—— *palustre L. Leskia paludosa Hedw.* Auf Erlenwurzeln.

—— *palustre Schrad.* An den Steinen der Waldbäche.

Hypnum aduncum L.
—— *stellatum Schreb.*
—— *squarrosum L.*
—— *curtipendulum L.*
—— *sciuroides L.*
—— *viticulosum L.* An Waldfelsen und alten Baumstöcken.
—— *attenuatum Schreb. Leskia attenuata Hedw.*
—— *albicans Hedw.* Auf Sandboden.
—— *myosuroides Hedw.*
—— *dendroides L.*
—— *alopecurum L.*
—— *polycarpon Hofm. Leskia polycarpa Ehrh.*
—— *subtile Hofm. Leskia subtilis Hedw.*
—— *filiforme Hofm. Pterigynandrum filiforme Hedw.*
—— *serpens L.*
—— *praelongum L.*
—— *intricatum Schreb.*
—— *velutinum L.*
—— *plumosum Hofm.*
—— *salebrosum Hofm. ? Hypnum plumosum Hedw.*
—— *polyanthes Schreb. Leskia polyantha Hedw.*
—— *sericeum L. Leskia sericea Hedw.*
—— *lutescens Schreb.* An Felsen beim Wasserfalle im Wölfelsgrunde.
—— *piliferum Hedw.*
—— *striatum Schreb.*
—— *brevirostrum Ehrh.*
—— *strigosum Hofm.* An schattigen Bergabhängen.
—— *murale Hedw.*

Hypnum rutabulum L.

—— *riparium L.* Auf Felsen an Bächen.

—— *rivulare Ehrh.* *Hypnum riparioides Hedw.*

—— *tenue Schrad.*

—— *molle Dicks.* Auf Felsen, in und an Wasserbächen.

—— *abbreviatum.* Auf Felsen des Wasserfalles im Wölfelsgrunde.

—— *cordifolium Hedw.* In ausgebreiteten Rasen auf feuchten Wiesen und andern solchen Stellen in den Schnallensteiner Waldungen, zu Wölfelsdorf, Ebersdorf, Ober-Langenau, Mittelwalde, Neudorf ꝛc.

—— *incurvatum Schrad.*

Diese Spec. Hypn. die Hofmann in seinem Taschenbuche nicht aufführt, sind auch in der Grafschaft zu finden.

—— *Weigelianum.* Ich habe dieses Moos in ganz großen Rasen zuerst bei Roth-Zechau, unweit Schmiedeberg, entdeckt. Es hatte einen nahe am Walde in einer sehr sumpfigen Gegend liegenden Grasgarten beinahe ganz überzogen. Der selige Hedwig erklärte es für neu, und verlangte von mir einen ganzen Rasen, um es genau zu beobachten. Ich schickte ihm einen großen Rasen, er starb aber bald darauf. Nachher fand es Hr. Pfarrer Seliger auch in der Grafschaft Glatz, und Hr. Dr. Blottner nannte es freundschaftlich nach meinem Nahmen. Hr. Dr. Schrader soll dieses Moos auch in Nieder-Sachsen gefunden haben. Die Glatzer Monathschrift (B. 2. St. 2. S. 52. ff.) beschreibt es folgendermaßen:

„H. W. trunco diviso; ramulis variis repentibus, procumbentibus, erectiusculis; foliis subfalcatis, acuminatis, enerviis subsecundis; theca inflexa, operculo conico obtuso.“ Die Würzelchen sind sehr zart, zahlreich, haarförmig, bräunlich. Das Stämmchen ist bald an der Wurzel, bald etwas weiter hinauf in einige Aeste zertheilet, die fast aus einem gemeinschaftlichen Puncte ihren Ursprung nehmen. Die Aeste, an der Zahl zwei bis fünf, sind schmal, gegen das Ende verdünnt, und etwa einen Zoll lang; sie kriechen entweder durch Wurzeln fort, oder liegen bloß danieder, oder richten sich, wiewohl selten, etwas in die Höhe. Die Blätter sind lanzenförmig, langgespitzt, ohne Mittelrippe, am Rande ganz, etwas blaßgrün, meistens auf einer Seite der Aeste, und beinahe sichelförmig gekrümmt. Die Kapselborste entspringt entweder aus der Wurzel, oder an jenem Orte, wo sich das Stämmchen in Aeste theilet, und ist mit lanzenförmigen, gespitzten, rippenlosen, anliegenden Blättern umhüllt. Die Borste selbst ist glatt, etwas gewunden, purpurröthlich und über einen Zoll lang. Die ungefähr eine Linie lange Kapsel ist umgebogen, von der Farbe der Borste auch bräunlich, und gegen ihren Anfang verdünnt. Der Deckel kegelförmig, abgestumpft, purpurröthlich, oder bräunlich. Die Mütze zerreißt an der Seite. Die männlichen und weiblichen Blumen sind noch nicht beobachtet worden. Am Kapselmunde befinden sich äußerlich sechzehn langgespitzte Zähne, die einen etwas breiten Grund haben, sich in die Höhe richten, und an der Spitze ein wenig umgekrümmt sind. Die innern Zähne bestehen aus einer Haut, die auf gleiche Art zerrissen und gefranzt ist.

Es wächst in gedrungenen Rasen auf faulenden Baumstöcken im Walde des Krähenberges, in dem kleinen Wäldchen bei Glasegrund, bei Kieslingswalde, Lichtenwalde, Wölfelsgrund, Rosenthal, Seitendorf. In höhern Waldungen erscheint es sparsamer. Je fauler die Strünke sind, ein desto schöneres und vollkommneres Ansehen hat es. Man trifft es beinahe zu allen Jahreszeiten mit der Kapsel an *).

Fontinalis antipyretica L.

Andreaea petrophila Ehrh. *Jungermannia alpina L.*

Jungermannia emarginata Ehrh.

——— *setiformis Ehrh.*

——— *trichophylla L.*

——— *Tomentella Ehrh.*

——— *pulcherrima Web.*

——— *ciliata Leers.*

——— *albicans L.*

——— *resupinata L.* Auf faulenden Baumstämmen.

Junger-

*) Außer diesen hier angezeigten Moosen hat Hr. Par. Seliger noch drei neue Arten Hypnum, eine neue Art Leskia, Swarzia, Weissia und Bartramia entdeckt, und sein unermüdeter Fleiß giebt zu noch mehrern neuen Entdeckungen große Hoffnung.

Jungermaunia undulata L.
—— *complanata L.*
—— *dilatata L.*
—— *tamariscifolia L.*
—— *reptans L.*
—— *platyphylla L.*
—— *radicans Mich.* Auf Felsen in Wäldern.
—— *asplenioides L.*
—— *viticulosa Dill.*
—— *polyanthos L.*
—— *bidentata L.*
—— *bicuspidata L.*
—— *barbata Schreb.*
—— *scalaris Dill.*
—— *pusilla Hedw.*
—— *palmata Hedw.*
—— *epiphylla L.*
—— *heterophylla.* Eine neue Art.
Marchantia conica. An den Felsen des Wasserfalles.
—— *polymorpha.* An den Ufern der Bäche und andern feuchten Stellen.
—— *quadrata.* An den Felsen des Wasserfalles, sehr selten.
Anthoceros laevis L.
—— *crispus.*
Blasia pusilla L.
Riccia ciliata Mich.
—— *glauca Hedw.*
Collema Vespertilio Hofm. } Beide an den Felsen
—— *auriculatum Hofm.* } des Wasserfalles im

Wölfelsgrunde. Bernhardi vereinigt beide Arten unter dem Nahmen Lichen nigrescens.

Collema tomentosum Hofm. *Lichen myochrous Bernh.* Auf Urlen.

—— *crispum.* } *Lichen pulposus Bernhardi.*
—— *cristatum.* }

—— *Botrytis Hofm.*

—— *nigrum Hofm.*

—— *pulvinatum Dill.* } *Lichen Tremella Bernh.*
—— *ciliatum Dill.* }

Beide an den Felsen des Wasserfalles.

Peltigera canina Jacq.

—— *polydactyla Hofm.*

—— *rufescens Jacq.*

—— *horizontalis Jacq.*

—— *venosa Hofm.*

—— *papyracea Hofm.*

—— *tomentosa Hofm.*

—— *sylvatica Hofm.*

Umbilicaria polyphylla Hofm.

—— *pustulata Hofm.*

—— *crinita Hofm.*

Cladonia rangiferina Dill.

—— *racemosa Hofm.*

—— *furcata Dill.*

—— *uncialis Dill.*

—— *papillaria Jacq.*

—— *subulata Dill.*

—— *gracilis Dill.*

—— *pyxidata Hofm.*

Cladonia simplex Dill.
——— *fimbriata* Dill.
——— *coccinea* Dill.
——— *phyllophora* Hofm.
——— *foliacea* Mich.
——— *macilenta* Hofm.
——— *botrytes* Hofm.
——— *cornucopioides* Mich.
Stereocaulon paschale Hofm. Auf Sandboden.
——— *globiferum* Hofm. Auf alten Tannen.
——— *fragile* Hofm. Auf den Schwalbensteinen.
Usnea plicata Dill.
——— *barbata* Dill.
——— *hirta* Hofm.
——— *florida* Hofm.
——— *flaccida* Dill.
——— *bicolor* Ehrh.
——— *chalybeiformis* Dill.
——— *intricata* Ehrh.
——— *hippotrichodes* Web.
——— *ochroleuca* Hofm.
Lobaria farinacea Dill.
——— *squarrosa* Vaill.
——— *populina* Ehrh.
——— *prunastri* Dill.
——— *aculeata* Hofm.
——— *islandica* Hofm.
——— *furfuracea* Hofm.
——— *ciliaris* Hofm.
——— *saxatilis* Hofm.

Lobaria pinastri Hofm.
—— *pulmonaria Hofm.*
—— *aquatica Hofm. Endocarpon Weberi Achar.* Auf Felsen am Wasserfalle im Wölfelsgrunde.
—— *caperata Hofm.* Auf hölzernen Dächern.
—— *perlata Jacq.*
—— *glauca Hofm.*
—— *fallax Hofm.*
—— *tiliacea Hofm. Lichen quercinus Wild.*
—— *olivacea Hofm.*
—— *parietina Hofm.*
—— *physodes Hofm.*
—— *pertusa L. Pertusus Schrank.*
—— *hispida Hofm.*
—— *stellaris Hofm.*
—— *ambigua Ehrh.*
—— *aipolia Hofm.* An der Rinde der weißen Birke.
—— *pulverulenta Hofm.*
—— *centrifuga Hofm.*
—— *stygia Hofm.*
—— *ciliata Hofm.*
—— *incurva Hofm.*
—— *muralis Hofm.*
—— *saxicola Hof.*
—— *candelaris Hofm.*
—— *concolor Dicks.*
Psora squamata Dicks.
—— *pezizoides Hofm.*
—— *microphylla Hofm.* Auf Felsen am Wasserfalle.
Verrucaria perella Hofm.

Verrucaria faginea Hofm.
——— *orbiculata Hofm.*
——— *farinosa Hofm.*
——— *pallida.* Auf Granitfelsen am Schneeberge und auf der Weißbirke.
——— *impolita.* Ebendaselbst auf Glimmerschiefer.
——— *rubella Ehrh.*
——— *cerina Hofm.*
——— *subfusca Hofm.*
——— *cinereo-atra Jacq.* Auf Gneiß am Schneeberge.
——— *badia Hofm.*
——— *atra Hofm.* Ebendaselbst.
——— *ocellata Hofm.* Ebendaselbst auf Gneiß und Granit.
——— *contigua Hofm.*
——— *tesselata Hofm.*
——— *multipunctata Hofm.*
——— *scruposa Hofm.*
——— *silacea Hofm.*
——— *Oederi. Fl. dan.*
——— *caerulescens Hag.*
——— *dispersa Hofm.*
——— *muscorum. Fl. dan.*
——— *punctiformis Hofm.*
——— *varia Hofm.*
——— *polytropa Ehrh.*
——— *sulphurea Hofm.*
——— *vitellina Hofm.*
Opegrapha geographica. Achar.

Opegrapha scripta Achar.
——— *siderella Achar.*
——— *pulverulenta Persen.*
——— *squammulosa Schrad.* Auf Granit und Gneiß am Schneeberge.
——— *patellaris Schrad.* An Kieferrinde.

Noch habe ich folgende Lichenen, die in der Grafschaft zu finden sind, die ich aber genöthiget bin, da ich sie theils nicht gesehen habe, theils die Bücher, wo ich mich Raths erhohlen könnte, nicht besitze, hier außer ihrer Ordnung aufzuführen. Ich hoffe überhaupt Verzeihung von dem Leser, wenn ein Irrthum mit untergelaufen ist, zu erhalten, wenn ich sage, daß mir die kostbaren botanischen Werke fehlen.

Lichen aeruginosus Acharii. Er überzieht die faulenden Baumstöcke gänzlich.
Lichen commutatus, eine neue Art, auf alten Buchen und Tannen.
Endocarpon pusillum. Hat H. Par. Seliger auf der Erde gefunden.
Byssus aurea?
——— *bombycina.*
——— *botryoides.*
——— *atra.*
——— *olivacea.*
Byssus petraea.
——— *Iolithus.*
Conferva rivularis.
——— *bullata.*
——— *muscorum.*
Agaricus muscarius.
——— *plumbeus.*
——— *procerus.*
——— *campestris.*
——— *virgineus.*
——— *integer.*
——— *Georgii.*
——— *deliciosus.*
——— *piperatus.*
——— *stipticus.*

Agaricus torminosus.
——— *lactifluus.*
——— *violaceus.*
——— *campanulatus.*
Merulius umbonatus.
——— *aurantiacus.*
——— *fagineus.*
——— *cantharellus.*
——— *alneus.*
——— *betulinus.*
——— *quercinus.*
Boletus perennis.
——— *luteus.*
——— *bovinus.*
——— *rufus Mattuschka.*
——— *mutabilis Gmel.*
——— *bulbosus Matt.*
——— *fasciculatus.*
——— *lacrymans.*
——— *cinnabarinus.*
——— *betulinus.*
——— *versicolor.*
——— *adustus.*
Hydnum imbricatum.
——— *repandum*
——— *gelatinosum.*
——— *auriscalpium.*
——— *mucidum.*
——— *obtusum.*
——— *byssinum.*
Thaelaephora hirsuta.
——— *lilacea.*
——— *nigrescens.*
——— *variegata.*
——— *colliculosa.*
——— *carnea.*
——— *viridis.*
——— *papyracea.*
Clavaria amethystina.
——— *pistillaris.*
——— *ophioglossoides.*
——— *abietina.*
——— *coralloides.*
——— *muscoides.*
——— *mucida.*
——— *aurea.*
Tremella granulata.
——— *pisum.*
——— *moniliformis.*
——— *sepincola.*
——— *Nostoc.*
——— *encephaloides.*
——— *arborea.*
Phallus esculentus.
——— *impudicus.*
Helvella Mitra.
——— *clavata.*
——— *cochleata.*
Peziza fungoidaster.
——— *viridis.*

Peziza crocea.
——— *suberosa.*
——— *citrina.*
——— *albida.*
——— *caliculus.*
——— *cupularis.*
——— *scruposa.*
——— *scutellata.*
——— *compressa.*
——— *applanata.*
——— *hirsuta.*
——— *nivea.*
——— *auricula.*
——— *grisea.*
——— *coccinea.*
——— *populnea.*
Volutella volvata.
——— *nuda.*
Epichysium argenteum.
Cyathus striatus.
——— *cylindricus.*
Atractobolus annularis.
Didymium stellat. Schrad.
Puccinia graminis.
Lycoperdon Proteus.
——— *cervinum.*
——— *bovista.*
——— *pedicellatum.*
——— *epidendrum.*
Fuligo panicea.
Fuligo septica.
Stemonitis typhina.
——— *fusca.*
Calicium sulphureum.
Embolus sepulcralis.
Arcyria cinnabina.
——— *cinerea.*
Trichia favoginea.
——— *gymnosperma. Persoon.*
Reticularia fragilis.
——— *lycogala.*
Acidium crassum. Person.
——— *Petasitidis.*
——— *Pini.*
——— *Euphorbiae.*
——— *Anemones.*
——— *Campanulae.*
Unedo albida.
——— *Alchemillae.*
Sphaeria hypoxylon.
——— *hirsuta.*
——— *herbarum.*
——— *castorea.*
——— *atro-purpurea.*
——— *spermoides.*
——— *placenta.*
——— *nitida.*
——— *gelatinosa.*
——— *fragifera.*

Sphaeria tristis.
—— deusta.
—— mammiformis.
—— hystrix.
—— cristata.
—— bullata.
—— stigma.
—— subvirescens.
—— disciformis.
—— nivea.
—— Bombarda.
—— tubaeformis.
—— conica.
—— parabolica.
—— cylindrica.
—— moriformis.
—— hispida.
—— calva.
—— porphyrogona.
—— rostrata.
Hysterium candidum.
—— arundinaceum.
—— prunastriSchrad.
Pyrenium terrestre.
Sclerotium Semen.
—— subterraneum.
Tubercularia vulgaris.
—— fasciculata.
Ascophora limbiflora.
—— disciflora.
Chordostylum capillare.
—— hispidulum.
Rhizomorpha capillaris.
Mesenterica tremelloides.
Mucor ovalis.
—— plumosus.
—— araneosus.
Hydrophora minima.
—— tenella.
—— stercorea.
Granularia pisiformis.
Racodium ocellare.
Xyloma acerinum.
Aegerita candida.
Trichoderma casuin.
Physarum vulgare.
Mitrula Heideri.

C. Mineralreich *).

I. Erden und Steine.

A. Kieselgeschlecht.

1) **Olivin.** Von grasgrüner und Isabellgelber Farbe, die ins spargel- und zeisiggrüne übergeht, in ansehnlichen Massen von runder Gestalt, von mehrern Zollen Durchmesser, bisweilen größer als ein Hünerey, bis zu kleinen Puncten hinab, wenig glänzend, kleinmuschelig, nur an den Kanten durchscheinend; in kleinern Stücken olivengrün, glänzend, halb durchsichtig, kleinkörnig, mit einer Anlage zum Blätterigen, in dem grobkörnigen, dichten und porösen Basalt des Ueberschaarberges. Er ist ganz deutlich in den Basalt eingewachsen, also früher als der Basalt selbst, und unabhängig von seiner Formation.

Olivengrün, in kleinen Massen, in dem Basalt des Winklersberges und des grauen Berges.

2) **Augith.** Dunkel-, oliven- und lauchgrün, in kleinen Massen in den Olivin eingemengt in dem Basalt des Ueberschaarberges. In größern isolierten Massen in dem grobkörnigen Basalt des Winklersberges.

3) **Granat.** Blut- und bräunlichroth, die sechsseitige Säule mit drei auf abwechselnde Kanten aufgesetzte Zuspitzungsflächen, klein und sehr klein im Glimmerschiefer, bei Landeck, Schönau,

*) Ich folge dem neuesten System des Herrn Bergraths Werner.

Leuthen, Wölfelsdorf, am Jauersberge und am Schneeberge; hier oft in einer so großen Menge, daß sie bei ihrer Kleinheit Flecken der Gebirgsart zu seyn scheinen. Auf den Höhen findet man sie aus der Gebirgsart herausgefallen in der Dammerde. Bisweilen sind sie auch dem Gneiße eingemengt.

4) **Schörl.**

Gemeiner Schörl. Schwarzer, in sehr kleinen Säulen krystallisiert, mit Granaten, im **Glimmerschiefer** am Jauersberge, nicht häufig, — in der Gebirgsart des Klessengrundes — im **Quarze** des **Heidelberges** selten.

5) **Quarz.**

a) **Amethyst. Violblau, mehr oder weniger**, in Pyramiden, in kleinen Drusen, in einem **Quarzlager** unter der **Wake** am Finkelhübel bei Reichenau.

Derb mit gestreiften Absonderungsflächen und **milchweiß**, die Krystallen bis zur mittlern Größe hinauf, in eben dieser **Wake**.

Violblau und weißgrau, in einem sehr mächtigen **Quarzlager** im **Glimmerschiefer**, im Klessengrunde.

b) **Gemeiner Quarz.**

Im Granit. Wenig in dem **neuern Granit** bei Landeck, Glatz, Hausdorf, Neudeck; mehr in dem ältern **Granit** am Schneeberge, bei Cudowa, Passendorf, Reinerz, **Brand, Vogtsdorf**, an der hohen Mense gegen Gieshübel.

Im **Gneiße. Bläulichgrau**, selten in kleinen Lagern im **Gneiße** der Schwalbensteine auf der Koppe des Schneeberges, und als Gemengtheil anderer Gneißfelsen an diesem Berge.

Im **Glimmerschiefer**, den er in halben Zoll starken Trümmern durchsetzt, und in sechsseitigen Säulen krystallisiert bei Merzberg, Wolmsdorf, Neu-Waltersdorf. Die Krystalle begegnen sich mit ihren Spitzen von den Saalbändern her, und bilden sternförmige Drusen.

Im **ältern Sandstein** bei Neu-Waltersdorf, Kieslingswalde, Rengersdorf, Schwedeldorf, Nieder- und Mittel-Steine, am Allerheiligenberge, bei Roth-Waltersdorf, Buchau, Kunzendorf, Hausdorf, Eckersdorf, Neudorf und Ludwigsdorf.

Im **neuern Sandstein. Röthlich** und **graulichweiß**, sehr kleine Körner, am Gebirge der Heuscheune, bei Alt-Heide, Bätzdorf, Stolzenau, Ober-Albendorf und Wünschelburg.

Im **Conglomerat.** Von allen Farbenabwechselungen, **rauchgrau, gelblich, bläulich, perlgrau, carmesin, bläulichroth, hell-** und **graulichweiß**, mit den nach den Farben sich ändernden Graden von Durchscheinenheit, bei Lomnitz und Schwedeldorf.

Mit **gelblichgrauem Bindungsmittel**, in gewöhnlich **runden Geschieben von Eygröße** und mehr, bei Buchau und Neurode, besonders häufig bei Schönfeld, Kieslingswalde.

In weniger großen Geschieben bei Habelschwerdt und Neu-Waltersdorf.

Dunkelrauchgrau, feinsplitterig ins Ebene und so in **Kieselschiefer** übergehend, in großen langrunden Stücken, ebenfalls im **Conglomerat**, bei Buchau, Neurode, Kunzendorf.

Als **Lager**,

* im **Glimmerschiefer** bei Landeck und Schönau; zwanzig Lachter mächtig, **graulich** mit **Amethyst**, im Klessengrunde.

** im **Hornblendeschiefer** auch in Trümmern, die ihn in der Mächtigkeit eines Zolles durchsetzen, in denen der Quarz in Krystallen von beiden Seiten her angeschossen ist, die sich in der Mitte vereinigen, und als stängelig abgesonderte Stücke erscheinen, die Spitzen als sehr kleine stark glänzende Pyramiden (Landecker Diamanten) öfters nur um ein Bruchstück der Gebirgsart angesetzt, bei Landeck gegen Leuthen hin, bei Winkeldorf, auf dem Friedrich zu Merzberg.

Sehr rein, in einem mächtigen Lager, über **Stuhlseifen**, am Heidelberge. An der Mitternachtsseite dieses Gebirges kommt er in großen Geschieben vor. Er wird in den Glashütten benutzt.

Im **Gemenge**, mit **Jaspiß**, **Braunspath**, **Kalkspath**, **spathigem Eisenstein** und eingesprengtem **Kupferkies**, sehr häufig in kleinen Pyramiden krystallisiert, am Lehrberge. Die Trümmer dieses Gemenges sind mit kleinen stark glänzenden Quarzkrystallen von doppelt sechsseitigen Pyramiden erfüllt, die auf hervorstehenden Felsstücken einen ungewohnten Glanz um sich verbreiten; eine vorzüglich große Masse hat daher den Nahmen **Diamantfels**. Mit Feldspath, Glimmer und Hornblende (in Syenit übergehender Granit) bei Neudeck, Ober-Hausdorf bis nahe vor Glatz.

Als **kleine Körner im Feldspath**, der sich in dem **Basalt** des Ueberscharberges findet.

Als **Sammlung kleiner Krystalle**, in der **Wake** des Finkenhübels, bei Melling, Wolmsdorf, Landeck.

6) **Hornstein.**

a) **Splittriger**, am Eichberge bei Grafenort.

b) **Holzstein**, in großer Menge im Conglomerate bei Buchau, bisweilen inwendig mit kleinen Quarzdrusen besetzt; es wird meist in abgerissenen Stücken gefunden.

7) **Chalcedon.**

a) **Gemeiner Chalcedon. Milchweiß, perlrauch- und bläulichgrau**, als länglich runde Mandeln, von Gerstenkorn- bis Taubeney-Größe, in der **Wake** am Finkenhübel, inwendig oft mit einer Höhlung, in der selten Wasser eingeschlossen ist; er ist theils klein nierenförmig, theils mit **Carneol, Amethyst** und **Grünerde** bedeckt. Mit **Jaspis** zwischen Reichenau und Coritau.

b) **Carneol**, als Bedeckung des Chalcedons und im Gemenge an den vorigen Orten.

8) **Kieselschiefer.**

a) **Gemeiner Kieselschiefer**, bei Neu-Weistritz.

b) **Lydischer Stein**, mit dem vorigen häufig im groben Conglomerate bei Schlegel, Buchau, Neurode. In weniger großen Stücken im ältern Sandstein bei Habelschwerdt und Kieslingswalde.

9) **Obsidian.** In dem Basalt des Ueberschaarberges befindet sich ein dunkelschwarzes, kleinmuscheliges Fossil, in langen zollgroßen Stücken bis zur fast unsichtbaren Größe, und ist dann nur noch durch den Glanz im Basalte zu erkennen, das von angesehenen Mineralogen für Obsidian *) gehalten wird.

10) **Zeolith.** Hellweiß, als Beschlag in feinen Dendriten auf dem Rande der runden Poren des Basalts am Ueberschaarberge. Gelblichweiß, aus einander laufend, kleinstrahlig, in kleinen Massen, selten in eben diesem Basalt. Im Achat am Finkenhübel.

B. **Thongeschlecht.**

1) **Jaspiß.**

Gemeiner Jaspiß.

* Im Gemenge mit Braunspath, Kalkspath, spathigem Eisenstein und öfter eingesprengtem Kupferkiese, am Lehrberge. Mit Car-

*) Reuß mineral. Geogr. von Böhmen B. 2.

neol und Chalcedon, zwischen Reichenau und Coritau.

** Als kleines Lager, in den Lagern von drusigem Quarz in der Wake am Finkenhübel.

*** In Geschieben, grüngefleckt, bei Roth-Ebersdorf; röthlich bei Brand und Friedrichsgrund.

2) Opal.

Gemeiner Opal. Milchweiß, kleinmuschelig, in dem Basalt des Ueberschaarberges.

3) Feldspath.

Gemeiner Feldspath.

Im Granit, bei Glatz, Hausdorf, Landeck, Cudowa, Reinerz, Brand, Vogtsdorf, an der hohen Mense gegen Gieshübel, Passendorf, am Schneeberge.

Im Gneiße, meistens von gelblichweißer Farbe, am Eulengebirge, bei Landeck, Leuthen, Schönau am Winklersberge, Reyersdorf, im Wölfelsgrunde, am Spitzberge in klein- und feinkörniger Form, bei Ober- und Nieder-Thalheim, Schreckendorf, Conradswalde, Wilhelmsthal in Geschieben; bei Merzberg, Johannisberg grobschieferig, Neu-Waltersdorf, Ullersdorf, Kunzendorf, Seitenberg, am Heidelberge und Schneeberge.

Im Glimmerschiefer kommt er nur höchst selten, als zufälliger Gemengtheil vor.

Im Basalt. Gelblich und graulichweiß, in Massen oft 4 bis 5 Zoll lang und 2 bis 3 Zoll breit

breit, von einer merkwürdigen, regelmäßigen oblongen Gestalt, sehr porös, doch in den Poren nie krystallisiert, sondern nur mit einem matten, braunen Ocher bedeckt, an den Ecken abgerundet, vorzüglich in dem porösen Basalt auf dem Gipfel des Ueberschaarberges. Am Fuße dieses Berges von Wallnußgröße, und dann mit Olivin, und öfter mit kleinen Quarzkörnern gemengt.

Mit lauchgrüner Hornblende, als eine dem Serpentinsteine untergeordnete Gebirgsart, (Zobtenfels, uranfänglicher Grünstein) bei der Wenceslaus-Grube und am Lehrberge bei Hausdorf, zwischen Schlegel und Ebersdorf, als ein ziemlich ausgedehnter Gebirgszug, auf welchem das Steinkohlengebirge ruht.

Gelblichweiß. In einem Gemenge von wenig Quarz, Glimmer und Hornblende bei Neudeck, Ober-Hannsdorf bis nahe vor Glatz.

4) **Gemeiner Thon.**

a) **Töpferthon.** Bei Habelschwerdt, Herrnsdorf, Krotenpfuhl, Mittelwalde, Alt-Wilmsdorf, Gellenau.

b) **Verhärteter Thon.** Auf dem Gneißgebirge aufliegend und zwischen den Sandsteinlagern des Flötzgebirgszuges, bei Nieder-Langenau, Neu-Weistritz. Noch führe ich hier — ob mit Recht? ein in dasiger Gegend Thonniere benenntes Fossil auf, es soll etwas Kalk enthalten, und von einigem Metallgehalt seyn. Im Mittelpuncte findet man gemeiniglich ein Schalthier oder Insect. Man findet es zerstreut im verhärteten Thon, und im verhärteten Mergel zwischen Plomnitz, Alt-Waltersdorf und Krotenpfuhl.

Eisenschüssige Thonnieren liegen bei Schwenz, Eckersdorf, und ebenfalls bei Plomnitz und Alt-Waltersdorf.

c) **Schieferthon. Schwärzlichgrau.** Er bildet das Hangende und Liegende des Steinkohlengebirges um Neurode. Man findet ihn mit häufigen Pflanzenabdrücken, die, ungeachtet der Deutlichkeit des Abdruckes der Theile derselben, nirgends erkennbar sind, von mehreren Zollen Durchmesser, selbst in Flötzen, die kaum die Mächtigkeit eines Lachters erreichen, auf dem Ferdinand und Wenceslaus zu Hausdorf, bei Schlegel, Neudorf, Ebersdorf, Eule, Eckersdorf, Brand, Neu-Weistritz.

Grünlichgrau, als **Uebergang in Conglomerat**, im Kalkbruche bei Volpersdorf.

Mit **Schilf- und Schalenthier-Abdrükken**, bei Kieslingswalde.

5) **Tripel.** An den Seefeldern zwischen Grunwald und Kaiserswalde.

6) **Brandschiefer.** Bisweilen auf den Steinkohlengruben, Johann Baptist zu Schlegel, Wenceslaus zu Hausdorf, Frischauf zu Eckersdorf und bei Neurode.

7) **Wetzschiefer.** An den Ufern der Steine bei Birkwitz und Bischkowitz und Hollenau, in unbestimmten Verhältnissen, als eine dem Thonschiefer untergeordnete Gebirgsart.

8) **Thonschiefer.** Bläulichgrau, als anstehende Gebirgsart, in noch nicht bestimmten Verhältnissen, unter Roth-Waltersdorf, zwischen Wartha und Glatz, unweit Gabersdorf, bei Schwenz, Wiese, Morischau, Eichau, Glatz, Eisersdorf, Ullersdorf. Er könnte als Dachschiefer gebraucht werden. Es scheint, als ob sich diese Gebirgsart nach und nach in den Zobtenfels des Hrn. von Buch, auf den Höhen von Neudeck und Warthe umändere.

9) **Glimmer.** Als **Bestandtheil des Granits.** Bisweilen **kleinkörnig, schwarz,** sehr oft als **Uebergang in Hornblende,** im **neuern Granit.** Als **Bestandtheil des Gneißes,** bei Leuthen, Schönau, am Winklersberge, am Heidel- und Schnee- und Spitzberge, bei Reyersdorf, Schreckendorf, Conradswalde, Wilhelmsthal, Johannisberg, Merzberg, Ullersdorf, Kunzendorf, Seitenberg und Neu-Waltersdorf.

Schwarz, dunkelschwarz, von mehr oder weniger dick auf einander liegenden Blättchen, nach deren Menge sich der Uebergang der Gebirgsart in Granit richtet. Durch atmosphärische Einwirkung **tombackbraun,** dann silberweiß, eine Farbenänderung, die vom Rande der Blättchen sich nach ihrer Mitte zu ausdehnt, am ganzen Eulengebirge, bei Ober= und Nieder=Thalheim, Landeck, Wölfelsdorf und Wölfelsgrund.

Im **Glimmerschiefer. Grünlichgrau**, glänzend und starkglänzend, in großen fortsetzenden Blättchen in dem, der die Decke des Schlesisch=Mährer Gebirges, des Schneeberges und des Habelschwerdter Gebirges ausmacht.

Grünlichgrau mit braunen Flecken, auf dem Habelschwerdter Gebirge bei Alt=Lomnitz.

Silberweiß, bei Conradswalde auf dem Wege nach Habelschwerdt.

Im **Comglomerat**, in **silberweißen Blättchen**, vorzüglich dort, wo es den **Kalk** berührt, oft mit **Trochiten** im Gemenge, und zum Theil im **Kalkstein** selbst, bei Neudorf, Volpersdorf, Kieslingswalde und Hausdorf. Als Gemengtheil der Geschiebe uranfänglicher Gebirgsarten.

Von **grauer Farbe**, als Geschiebe sehr häufig im basaltischen Conglomerate unter dem Ueberschaarberge.

Im **Kalke. Silberweiß und rothfleckig abwechselnd, durch Eisenkies gefärbt**, bei Eisersdorf im Kalkbruche, bei Keulendorf, Reinerz, Jauernig.

Silberweiß, in dem Volpersdorfer Kalkbruche, bei Neudorf, Kieslingswalde und Hausdorf.

Im Gemenge mit wenig Quarz, Feldspath und Hornblende bei Neudeck, Ober=Hannsdorf bis nahe vor Glatz.

10) **Hornblende.**

a) Gemeine Hornblende.

Im neuern Granit nicht selten; oft in derben Nieren bei Hausdorf, zwischen Nieder-Steine und Eckersdorf. Sie hat aber meistentheils das für sie charakteristische **Gestreifte** ihrer Bruchfläche nicht, weil sie in etwas größern Bruchstücken springt.

Im Gneiße und mit Quarz innig gemengt, unter dem Wölfelsfall und im Wölfelsgrunde.

Im uranfänglichen Kalke bei Stuhlseifen.

Im Gemenge:

Innig mit Quarz, oberhalb Leuthen und am Schneeberge. Mit **Feldspath, dunkelgrünlichschwarz**, sehr grobkörnig — auch **rein** — zwischen Ebersdorf und Schlegel, als ganzes Gebirge bei Hausdorf, unfern der Wenceslaus-Grube.

Lauchgrün, in gleichen Verhältnissen zwischen Schlegel und Nieder-Steine, bei Stuhlseifen.

Im Gemenge mit **Feldspath, Hornblende** und wenig Quarz, bei Neudeck und Ober-Hannsdorf bis nahe vor Glatz.

Als **Lager**. **Dunkelgrünlichschwarz**, sehr häufig im Glimmerschiefer, von kleinen und langkörnigen abgesonderten Stücken, an der Abendseite des Conradswalder Thales, an den Thalheimer Höhen, unter dem Wasserfalle im Wölfelsgrunde, bei Stuhlseifen, am Kirchberge bei Hammer, bei Winkeldorf.

Ferner **langkörnig** im Sienit, auf den Höhen bei Nieder- und Mittel-Steine.

b) **Hornblendeschiefer.** Als Lager im **Glimmerschiefer**, am Schneeberge und bei Eisersdorf. Häufig als Geschiebe im groben Conglomerate in der Neuroder Gegend, z. E. bei Buchau.

11) **Basalt.** Graulichschwarz, ganz **ohne Hornblende**, mit **Olivin**, **Opal**, **Augith**, **Feldspath** und einem **Obsidian** ähnlichen Fossil in 1½ Fuß mächtigen, senkrechten, gegen hundert Fuß sichtbaren Säulen am Ueberschaarberge. Auf dem Gipfel sehr porös mit eckigen Poren von Wallnußgröße bis zu der eines Hirsekorns, unausgefüllt mit scharfen Kanten. In Säulen von zwei bis drei Fuß Stärke, auch in klein und grob abgesonderten Stücken am Winklersberge. Auf die letztere Art, ohne Säulen, am grauen Berge bei Nieder-Thalheim. In Geschieben bei Habelschwerdt.

12) **Wake. Röthlichbraun, bräunlichroth, seltner graulichschwarz**, mit vielen Mandeln von **Chalcedon**, **Amethyst** in Pyramiden, **Carneol**, **Jaspiß** und **Grünerde**, in großer Erstreckung am Finkenhübel, bei Coritau und Nieder-Steine, am Göbelberge bei Alt-Weistritz.

13) **Grünerde.** Als innerer Ueberzug der hohlen Mandeln in der Wake des Finkenhübels, auf den

Amethyst-Pyramiden daselbst; den übrigen Raum der Mandeln füllt bisweilen Wasser aus *).

C. Talkgeschlecht.

1) Walkererde. Bei Alt-Batzdorf, bei Weißbrod am Röhrberge.

2) Serpentin. Gemeiner. In einem Lager am Schneeberge. Im Kalkstein zu Camnitz, im Wölfelsgrunde.

3) Talk.

Gemeiner Talk Braun zu Merzberg **), grünlich zu Tschuntschendorf und Camnitz in Kalkstein, im Grünstein bei Wünschelburg.

4) Strahlstein.

Gemeiner Strahlstein. In dünnen, langen, sechsseitigen Krystallen (Säulen) mit Feldspath, nicht häufig in einem Hornblendelager oberhalb Conradswalde gegen Neu-Waltersdorf.

D. Kalkgeschlecht.

* Luftsaure Kalkgattung.

1) Kalkstein.

a) Dichter Kalkstein.

Gemeiner dichter Kalkstein. Von Silberberg her zieht sich über Neudorf, Ebersdorf bis Volpersdorf ein zusammenhängendes, sehr mächtiges Kalklager, meist von bläulich und rauch-

---

*) Gerhard, von der Umwandlung einer Erdart in die andere. S. 72.

**) Gerhard Min. Syst. Th. 1. S. 361.

grauer Farbe, matt, sehr feinsplitterig, mit einer ungeheuren Menge Trochiten und Entrochiten von mannigfaltiger äußern Form darin zerstreut, vorzüglich bei Volpersdorf. Diese jüngste Flötzschicht bedeckt im Habelschwerdter Districte, in den Thälern, allemahl die Sandsteinlager Der Sandstein selbst ist mehrentheils da, wo er mit dem Kalke zusammentrifft, auf 5 bis 6 Fuß tief mit Kalkerde gesättigt.

Feinsplitterig bei Hausdorf; hier mit Gartenschnecken, Belemniten und Entrochiten.

Von eben dieser Farbe, grobsplitterig, in großer Ausdehnung bei Alt- und Neu-Lomnitz, Gläsendorf, Neundorf, Ludwigsdorf, Habelschwerdt.

Noch führe ich hier eine Gebirgsart auf, die sich bei Habelschwerdt findet und dort Mittelstein genannt wird. Sie giebt am Stahl Feuer, brauset aber auch mit Säuren auf.

b) **Blätteriger Kalkstein.**

α) **Körniger Kalkstein.**

Hellweiß, meistens kleinkörnig, in sehr vielen Lagern im Glimmerschiefer, bei Leuthen, Nieder-Thalheim, Reyersdorf, Kunzendorf, Eisersdorf, Gabersdorf, Wiesa, Schwenz, Hohberg (in den letztern vier Orten im Thonschiefer), Conradswalde.

Schwarz von Farbe, in gewundenen Blöcken, bei Ludwigsdorf.

Langausgedehnt, bei Neu-Waltersdorf,

Heudorf am Pohu, Seitenberg, Kieslingswalde, Wolmsdorf, Rosenthal, Herzogswalde, Marienthal, Stuhlseifen.

In geringerer Ausdehnung, bei Wölfelsdorf, Vogtsdorf, Johannisberg, Kunzendorf, Camnitz (hier grünlich, häufig mit Dendriten und mit **Talk**), am Schnallenstein in den Salzlöchern, (Sieh S. 74. u. 83.) weiß, oft violett tingiert, im Klessengrunde.

Sehr mächtig, an der hohen Mense, am Ratschenberge, bei Reinerz, Kailendorf, Jauernig, Deutsch-Tscherbenei.

Als Marmor werden folgende in der Grafschaft vorkommende Kalkarten benutzt:

1. Der braungemischte bei Scharfeneck.
2. Der weiße, gelbliche und bläuliche bei Eisersdorf.
3. Der weißgrau und rothaderige von Rosenthal.
4. Der grünliche von Tschuntschendorf.

β) **Kalkspath.** In dünnstängelig abgesonderten Stücken, in Trümmern, die sich selbst und die Erze, mit denen sie vorkommen, durchsetzen, und in schmalen, ins Faserige übergehenden Trümmern, auf dem Erzlager des Friedrich zu Merzberg.

In **Trümmern**, bei Eisersdorf, und in den Ebersdorfer Brüchen, bei Gränzendorf und Rosenthal.

Ebenfalls in Trümmern, aber auch als Ausfüllung der Trochiten und Entrochiten, in den Brüchen bei Neudorf, Volpersdorf und Hausdorf. Am letztern Orte auch mit Jaspiß, Braunspath ꝛc. am Lehrberge.

c) **Faseriger Kalkstein. Kalksinter.** In den Brüchen bei Eisersdorf. Am Zementbrunnen bei Alt-Heide und Wallisfurth, auch in den Salzlöchern bei Seitendorf.

Kalksteinbrüche und Kalköfen sind:

1. Im **Glatzer District**, zu Eisersdorf, Gabersdorf, Pischkowitz.
2. Im **Landecker District**, zu Camnitz, Kunzendorf, Nieder-Thalheim, Reyersdorf, Wolmsdorf, Leuthen, Seitenberg.
3. Im **Habelschwerdter District**, zu Marienthal, Mellnig, Neundorf, Plomnitz, Hayn, Neu- und Alt-Waltersdorf.

4) Im **Hummler District**, zu Friedensdorf, Grenzendorf, Grunwald, Deutsch-Tscherbenei, Reinerz.

5) Im **Wünschelburger District**, zu Scharfeneck.

6) Im **Neuroder District**, zu Ebersdorf, Neudorf, Schlögel, Volpersdorf.

---

2) **Braunspath.** Röthlichbraun, klein und feinkörnig, auf der Mittagsseite des Lehrbergs bei

Hausdorf, mit Jaspiß, Kalkspath, vorzüglich dort, wo Kupferkies eingemengt ist. Mit Eisen-Erz, bei Alt-Waltersdorf.

3) **Stinkstein.** Graulichschwarz, in dünnen Flötzen unter dem neuern Sandstein zu Roms, Wallisfurth, Schlögel und Alt-Lomnitz.

4) **Mergel.** Bei Habelschwerdt unter der Dammerde auf Kalk.

** Flußsaure Kalkgattung.

Fluß. Flußspath. Violett im Klessengrunde.

E. **Baritgeschlecht.**

Schwerspath. Bei Neudorf. In mehrern Zoll starken Stücken dem Glimmerschiefer, in der Merzberger Gegend beigemengt. Die Quarzkrystalle, die den Glimmerschiefer durchsetzen, werden bei Hermsdorf oft von ihm überzogen.

II. Brennliche Fossilien.

Erdharzgeschlecht.

1) **Bituminöses Holz.**

a) Gemeines bituminöses Holz. Von nelkenbrauner Farbe, sehr selten, in kleinen Massen, im Sandstein bei Kieslingswalde.

b) Bituminöse Holzerde. Zwischen den Steinkohlen ist eine schwarze zerreibliche, Holzkohlen ähnliche Masse sehr häufig, gemeiniglich schwarzer Rahm genannt, der wahrscheinlich auch wirklich aus Holzkohlen entstanden ist.

2) **Steinkohle.**

a) Schieferkohle, unvollkommen grobschieferig,

die häufigste in der Gräfschaft. Sie ist nur in dem Neuroder District auf einen Raum von ungefähr drei Quadrat=Meilen eingeschränkt. Die Ausdauer der Flötze ist nicht groß, und ihre Mächtigkeit häufigem Verschwinden oder Zusammenkommen mehrerer unterworfen.

Folgende Flötze sind hier bekannt:

Nahme und Ort der Grube.	Flötze.	Mächtigkeit.
Johann Baptist zu Schlögel.	5	$\frac{3}{8}$. $1\frac{1}{2}$ Lachter 10. 12. 6 Zoll. Das zweite und dritte Flötz vereinigen sich zu einem bei dem Fundschacht von drei Lachter Mächtigkeit, um bald darauf ganz zu verschwinden. Auf den erstern Flötzen bauet die Frischaufgrube zu Eckersdorf ebenfalls.
Lisette zu Buchau . .	3	Bis $\frac{7}{8}$ Lachter.
Ruben daselbst	. .	Unbekannt.
Joseph daselbst . . .	1	
Valentin zu Volpersdorf	mir	Unbekannt.
Fortuna zu Eberdorf . .	1	40 Zoll.
Glück auf Carl daselbst .	. .	Unbekannt.
Glück auf, Louis in der Eule	3	8. 12. 4 Zoll.
Wenceslaus zu Hausdorf .	1	1 Lachter.
Ferdinand am Lehrberge .	1	40 Zoll.
Jacob in der neuen Mülke bei Kunzendorf	. .	Unbekannt.

Die Ausgehenden sind nicht häufig in dieser Gegend und daher wahrscheinlich die Anzahl der noch unbekannten Flötze nicht groß. Sie erstrecken sich nicht über Eckersdorf, Mittel-Steine, Scharfeneck, Königswalde und Falkenberg hinaus.

b) **Blätterkohle.** Dunkelschwarz von dreifachem Durchgange der Blätter, von denen jedoch der eine unvollkommen ist, von würflichen Bruchstücken, in der Schieferkohle, auf Johann Baptist zu Schlögel, Frischauf zu Eckersdorf, Wenceslaus zu Hausdorf.

Steinkohlen wurden gefördert:

im Jahr 1791	—	143,000	Scheffel.
1792	—	142,785	=
1793	—	147,643	=

III. Metallische Fossilien.

A. Kupfergeschlecht.

Kupferkies. In Braunspath, Jaspiß ꝛc. Auf der Mittagsseite des Lehrberges und mit Bleiglanz, Kalkspath ꝛc. zu Merzberg auf dem Friedrich. Im Thonschiefer, bei Steinwitz, Hassitz, Friedrichswarthe. Im Hornblendegestein, bei Stuhlseifen und am Schnallenstein.

B. Eisengeschlecht.

1) **Schwefelkies.** Gemeiner. Selten auf dem Friedrich zu Merzberg. Häufig angeflogen auf den Steinkohlen bei Schlögel, Hausdorf und Volpersdorf. In Nieren auf dem eisenschüssigen Flötzkalke zu Herzogswalde, Ober-Langenau. Im Sandstein bei Halberschwerdt, wo er organische Körper auszufüllen scheint. In dem Kalke der Grotte zu Nieder-Thalheim.

2) **Magnetischer Eisenstein.**

a) **Gemeiner.** In kleinen Krystallen am Pohu bei Heudorf. Auf den alten Halden bei Johannisberg und im Klessengrunde.

b) **Eisensand.** Auf den Seefeldern.

3) **Roth-Eisenstein.**

a) **Roth-Eisenrahm.** Auf dem Glimmerschiefer beim Kalkbruche zu Eisersdorf Ferner auf dem

b) **dichten Roth-Eisenstein**, der sich als Lager im **Glimmerschiefer** befindet, bei Reinerz, Jauernick und Keulendorf.

c) **Rother Eisenocher.** Mit dem dichten Roth-Eisenstein. Im **Conglomerat**, am Allerheiligenberge bei Schlögel, bei Ludwigsdorf, Kieslingswalde, Albendorf, Roth-Waltersdorf. Am Hutberge bei Reinerz, im Dörnickauer Bache.

4) **Spath-Eisenstein. Derb, kleinkörnig, gelblichgrau** mit **Braunspath**, Jaspiß ꝛc. am Lehrberge bei Hausdorf. Auf den alten Halden bei Johannisberg und im Klessengrunde.

C. **Bleigeschlecht.**

Bleiglanz. Gemeiner. Kleinkörnig, in Schlichen 48 Pfund Blei, 2½ Loth Silbergehalt, auf dem Friedrich zu Merzberg, zu Karpenstein und Leuthen in einem Gemenge von Glimmerschiefer und **Kalkspath**. Auf den alten Bingen zwischen Neu-Waltersdorf und Kunzendorf findet man Bleiglanz, dem zu Merzberg ähnlich.

D. **Zinkgeschlecht.**

Blende.

Gelbe Blende. Grobkörnig und in kleinen Krystallen, wahrscheinlich sechsseitige Säule mit gegenüberstehenden zwei breitern und vier schmalern Seitenflächen, mit vier Flächen zugespitzt, die auf die Kanten der schmalern mit den breitern Seitenflächen aufgesetzt sind, **völlig durchsichtig** hyacinthroth; **halb durchsichtig** schwefelgelb **bis ins zeisiggrüne übergehend**, mit **Bleiglanz, Kupferkies, Kalkspath**, auf den Erzlagern des Friedrichs zu Merzberg.

E. **Molybdängeschlecht.** In unbestimmten Verhältnissen im Glimmerschiefer bei Reinerz am Capellenberge.

Gebirgsarten.

I. **Uranfängliche Gebirgsarten.**

1) **Granit**, wie derjenige des Riesengebirges findet sich in der Grafschaft nicht; beinahe überall neigt er sich mehr oder weniger, durch seine schieferige Textur, dem Gneiße. So findet man ihn bei Landeck, oberhalb des Bades, auf dem Berge gegen Ullersdorf hin, und im Wölfelsgrunde.

Vollkommenen Granit sieht man am Karpensteine, bei Cudowa, Passendorf, Nieder-Steine und Eckersdorf, auch bei Reinerz gegen Gieshübel.

Bei Hausdorf steht ein **Granit mit Hornblende (Kirwans Granilith)** an.

Eine Art **Granit**, die vorzüglich im Münsterbergischen stark in **Sienit** übergeht, setzt von Reichenstein nach Neudeck, Ober-Hannsdorf bis nahe vor Glatz herüber. Er ist ein kleinkörniges Gemenge von **bräunlichschwarzen und tombackbraunen Glimmerblättchen, gelblichweißen Feldspathkrystallen, dunkelschwarzer Hornblende**. Er liegt auf **Glimmerschiefer** und kommt in der Grafschaft sonst nirgends vor.

2) **Gneiß.** Die Grundlage der Grafschaft besteht aus Gneiß; er geht jedoch auf dem oberhalb des Landecker Bades gen Ullersdorf sich hinziehenden Berge und im Wölfelsgrunde in **Granit** über.

Der am Eulengebirge ist sehr **grobschieferig** mit vielem **schwarzen Glimmer** und **gelblichweißem Feldspathe**; so ist er auf der Eule, dem Glaserberge, am Ottenstein und am Escherkampe. Er kommt an der Biele unterhalb Landeck in eben dieser Gestalt, aber **weniger glimmerreich**, von einem **gestreiften Ansehen**, wieder hervor, und geht am Karpensteine hinauf völlig in Granit über. Uebrigens findet er sich in verschiedenen Abänderungen, bei Glatz, Leuthen, Schönau, Reyersdorf, Ober- und Nieder-Thalheim, Schreckendorf, Conradswalde, Wilhelmsthal in Geschieben, Johannisberg, Kunzendorf, Seitenberg, am Schneeberge, bei Wölfelsdorf, Wölfelsgrund, Merzberg, Neu-Waltersdorf, Hausdorf, am Spitzberge und Heidelberge.

3) **Glimmerschiefer.** Er liegt bei Landeck immer in einer bestimmten Höhe auf dem **Gneiße**. Die

Höhen

Höhen bei Leuthen, Winkeldorf, Schönau, Neu-Waltersdorf, der gröſse Jauersberg, der Schneeberg bestehen daraus. Man findet ihn bei Nieder-Thalheim, Seitenberg, Martinsberg, Alt-Lomnitz, Wolmsdorf, am Pohu bei Johannisberg, am Schnallenstein, bei Mittelwalde, Herzogswalde, Eisersdorf, wenig bei Groß-Künzendorf. An allen diesen Orten sind ihm häufig Granaten beigemengt. In ihm befinden sich **Lager von Hornblendeschiefer** und häufige **Lager von feinkörnigem hellweißen Kalkstein. Ohne Granaten** ist er bei Conradswalde und Reinerz, am Grunwald, Hummel- und Ratschenberge, bei Keulendorf, Grenzendorf, Jauernik und Gieshübel. Auch hier sind weit ausgedehnte Kalksteinlager. Bei Keulendorf und Jauernick liegt **Rotheisenstein** und **Eisenrahm** darin, daher der sonst weiße Keulendorfer Kalkstein an einigen Orten roth ist.

4) **Porphyr**, anstehend bei Brand an der Mitternachts- und Morgenseite des Heidelberges, desgleichen bei Ludwigsdorf und Beuthengrund, wo er aus dem Schweidnitzischen herüberstreicht.
In **Geschieben** bei Friedrichsgrund.
Im **Conglomerat** bei Kieslingswalde.

5) **Sienit**, auf den Höhen über Mittel- und Nieder-Steine, mit Lagern von **langkörniger Hornblende**.

II. **Flözgebirgsarten.** Das Flözgebirge nimmt den größten Theil des Habelschwerdter, den ganzen

Wünschelburger, den größten Theil des Neuroder und $\frac{1}{4}$ des Hummler und Glatzer Districtes ein.

1) **Sandstein.** Der ältere Sandstein, der die **Steinkohlen** im Neuroder District enthält, hat immer ungleichartige Körner in Größe und Masse. Gneiß, **Glimmerschiefer**, **Quarz**, **Kieselschiefergeschiebe**, zum Theil von Kopfgröße, gewöhnlich von der der Hühnereier und Wallnüsse, und ist durch rothe eisenschüssige Masse verbunden, die das Ganze roth färbt; vorzüglich um Neurode, Scharfeneck, Mittel-Steine, Eckersdorf, Neu-Waltersdorf, Kieslingswalde unter dem Schneeberge. Er hat bei Habelschwerdt und Kieslingswalde viele Versteinerungen, (er liegt am westlichen Gebirge von Wünschelburg bis Habelschwerdt überall in großen und kleinen Geschieben; im Habelschwerdter Thale aber in mächtigen Lagern,) so wie die in ihm liegende Schicht von Kalkstein bei Neudorf und Volpersdorf; bei Neurode, Schlegel, Eckersdorf rc. enthalten sie **Steinkohlenflötze.**

Der neuere Sandstein ist weiß, von Gleichheit des Korns in der Größe, und besteht stets aus kleinen **Quarzkörnern**. Das hohe Gebirge von Friedland her erhebt sich zur größten Höhe an der Heuscheune, und zieht sich fort bis nach Ober-Langenau im Habelschwerdter District. Man trifft ihn noch bei Rückerts, Reinerz, Neu-Heide, Ober-Schwedeldorf und Pohldorf an.

2) **Mandelstein**, am Finkenhübel. (Sieh oben **Wake**.)

3) **Basalt-Tuff**. (Vulkanische Asche?) Sie ist der Hauptbestandtheil der **Wake** am Finkenhübel, und mit ihr fast überall von gleicher Farbe, nur da nicht, wo die Masse bei Walditz unweit Neurode rothgefärbt ist. Bei dieser Asche liegt ein von **Trappstücken, Asche** und **Lehm** geformtes Conglomerat. Der Findort beider ist über Ludwigsdörfel unweit Reichenau, zwischen Glatz und Wünschelburg in einem Graben, den das Wasser in den Berg gerissen hat. Die Fluthen haben hier manche Seltenheiten aufgedeckt. In der Asche schöne **Achate, Zeolith, Trapp, Mandelstein** *). Die andern Gebirgsarten, als Basalt ꝛc. sind oben in der systematischen Anzeige aufgeführt.

Eine schöne geognistische Beschreibung der Grafschaft hat uns der Herr von Buch in der öfter angeführten Schrift: **Versuch einer mineralogischen Beschreibung von Landeck**, geliefert, auf die ich, in Absicht der Lagerstätte und Verhältnisse der angeführten Fossilien, verweise.

Beträchtliche Steinbrüche sind:

Zu Rengersdorf.	Zu Habelschwerdt.
= Alt-Wilmsdorf.	= Kieslingswalde.
Im Klessengrunde.	= Grunwald.
Zu Rosenthal.	= Keulendorf.

*) Aus einem Briefe des in Aufsuchung der Mineralien der Grafschaft unermüdeten Hrn. Kämmerers Hallmann in Habelschwerdt.

Zu Rückerts.	Zu Albendorf.
= Roth = Walters= dorf.	= Ober = Schwedeldorf.
	= Cudowa.

Zu Nieder = Schwedeldorf werden **Quadersteine, Thür= und Fensterstöcke** gehauen.

Zu Passendorf, Stubengrund, Neu = Weistritz, Hammer, Vogtsdorf, Pohldorf und Rückerts sind **Mühlsteinbrüche** *).

Zu Rengersdorf und Alt = Waltersdorf verfertigt man **Wetzsteine.**

G e s u n d b r u n n e n.

Außer dem **Landecker Bade** befinden sich in der Richtung von Habelschwerdt Mitternacht bis Glatz, und von da Abend bis an die Gränze von Böhmen, mehrere so genannte Sauerbrunnen. Man will in der Grafschaft 70 mineralische Quellen zählen. Ich kann nur die bekanntesten anführen.

Im Habelschwerdter District.

1) Nieder = Langenau, südlich von Habelschwerdt.
2) Neu = Weistritz, westlich von Habelschwerdt.
3) Sauerbrunn, west nördlich von Habelschwerdt.
4) Grafenort, nördlich von Habelschwerdt.

---

*) Ein Mühlstein 24 Zoll hoch kostet im Bruche 2 Thlr. 20 Sgr., von 12 Zoll 1 Thlr. 10 Sgr. Ein Trog von 1 Eimer 1 Thlr., 2 Eimer 2 Thlr. u s w. Eine Schüssel für 1 Kuh 12 Sgr., für 2 Kühe 20 Sgr. Eine Platte von einem Quadrat-Fuß 2 Sgr. 6 Pf. Der Grundherr bekommt die Hälfte des Preises.

Im Glatzer District.

5) Alt-Wilmsdorf.
6) Schwedeldorf.
7) Wallisfurth.
8) Alt-Heide.
} Westlich von Glatz.

Im Hummler District.

9) Prottendorf,
10) Hartau,
} bei Reinerz.

11) Gellenau,
12) Cudowa,
} bei Lewin.

13) Reinerz.

Nur von einigen kann ich das Nähere angeben.

Die Bäder bei Landeck.

Diese Bäder liegen eine halbe Stunde von der Stadt **Landeck**, bei dem Dorfe **Ober-Thalheim.**

Das St. Georgenbad,

gewöhnlich das **alte Bad** genannt, soll schon im 13ten Jahrhundert von ungefähr durch einen Hirten gefunden worden seyn *). Es liegt nach Hr. v. Gersdorf 72 Par.

---

*) Man hat diese Erfindung durch folgende Verse besungen, die dem Geschmacke der damahligen Versbaukunst sehr entsprechen.

Aus alter Sage kommet her,
Daß dieser Ort sehr weit und fer,
Ein groß Einöd gewesen sey.
Wie denn die Wahrheit auch dabei,
Da denn ein Hirt sammt dem Vieh sein,
Weit kommen in den Wald hinein,
Hab funden einen schönen Qual,
Draus trinken wollen, ohn' Irrsaal,
Dazu er gehabt ein sonder Lust,
Den er aber gar bald schnell gebüßt.

Fuß über der Biele, und 1343 Fuß über der Meeresfläche. Nach Dr. Mogalla liegt es 794 Fuß höher als die Breslauer Sternwarte. Diese liegt 542 Fuß über der Meeresfläche: es wäre also von 1300 bis 1336 Fuß höher als die Meeresfläche. Zwischen beiden Messungen wäre also ein Unterschied von 7 Fuß.

Das etwas tiefer liegende,

unserer lieben Frauen Bad,

auch das **neue Bad** genannt, ist erst später 1678 aufs neue aufgedeckt worden. Es muß aber schon vorher entdeckt gewesen seyn, weil man bei dem Nachgraben in dem gedachten Jahre verschiedene Bau-Instrumente gefunden hat.

Das Wasser, das in beiden Bädern aus mehrern Felsenritzen (die Felsen sind Gneiß) hervorquillt, ist scheinbar blaugrün, welches von der Farbe der Felsen herrühren mag, aber bis auf den Boden krystallhell. Der Geruch ist unangenehm, schwefelicht und faul; der Geschmack ist auffallend widerlich. Beide Bäder haben einen gleichen Grad von Wärme *). Die größte Ab-

Denn als er warm vor frisch erfunde
Läßt er zu trinken ab von Stunde,
Hat sich des seltzam Geruchs und Farb
Verwundert, und fast drob erstarrt.
Auch nachmaln solchs gezeiget an,
Woraus geschlossen jedermann;
Der Qual sollt was guts mit sich bringe
Versuchten ihn auf Wohlgelinge,
Ob er vor Krankheit dienen möcht
Befinden ihn gut und gerecht.

*) „In dem alten Bade kommen wärmere und kühlere Quellen zusammen. Besonders ist eine gegen SSW. wärmer und

weichung ihrer Temperatur liegt, nach 44 von dem Hrn. von Carmer im Sommer, aus 12 von Hrn. Dr. Mogalla im Winter, und 4 im Sommer angestellten Beobachtungen auf Temperaturen zwischen 83½° bis 84½° nach Farenheit. Die Temperatur im Freien lag während dieser Beobachtung zwischen — 28° bis + 74°, in dem Hause des alten Bades zwischen 43° bis 68°, in dem neuen Badehause zwischen — 30° bis + 66°. Während der Gewitter steigt die Temperatur bisweilen um ½ Grad; doch bemerkt man zu dieser Zeit von den sonst häufig emporstrebenden Luftblasen wenigere, und bisweilen gar keine *). Aus der in dem neuern Badehause niedrigern Temperatur, welche in dem größern innern Raume und in der freiern Lage ihren Grund hat, ergiebt sich, warum das neue Bad von einigen der Badegäste für weniger warm gehalten wird, als das alte.

Ich schweige von den ältern Untersuchungen der Bestandtheile dieser Bäder **), und führe nur die, nach den Grundsätzen der neuern Chemie, angestellten Untersuchungen an. Der Hr. Ober-Consistorialrath Zöllner war der erste, der eine solche Untersuchung anstellte. Die Resultate seiner Untersuchungen waren ***): „In der freien Luft war das Thermometer 18½ Grad Réaumur.

---

eine gegen WWN kühler; die Differenz beträgt aber nicht mehr als ½°. Mehrere Quellen haben der Vertäfelung wegen nicht untersucht werden können.“ Mogalla. S. 95.

*) Mogalla. S. 95.

**) Wer sich näher hiervon unterrichten will, findet in der so schätzbaren Schrift des Hrn. Dr. Mogalla: Die Bäder von Landeck, vollkommene Befriedigung.

***) Briefe über Schlesien rc. Th. 1. S. 420. f.

Die Temperatur des Wassers in beiden Quellen war 24½ Gr. Im Gebäude des alten Bades 21⅔ Gr. im neuen 21½ Gr. Dieser, ob gleich geringe, Unterschied rührt unstreitig daher, daß das neuere Gebäude größer und höher ist. In beiden Gebäuden bemerkt man einen Schwefellebergeruch. Das Wasser aus beiden Quellen färbte 1) das Lackmußpapier nur mit einer leichten Spur von Röthe; 2) rothes Lackmuß — 3) Fernambuck; 4) Curcumepapier gar nicht merklich (**folglich ist sehr wenig Luftsäure, keine luftsaure Erde, kein luftsaures Alkali vorhanden**); 5) Terra ponderosa salita gab **einen weißen Niederschlag**; 6) Saccharum Saturni, **desgleichen (folglich sind erdichte vitriolische Mittelsalze, Bittersalz oder Gyps, oder beides vorhanden**); 7) Alcali vegetabile saccharatum **wenig** milchweißen Niederschlag (**folglich sind wenige kalkartige Mittelsalze da**); 8) Alcali vegetabile phlogisticatum, wenig merklichen Niederschlag; 9) Galläpfel färbten das Wasser geblich (**folglich enthält es sehr wenig Eisen**); Argentum nitratum gab einen bräunlichen Niederschlag (folglich enthält es etwas Schwefelleberluft, nebst salzsauren Verbindungen)."

Nach den Untersuchungen des Hrn. Dr. Mogalla und Apothekers Günther aus Breslau enthalten die Bäder *):

*) Siehe die angeführte Schrift: **Die Bäder von Landeck.** S. 104 f. f.

Nahmen der Bestandtheile.	Bestandtheile					
	des alten Bades.		des neuen Bades.		der kalten Schwefelquelle.	
	in 40 Pfund	in 1 Pfund	in 40 Pfund	in 1 Pfund	in 40 Pfund	in 1 Pfund
	medicinischen Gewichts, das Pfund zu zwölf Unzen.					
Glaubersalz im Krystallenzustande	$25\frac{124}{235}$ Gran.	$\frac{5999}{9400}$ Gran.	$35\frac{631}{1410}$ Gran.	$\frac{16667}{18800}$ Gran.	$31\frac{79}{141}$ Gran.	$\frac{445}{564}$ Gran.
Kochsalz	$\frac{213}{2000}$ —	$\frac{1213}{10000}$ —	$2\frac{3591}{4000}$ —	$\frac{1391}{160000}$ —	$1\frac{433}{467}$ —	$\frac{45}{934}$ —
Kochsalzsaure Kalkerde	2 —	$\frac{1}{20}$ —	$2\frac{5}{6}$ —	$\frac{17}{240}$ —	$1\frac{7}{8}$ —	$\frac{3}{64}$ —
Luftsaure Kalkerde . .	4 —	$\frac{1}{10}$ —	$3\frac{1}{3}$ —	$\frac{1}{12}$ —	1 —	$\frac{1}{40}$ —
Alaunerde	3 —	$\frac{1}{40}$ —	$1\frac{2}{3}$ —	$\frac{1}{24}$ —	1 —	$\frac{1}{40}$ —
Kieselerde	9 —	$\frac{9}{40}$ —	5 —	$\frac{1}{8}$ —	$4\frac{3}{4}$ —	$\frac{19}{160}$ —
Selenit	12 —	$\frac{3}{10}$ —	9 —	$\frac{9}{40}$ —	9 —	$\frac{9}{40}$ —
Extractivstoff	$\frac{1}{2}$ —	$\frac{1}{80}$ —	$\frac{2}{3}$ —	$\frac{1}{60}$ —	$\frac{1}{8}$ —	$\frac{1}{120}$ —
Hepatisches Gas . .	. . .	$3\frac{1}{4}$ Kub. Z. Rh.	. . .	$2\frac{2}{3}$ Kub Z. Rh.	. . .	$3\frac{1}{4}$ Kub Z. Rh.
Luftsaures Gas . . .	. . .	$1\frac{1}{4}$ — —	. . .	$1\frac{1}{3}$ — —	. . .	$\frac{3}{4}$ — —

Beide Bäder sind massiv überbauet. Das Gebäude bei dem neuen Bade ist geräumiger und heller, überhaupt zierlicher und mit mehr Bequemlichkeit für die Badegäste versehen; es kann sechzig Personen fassen.

Die Wasserbecken (das des alten Bades ist 14 Ellen lang, 7 Ellen breit, und 3½ Elle tief; die Tiefe bis zu dem Fußboden gerechnet), in die man auf steinernen Stufen hinabsteigt, sind mit Quadersteinen ausgesetzt und mit Dielen verkleidet.

Die Anstalten zum Baden, welches des Morgens und des Nachmittags geschieht, sind in beiden Bädern gleich. Ehe die Badenden ins Wasser steigen, wird warmes Wasser zugegossen, um den Eindruck der Wassernässe zu mildern. Die Badenden sitzen auf in Reihen angebrachten Bänken, auf denen sich ein jeder, nach seinem Belieben, höher oder niedriger setzen kann. Die Mannspersonen sitzen auf der einen und das schöne Geschlecht auf der andern Seite, größtentheils bis an das Kinn im Bade. Einfach sind die leinwandnen Badekleider der Männer; die Damen aber haben auch wohl eine zierliche, mit Flor oder Kanten besetzte Enveloppe umhängen.

In jedem Bade sind zwei Stuben (Wannenstuben), für jedes Geschlecht eine eigene, in welcher mehrere Wannen Raum haben. Wer aus dem Bade steigt, geht in die Wannenstube, setzt sich in eine mit gewärmtem Wasser angefüllte und mit einem von der Decke herabhängenden Pavillon bekleidete Wanne, wo er nach Gefallen, kürzer oder länger, sitzen bleibt. Will er sich ankleiden, so zieht er einen in dem Boden der Wanne befindlichen Zapfen, daß das Wasser ablaufe, und vertauscht, ohne daß er von einem andern gesehen werden kann, die nassen Badekleider mit trockenen. Das Wasser aus den Wannen läuft durch eine, die Mitte der Stube durchschneidende, Rinne ab. In beiden Bädern wird das Wasser täglich abgelassen und aufs neue angespannt. Das Ablaufen geschieht in einer halben Stunde; das Anspannen aber fordert eine Zeit von 3¼ bis 3½ Stunden, im neuen Bade wird jedoch ¼ Stunde mehr erfordert.

Außer diesen beiden Bädern ist noch ein drittes, erst neu errichtetes, mit eben diesem Wasser versehenes Bad für solche Personen, denen die Armuth verbietet, reinlich zu seyn, die ehedem, so wie die Juden, in einem fast unterirdischen Gemache baden mußten.

Seit 1789 hat man auch in einem eigenen dazu bestimmten Gebäude Anstalten zu einem Touche- oder Tropfbade getroffen, dazu ein, zwischen dieser Anstalt und dem neuen Bade mit einer Mauer umgebener und mit einer leichten Bedeckung versehener Brunnen, dessen Temperatur 74° ist, von dem Gehalte der andern Badewasser, in einen 32 Fuß hoch stehenden Behälter das Wasser liefert. Da das Wasser eben so hoch fällt, als es steigt, so muß die Wirkung desselben auf den leidenden Theil unstreitig nicht klein seyn.

In neuern Zeiten ist durch den jetzigen Badearzt, Hrn. Dr. Förster in Glatz, die Verfügung getroffen, daß ein bei der Kirche der H. Jungfrau Maria von Einsiedel befindlicher, etwas kühlerer Brunnen, die kalte

Schwefel- oder auch Trinkquelle, getrunken wird. Die Temperatur dieser Quelle ist 66½°.

Auch für Thiere ist hier gesorgt. Das abfließende Wasser des alten Bades wird in einer kleinen Entfernung von demselben in einen im Freien befindlichen sehr geräumigen, mit Steinen eingefaßten Wasserbehälter, die Pferdeschwemme, gesammlet, in welchen bisweilen kranke Thiere, besonders Pferde, mit Nutzen geführt werden. Die Temperatur dieses Pferdebades ist nur 2° geringer, als die der Bäder für die Menschen, nähmlich zwischen 78° und 80°.

Zum Unterkommen und zur Bequemlichkeit der Badegäste sind, theils von der Landecker Kämmerei, der das Bad gehört, theils von Privat-Personen bei beiden Bädern mehrere Häuser erbauet. Ein Traiteur besorgt um einen billigen Preis *) die Beköstigung der Badegäste.

Außerdem sind zum Vergnügen der Anwesenden verschiedene artige Partien angelegt, die die ohnedieß angenehme Gegend noch mehr verschönern. Ein Tempel in dem nahen Walde, um den rings herum Sitze von mannigfaltiger Form, aus dort ausgegrabenen Steinen angebracht, deren Seiten und Rückenlehnen entweder

*) „Man speiset des Mittags an der gemeinschaftlichen Tafel für 6 gGr. und hat außer der Suppe vier Gerichte, und des Abends für 2 gGr. außer der Suppe zwei Gerichte. Man kann auch auf seiner Stube speisen. Für den Brunnen zahlt man die ganze Curzeit hindurch 1 Rthlr. 8 gGr.; für jedes Wannenbad, wenn man in den Kämmerei-Häusern wohnt, 2 Sgr., außerdem aber 4 Sgr. Das jedesmahlige Touche oder Tropfbad kostet 5 Sgr. Das Zelt über der Wanne wöchentlich insgemein 6 Sgr.“ Mogalla S. 38. f.

auch Steine oder künstlich zusammengesetzte Baumäste sind: ein Werk der Vorsorge Sr. Excellenz des Ministers Grafen von Hoym, dem das Publicum, durch eine in der Gegend errichtete schöne Pyramide mit der Inschrift: **dem Schutzgotte dieses Haines**, seine Dankbarkeit zollt. Am Abhange eines Berges ladet eine freundliche Laube die Spatziergänger auf ihr Canapé zum Ausruhen ein. Der auf einer Terrasse in der Mitte der beiden Bäder in den Jahren 1784 und 1785 erbauete Salon, von dem man eine sehr angenehme Aussicht hat, und an dessen Abhange kleine englische Partien angelegt sind, die den Gästen Schatten und Vergnügen gewähren, mit einer Billiardstube und einigen Cabinetten, ist der allgemeine Versammlungsort der Badegäste zur Tafel, dem Kaffé, dem Spiele und dem Tanze.

Was die Krankheiten, in welchen die Landecker Bäder ihre Heilkraft beweisen, und das Verhalten betrifft, welches man bei dem Gebrauche derselben zu beobachten hat, muß ich auf die schon erwähnte, von mir oft genützte gelehrte Schrift des Hrn. Dr. Mogalla verweisen. Zum Schlusse dieser Nachrichten muß ich noch eine Stelle aus diesem Werke *) anführen; sie betrifft eine ungegründete Behauptung, die von mehrern nachgeschrieben worden ist.

„Unter die naturhistorischen Wunder der Gegend um Landeck wurde von Burghart an, bis auf die Beschreibung aller Gesundbrunnen und Bäder von 1798 der an dem Wege nach den Ruinen von Karpenstein ge-

*) Seite 97.

legene so genannte **weiße Brunnen** gezählt, weil man denselben kälter als Eis gefunden haben wollte; ja man hat sogar gefürchtet, das Thermometer möchte darin zerspringen, wenn es einige Zeit darin gelassen würde. Diese Furcht hat sich meiner nicht bemächtigt, ich senkte getrost mein Thermometer in die Quelle, und fand die Temperatur derselben + 45½° nach Fahrenheit, während welcher Zeit die Temperatur im Freien 72½° betrug. So fand ich auch, daß der unweit von dem St. Georgenbade gelegene so genannte **Bischofsbrunnen** bei der Temperatur im Freien von 74¾° nicht kühler war als 47¾°. Ein von Renard nach de Luc verfertigtes Thermometer zeigte dem Hrn. Dr. M. bei der äußern Temperatur von 80° in dem **weißen Brunnen** nur + 6°: eine allerdings sehr niedrige Temperatur, da besonders die Quelle nicht tief liegt. Bei dem **Bischofsbrunnen** betrug die Temperatur bei der im Freien von 19° auch nicht mehr als + 7° *). Uebrigens liefern beide Quellen gutes Trinkwasser."

König Friedrich II bediente sich 1765 vom 4ten bis 25sten August des neuen Bades täglich vier Stunden mit wohlthätigem Erfolge.

Der Gesundbrunnen zu Cudowa

ist unstreitig einer der wichtigsten in den Staaten des Königs von Preußen. Er ist schon vor 1622 bekannt gewesen. Sein Werth wurde im Auslande früher erkannt, als in der Grafschaft selbst, und in dem ihr nahen Schlesien. Zwei Ausländer, Hr. Dr. Hofmann in

*) Schles. Provinzialbl. 1797. Mon. Jul. S. 38.

Weimar und Hr. Dr. Kneisler in Braunau waren in neuern Zeiten die ersten, welche seine Bestandtheile nach den Grundsätzen der neuern Chemie untersuchten. Ersterer stellte seine Untersuchungen zu Weimar und letzterer an der Quelle selbst an. Daher mag es denn auch kommen, daß beider Resultate sehr von einander abweichen. Mir sei es genug, nur dasjenige hier anzuführen, was meiner Absicht entspricht: die Resultate dieser Untersuchungen verbunden mit denen des Hrn. Dr. Mogalla und des Hrn. Apothekers Günther in Breslau. In Absicht des übrigen, was eigentlich für den Arzt gehört, verweise ich auf die gelehrte und gründliche Schrift des Hrn. Mogalla: **die Gesundbrunnen zu Cudowa und Reinerz.** (Breslau bei J. Fr. Korn 1799).

Vor dem Jahre 1772 ist nichts zur Aufnahme der mehrern Quellen *) bei Cudowa gethan worden. Jetzt wurde eine von Bohlen zusammengeschrotene Hütte über den Brunnen selbst, und eine ähnliche für den Brunnenwirth, die eine Wohnstube und eine Kammer zum Behufe des Bades enthielt, so wie eine unzweckmäßige

*) Außer der mit einem massiven Pavillon überbaueten Trinkquelle und der eigentlichen Badequelle, aus welcher das zu wärmende Badewasser vermöge einer Pumpe in den Kessel geleitet wird, ist noch eine starke mächtige Quelle beim neuen Badehause, ohne alle Fassung; eine andere drängt sich auf dem Platze in einem zur Anlage einer Holländischen Feime verschütteten Graben mächtig empor, und in einem der Gartenhäuser befindet sich eine weniger starke. Ueberhaupt ist die ganze Gegend quellenreich, die alle mit mehr oder weniger mineralischen Bestandtheilen geschwängert sind.

Wohnung für Brunnengäste, ebenfalls von Holz geschroten erbauet, die aber nachher beim Schloßbaue wieder niedergerissen wurde. Alles, was seit 1792 zur Aufnahme des Brunnens gethan ist, ist das Werk des gegenwärtigen Besitzers, des Hrn. Reichsgrafen v. Stillfried. Alle stehenden Gebäude, das Wohngebäude für Brunnengäste, mit den nöthigsten Meublen versehen, das Badehaus mit einem Saale, der der Versammlungsort bei der Mittags- und Abendmahlzeit ist, und Gartenanlagen sind sein Werk. Mit sehr ansehnlichen Kosten ist der sumpfige Boden um mehrere Fuß erhöhet worden, um das Aufsprudeln unzähliger Quellen zu dämpfen, und den Platz gesunder und gangbarer zu machen.

Ich schweige von den übrigen Anstalten, die der Herr Graf zur Aufnahme des Brunnens getroffen hat, was er zum Vergnügen der Badegäste thut, und von der angenehmen Gegend. Man findet dieses alles genau im zweiten Briefe der angezeigten Schrift des Hrn. Dr. Mogalla beschrieben. Mir sei es genug aus diesem Werke nur das, was Beziehung auf Naturgeschichte hat, auszuziehen.

Sobald man in den Pavillon der Trinkquelle tritt, ist der Geruch der Luftsäure auffallend. Noch ehe man die im westlichen Winkel tiefer gelegene Quelle erblickt, vernimmt man ein gleichsam unterirdisches Geräusch (einige Beobachter nennen es Poltern). In einem hölzernen Kessel *), der aus dem Stocke eines Stammes, etwas

*) Der längste Duchmesser dieses Kessels ist im Lichten 4 Fuß 8 Zoll Bresl., der kürzeste 3 Fuß 8 Zoll. Der Wasserstand be-

etwas unregelmäßig verfertigt ist, und jetzt schon faulet, voll Wasser schießen aus dem Grunde Millionen von Luftblasen, von der Größe einer Erbse bis zu der einer Mannsfaust, unaufhörlich zum Wasserspiegel empor, und bersten mit hörbarem Geräusche. Das Wasser soll, wie einige behaupten, aus sieben Quellen eines kiesigen und lettigen Bodens entspringen.

Der Hr. Dr. Mogalla, der diese Quelle in den entgegengesetztesten Jahreszeiten und bei erheblichen Abweichungen der Witterung untersucht hat, giebt von seinen Untersuchungen folgende Resultate an:

„ *) Eine aus vier Wachslichtern bereitete so genannte Windfackel (Windlicht) brannte, sobald die Flamme um drei Fuß über dem Wasserspiegel erhoben war, ganz ruhig, jedoch mit einer weniger lebhaften Flamme, das Licht wurde bei der allmähligen Annäherung an die Wasserfläche matter, die Flamme kleiner, sie zog sich, zum Beweise, daß ihre Nahrung nicht bloß im Wachse liegt, von diesem immer mehr nach der Spitze des Dochtes zu, und erlosch den 6. Junius 1797 bei einem mit Donnerwettern umzogenen Horizonte, und bei der Temperatur + 16° nach Reaumur, 9½ Zoll über dem Wasser allmählig gänzlich, und ohne daß der Docht mehr glimmte oder rauchte. Ein starkes Wachslicht erlosch in der Entfernung von 11 Zoll, dessen Flamme jedoch kaum ⅛ so stark war, als die der Fackel; ein Be-

trägt bis an die 7½ Zoll breite, 4½ Zoll hohe Abzugsröhre 2 Fuß 6 Zoll.

*) Seite 47. f.

weis, daß es hierbei nicht eben so sehr auf die Stärke der Flamme ankommt. Dieser Versuch wurde den 7ten und 8ten Junius zu verschiedenen Tageszeiten, wie den vorhergehenden 6ten **bei der Trinkquelle** mit gleichen Erscheinungen wiederhohlt."

„Dieselbe Fackel über dem Wasserspiegel der äußerst schlecht gefaßten, ganz im Freien gelegenen Badequelle allmählig versenkt, erlosch 15 Zoll über derselben."

„Im Jahre 1798, den 30. März, bei Schnee- und Regengestöber, bei der Temperatur + 7° nach Reaumur erlosch dieselbe Fackel 12 Zoll über dem Wasserspiegel der **Trinkquelle**, und 15 Zoll über der Wasserfläche der **Badequelle.**"

„In der Zeit zwischen der ersten und zweiten Beobachtung war der hölzerne Umschrot von den darauf gesetzten drückenden Sandsteinen befreiet worden; ist die dieses Mahl höhere Luftschicht diesem Umstande vielleicht zuzuschreiben, oder war dort die Gewitterluft an der Veränderung Schuld?."

„Den 27. Julius desselben Jahres, und zwar des Abends bei heiterem Wetter und der Temperatur + 17°, und den 28sten des Morgens bei umwölktem Himmel, und der Temperatur + 16° erlosch die Fackel 12 Zoll über dem **Trink-** und 25 Zoll über dem **Badebrunnen.**"

„Es ist eine allerdings vortheilhafte Erscheinung, daß der Trinkbrunnen seit der Erleichterung des Umschrotes sich so gleich geblieben ist."

„Kneysler hat die Temperatur der Trinkquelle bei der äußern (im Freien) + 9½° nach Reaumur, nur + 7½° gefunden; meine rectificierten von Savigni in

London und Renard in Strasburg verfertigten Wärmemesser gaben beständig die Temperatur + 9° an: und doch lag die äußere Temperatur während meiner Beobachtungen zwischen + 7° und + 17°; auch sind die äußerst empfindlichen Instrumente einen gehörigen Zeitraum im Wasser erhalten, und nicht eher als nach genauer Bestimmung des Grades herausgenommen worden. Diese Temperatur würde wahrscheinlich noch um 1 bis 2 Grad fallen, wenn statt des hölzernen Umschrotes ein marmornes Reservoir das Wasser umgäbe."

„Die specifische Schwere des Brunnens gegen destilliertes Wasser giebt Kneysler in der Proportion, wie 1,006 zu 1,000 an; meine wiederhohlten Versuche gaben das Verhältniß des erstern zu dem letztern mit Rücksicht auf Temperatur, wie 1,025 zu 1,000. — —"

„Nur sehr unbedeutende Differenzen hatten sich in dem nach dem, entfernt von der Quelle, vorgenommenen Abdampfen erhaltenen Rückstande zwischen der Kneyslerischen, meiner Freunde und meiner eigenen Arbeit vorgefunden, daß ich, der ich nie Muße genug erhalten konnte, diese Arbeit in erforderlichen Quantitäten an der Quelle selbst vorzunehmen, aus diesem Grunde, und aus der Untersuchung einiger, jedoch nur kleineren, durch am Orte selbst vorgenommenes Abdampfen erhaltenen Rückstände, die Kneyslerische Analyse für sehr genau, und der Natur sehr getreu, anzunehmen genöthiget bin." — —

„Beträchtlicher war der Unterschied zwischen der Angabe der Luftsäure nach Kneysler und zwischen meinem Befunde. Ein Medicinal-Pfund (zu 12 Unzen) dieses Brunnens enthielt nach des erstern Angabe $65\frac{1011}{7825}$ Kubik-Zoll von dieser Gasart: vermöge meiner hydrargyro-pneumatischen Geräthschaft erhielt ich bei wiederhohlten Versuchen $43\frac{1}{2}$ bis 45 Kubik-Zoll: also mehr als das Doppelte des Volumens des Wassers. Ich muß indessen bemerken, daß diese Versuche bei Gewitterluft, wo, wie ich mich davon selbst später überzeugt habe, der Brunnen mit einem etwas schwächeren Geräusche quillt, und auch etwas weniger piquant schmeckt, angestellt worden sind. Vielleicht war auch schon darum die Luftsäure um $2\frac{1}{2}$ Zoll niedriger." — —

„Der in ein Glas gefüllte, an sich krystallhelle Brunnen erscheint der unzähligen Luftblasen wegen trübe und schäumend. Von diesem Reichthume erhält er jenen erquickenden und stechenden Geschmack, wie auch seine Kraft zu berauschen, welcher Eigenschaften wegen ihn der Böhmische Landmann, besonders des Sonntags, häufig besucht. Der beträchtliche Eisengehalt fällt hier bei weitem schwächer auf die Zunge, als bei den übrigen, gegen Cudowa gehaltenen, ganz armen Quellen: ein Umstand, der befremdend vorkommen dürfte, wenn man außer dem wirklichen Uebermaße an Luftsäure und den andern Salzen nicht an den beträchtlichen Antheil des luftsauren, mineralischen Laugensalzes, welcher der Quelle beiwohnt, dächte. Hierdurch scheint der tintenartige Geschmack der Stahlwasser gemildert zu werden, daß er nur gleichsam als Nachgeschmack erscheint."

„Es ist eine in der That sehr glückliche Mischung, in welcher der sonst manchen unangenehme Eisengeschmack, in einen wirklichen Wohlgeschmack verwandelt wird. Schwerlich dürfte man einen Menschen finden, dessen Zunge dieses Wasser beleidigte; er müßte denn gänzlich wasserscheu seyn."

„Diese Perlenjagd dauert in einem ruhig stehenden Glase wohl länger, als eine Viertelstunde, und selbst nach 24 Stunden läßt sich durch Schütteln noch viel Luftsäure entwickeln. Zu diesem Wasser etwas sauren Wein und dann gestoßenen Zucker gemischt, liefert das in der dasigen Gebirgssprache so genannte Bruscherie (vom Aufbrausen), welches dem Champagner ähnlich, und äußerst erquickend ist: ein wahres Brownianum. Geschieht diese Mischung in der angeführten Ordnung schnell: so schäumt, wenn der Zucker hinzugethan wird, der Brunnen über das Glas hinaus. Wie viel tausend verdanken diesem Freuden- und Labetrunke manche der unvergeßlichsten Stunden."

„Die Quelle liefert so reichlich Wasser, daß sie bei dem durch drei mit Eimern versehenen Menschen stundenlang fortgesetzten Schöpfen gänzlich nicht erschöpft werden kann."

„Am Ausflusse (Abzugsgraben) wird ein licht ocherbrauner Schlamm abgesetzt, der aber nichts incrustirt oder versintert. Seine Bestandtheile sind Eisen, Bittererde und Kalk."

Ich setze in einer Tabelle sowohl die Bestandtheile des Cudower, als des Pyrmonter Brunnen nach Westrumb her.

Bestandtheile der Trinkbrunnen	zu	
	Cudowa in einem Medic.	Pyrmont Pfd. zu 12 Unzen
Luftsaures Mineral-Laugensalz	$9\frac{17}{171}$ Gran.	0 Gran.
Glauberisches Wundersalz .	$3\frac{7}{57}$ —	$2\frac{89}{100}$ —
Kochsalz	$1\frac{79}{171}$ —	$1\frac{1}{50}$ —
Luftsaure Bittererde . .	$10\frac{12}{57}$ —	$3\frac{39}{100}$ —
Luftsaure Kalkerde . . .	$1\frac{23}{57}$ —	$3\frac{39}{80}$ —
Luftsaures Eisen . . .	$\frac{104}{153}$ —	$1\frac{11}{790}$ —
Bittersalz	0 —	$5\frac{47}{100}$ —
Kochsalzsaure Bittererde .	0 —	$1\frac{17}{50}$ —
Extractiv-Stoff . . .	$\frac{111}{171}$ —	$\frac{9}{100}$ —
Kieselerde	$\frac{26}{171}$ —	ist zufällig.
Selenit	0 —	$8\frac{7}{25}$ —
Luftsäure	$65\frac{901}{7075}$ Kub. Z.	3[illegible] Kub. Zoll.
Summa der fixen Bestandtheile	$26\frac{297}{[illegible]}$ Gran.	$27\frac{249}{400}$ Gran.

Daß unser Brunnen im Auslande nicht so sehr bekannt ist, als er es verdient, davon giebt Hr. Dr. M. folgende Ursachen an: 1) Der Mangel einer zweckmäßigen und den Zeitumständen angemessenen Beschreibung. 2) Die zu spät veranstalteten Anlagen zur Aufnahme und zum Vergnügen der Gäste. 3) Die Menge ähnlicher, ob schon schwächerer Quellen in der Grafschaft Glatz, deren Wasser öfter fälschlich für Cudower Brunnen verführt wird. 4) Die Vorliebe für ausländisches Gut *).

*) Ich selbst habe es dem Cudower Brunnen, nebst Gott, zu verdanken, daß ich wieder ordentlich schreiben kann. Beinahe

Zum Versenden wird er in starken gläsernen Flaschen, in Kisten gepackt, deren jede 20 Flaschen enthält, und 4 Gulden kostet. Im Einzelnen kostet eine wohl verpichte Flasche 4 Sgr., und sie zu füllen 4 Kreuzer.

Hr. Dr. Mogalla thut in der schon oft angeführten Schrift im eilften Briefe (S. 176. f. f.) Vorschläge zu Vermischung des Cudower Brunnen mit Milch oder süßen Molken. Diese Anstalt hat auch wirklich unter der Aufsicht des Hrn. Senators, Dr. Blottner, in der Stadt Reinerz im vorigen Sommer (1800) ihren Anfang genommen.

Die Quelle bei Reinerz

ist nur etwa eine Viertelstunde von der Stadt entlegen. Hr. Dr. Morgenbesser in Breslau zog diese Quelle in seiner Schrift: **Nachricht an das Publicum, die Gesundbrunnen zu Cudowa und Reinerz betreffend,** (Breslau bei W. G. Korn 1777) aus der unverdienten Vergessenheit wieder hervor.

Nachher hat Hr. Dr. Mogalla diese Quelle öfter besucht und untersucht, von dem ich das, was ich von ihr sage, entlehne *).

---

5 Monathe lang konnt' ich nur mit Noth einzelnes Buchstaben, schlecht genug, langsam machen; so sehr zitterte meine rechte Hand, in der ich, so wie in dem Arme, 7 Monathe lang einen gichtigen Schmerz und Reißen hatte. Ich ließ mir im Junius v. J. eine Kiste Brunnen hohlen, und schon nach 14 Tagen (ich trank täglich nur eine halbe Flasche) spürte ich Besserung, und nachdem ich 20 Flaschen getrunken hatte, war ich ganz gesund.

*) Die Bäder zu Cudowa 2c. dreizehnter Brief. Ich habe dabei die Absicht, das Wohlthätige dieser Quelle bekannter zu machen. In dieser Hinsicht, hoffe ich, wird man mirs verzeihen,

Die massiv, aber etwas eng eingefaßte Quelle (die größten Luftblasen drängen sich an der Wand des Umschrotes mühsam empor) ist leicht überbauet*), und gleich bei der Quelle steht ein Sommerhäuschen. Eine andere Quelle, vielleicht eine der Hauptquellen, die durch den

daß ich aus den eben so gründlichen als in menschenfreundlicher Absicht geschriebenen Schriften des Hrn. Dr. Mogalla über Landeck und Cudowa mehrere Stellen bisher wörtlich angeführt habe, und es auch hier wieder thue. Meine Absicht ist ja, meine Leser auf die Reichthümer, die uns die Natur in unserm Lande mit milder Hand darbietet, aufmerksamer zu machen.

*) An der Außenseite dieser Nische lieset man die Inschrift (Schade, daß jetzt schon Buchstaben abfallen!):

Sub faventissimis Auspiciis
Illustris ac Generossissimi Domini
Domini Godofredi Guilielmi Mülleri
Potentissimi Porussorum Regis
Rerum bellicarum et Cameralium
in Comitatu Glacensi Consiliarii
spectatissimi
et sub Directione
Senatus Regiae Civitatis Reinercensis
Domini Ernesti Guilielmi Zülichii Consulis Dirigentis
—— Caroli Maximiliani Tepleri Syndici
—— Joannis Godofredi Krügeri Camerarii
—— Sebastiani Beinlichii }
—— Ambrosii Emmanuel Wettzelii } Senatorum.
—— Joannis Martini Richteri }
Aedificium hocce
pro meliori conservatione
Fontis hujus, ob salubres suos
effectus ubique satis inclyti
destinatum
restauratum et renovatum
A. S. R. MDCCLXIX Mense Julio.

zu eng gesetzten Umschrot sich mit der eingefaßten nicht mehr vereinigen kann, hat sich durchgearbeitet, und kommt in dem Keller eines benachbarten Hauses hervor.

Das steinerne runde Reservoir des Wassers, das durch einen lichtaschgrauen Boden zu Tage kommt, hat 4½ Fuß im Durchmesser, und die geräumige Abzugsröhre ist nur wenige Zoll über 2 Fuß über die Sohle erhaben.

„Im Jahre 1797, sagt Hr. Dr. Mogalla, fand ich die Schicht von Kohlensäure 2½ Zoll Rheinl. über dem Wasserspiegel; im Sommer 1798 war, freilich bei sehr regenigem Wetter, keine zu entdecken. So perennierend in jeder Rücksicht scheint diese Quelle also nicht zu seyn, wie die zu Cudowa. Diese specifische Schwere des Brunnens verhält sich zu der des destillierten Wassers wie 1,020 zu 1,000 *).“ Bei der äußern Temperatur von 15° war die im Brunnen 9° **).

Das Resultat der in Breslau vom Hrn. Apotheker Günther gemachten Analyse, bei welcher das Verfahren des Hrn. Dr. Reuß bei der Untersuchung des Egerwassers beobachtet worden, ist: In einem Pfund von 16 Unzen Nürnberger Gewichts des Reinerzer Brunnens befanden sich

Krystallisiertes Mineral-Laugensalz .	10,675	Gran.
Krystallisiertes Glaubersalz	2,375	=
Kochsalz	0,953	=
Eisen	0,572	=
Kalkerde	4,175	=

*) Der Hr. Dr. Mogalla bedient sich hierzu äußerst feiner durch Quecksilber verfertigter Glasspindeln.

**) Schlesische Provinzialblätter 1797. Mon. Julius S. 44.

Luftsäure eine ansehnliche Menge, die, weil die Untersuchung entfernt von der Quelle geschah, nicht ganz genau bestimmt werden konnte.

„Bei dem gemeinen Manne der rings umhergelegenen Gegend steht die Reinerzer Quelle in großem Ansehn; er nimmt in den meisten Krankheiten seine Zuflucht zu ihr, sie ist fast sein einziges Arzneimittel. — Bei dem Mangel an Eßlust, bei der Leibesverstopfung, beim Kopfweh, beim Schwindel, beim Magendrücken geht er zur Quelle, oder läßt sich einen Krug davon hohlen, und befindet sich den nächsten Tag, da ihn das Mineralwasser insgemein gelinde abgeführt hat, wohl und munter."

Schon ist ein kleiner Anfang zu baden bei dieser Quelle gemacht. Man hat in der Nähe desselben zwei Verschläge mit Badewannen gemacht, an die sich nach Bedürfniß mehrere anschließen können.

Für Personen, die diesen Brunnen, an der Quelle trinken oder des Bades sich bedienen wollen, würde es bei den biedern und gefälligen Bürgern an Wohnung und allen Bequemlichkeiten nicht fehlen; eben so wenig mangelt es an angenehmen Spatziergängen in dieser mit Bergen und Thälern durchkreuzten Gegend. Außer der Quelle, von der ich bisher geredet habe, ist noch

eine, auf einer zur Pfarrwiedmuth gehörigen Wiese. Sie ist länglich viereckig in Bohlen gefaßt. Sie quillt stark, und unzählbare Luftblasen von der Größe einer Hasel- bis zu der einer Wallnuß drängen sich empor. Der im Grunde des Brunnens und im Abflußgraben befindliche Eisenocher zeigt auf Eisengehalt, welches der Geschmack und Reagentien sogleich anzeigen. Bei der äußern Temperatur von 17° war die des Brunnens 11⅓°. Bei dieser Beobachtung stand ein Gewitter am Himmel *). Ihr Gehalt ist ebenderselbe, wie der, die in Stein gefaßt ist. Noch

eine dritte ist auf einem Grundstücke des städtischen Bauers Ignaz Aulich. Sie kocht aus mohrigem Wiesengrunde mit hörbarem Geräusche hervor, ist ohne alle Einfassung. Sie hat dieselbe specifische Schwere wie der gefaßte Brunnen, und berechtigt, nach vorläufigen Versuchen durch Reagentien, zu großen Erwartungen.

Der Sauerbrunnen zu Wilmsdorf **)

entspringt auf einer Wiese, unterhalb des Hofes. Die Quantität des hervorquellenden Wassers ist sehr beträchtlich. Am Ausflusse der Quelle bemerkt man einen ocherbraunen Schlamm, der sich erst mit dem Einflusse in die Weistritz verliert. Die über dem Wasserspiegel schwebende Wolke macht sie dem Genuß-Organe durch eine prickelnde Empfindung, welche Luftsäure andeutet, bemerkbar. Das Wasser war bei der Untersuchung noch nicht ganz hell, was nun, bei einer bessern Einrichtung des Behältnisses, nimmer der Fall seyn wird. Beim Schöpfen stiegen in dem Glase unzählbare, große und kleine Luftbläschen empor, was auch noch lange Zeit nachher in dem Gefäße geschah, welches hingesetzt worden, um dieses Phänomen beobachten zu können. Der Geschmack ist angenehm.

---

*) Schles. Provinzialbl. 1797. Mon. Jul. S. 43.

**) Glatzer Monathschrift. B. 1. St. 1. S. 51. wird das Resultat einer vorläufigen Untersuchung dieses Brunnens angegeben, die ich hersetze.

Die Temperatur der Atmosphäre um den Brunnen war 13° Reaumur, die des Brunnens war 6°.

Das eigenthümliche Gewicht, vermittelst der hydrostatischen Wage, war $3\frac{3}{4}$°, die des Flußwassers $5\frac{1}{2}$°.

Gegen Reagentien verhielt er sich, wie folgt:

1) Curcumapapier änderte beim Trocknen.

2) Lackmußpapier — die blaue Farbe wurde fast sogleich in die rothe verwandelt, an der Luft aber nach und nach in die blaue.

3) Fernambuck-Tinctur — 15 Tropfen in eine Unze frischen Brunnen getröpfelt, röthelte, aber nach zwei Stunden wurde er vollkommen violett.

4) Wässerige Rhabarber-Tinktur — röthelte ein wenig.

5) Curcuma-Tinctur — gab einen ins bräunliche fallenden Niederschlag.

6) Geistige Galläpfel-Tinktur — färbte den Brunnen dunkelbräunlich, verursachte nach zwei Stunden ein schwarzbräunliches, flockiges Sediment.

7) a) Frisch bereitetes Kalkwasser — mit gleichen Theilen frisch geschöpften Brunnen — milchicht — gab flockig weißen Niederschlag.

b) Frischbereitetes Kalkwasser — mit gleichen Theilen gekochten Brunnen, bewirkte die vorige Veränderung.

8) Reine Weinsteinsäure — brausete.

9) Concentrierte Vitriol-Säure — brausete stark auf.

10) Reine Salpeter-Säure } wie No. 9.

11) Salzige Säure } wie No. 9.

12) Reines Gewächs-Alkali, ein flockig weißliches Sediment.

13) Flüchtiges, luftvolles Laugensalz — leicht auf- liegenden weißlichen Bodensatz.

14) Flüchtiges ätzendes Laugensalz — weißlich flocki- gen Bodensatz.

15) Seifenauflösung — trennte sich sogleich in Flok- ken, und bildete auch ein flockiges Sediment.

16) Kalkbereitete Auflösung des Quecksilbers in Sal- petersäure — einen weißlichen ins Grauliche fallen- den Niederschlag.

17) Kupferauflösung — flockig, hellgrünes Se- diment.

18) Kochsalzgesäuerte Schwererdenauflösung — 20 Tropfen auf eine Unze Brunnen — trübte und brachte einen weißlichen Niederschlag hervor.

19) Essigsaure Schwererdenauflösung — in gleichen Verhältnissen — gleiche Phänomene des Ver- suchs 18.

20) Luftvolle Schwererde — 5 Gran fein gerieben auf 2 Unzen Brunnen — vielen weißen Nieder- schlag.

21) Salmiak — ein Quentchen auf 4 Unzen Brun- nen — bei dessen Auflösung ein schwächlicher, urin- artiger Geruch bemerkt wurde.

22) Salzigsaurer Quecksilberkalk — 5 Gran auf 1½ Unze Brunnen — viele orange Flocken kamen auf der Oberfläche zum Vorschein.

23) Salpetersaure Silberauflösung — tingierte den Brunnen graulich — setzte einen ähnlich tingierten Bodensatz ab.

24) Schwefelsaure Silberauflösung — schwärzliche Flocken.

25) Essigsaure Bleiauflösung — weißen Niederschlag

Die Versuche 2 und 7 beweisen, daß dieser Brunnen eine freie Säure enthält — ihre Flüchtigkeit erörtert Versuch 2, es wurde an der Sonne wieder blau. Der siebente Versuch beweiset zugleich, daß der flüchtige Bestandtheil Kohlensäure ist, da die Kalktheile als Kalk zu Boden fielen. Die Versuche 18, 19, 20 und 25 scheinen zu beweisen, daß er laugenhafte, alkalische Bestandtheile enthalte. Die Versuche 3 und 22 beweisen, daß es ein freies Laugensalz sey. Die Versuche 9, 10, 11 beweisen die Gegenwart des freien Laugensalzes, wie auch der Versuch 8 noch gewisser. Der Versuch 15 zeigt, daß Neutralsalze vorhanden sind. Versuch 21, daß ein freies mineralisches Alkali darin enthalten sey — daher auch der Geruch — das mineralische Alkali des Brunnens sättigte sich mit der salzigen Säure, und machte das flüchtige Laugensalz los. Die Versuche 6 und 17 des Eisens. Der 12, 13 und 14te Versuch beweisen die Gegenwart eines Mittelsalzes, wovon der eine Bestandtheil magnesialische Erde ist, welche der flockige Niederschlag bewahrheitete. Die gefärbten Niederschläge, die durch Silbersalze Versuch 23 und 24 entstanden, rühren von der Materie des Lichts her. Wahrscheinlich würden sie weiß ausgefallen seyn, wenn sie sogleich ins Finstre gesetzt worden wären. Der Niederschlag des 16ten Versuches ist Folge des freien Laugensalzes.

Nach diesen Versuchen, die freilich noch nicht für hinlänglich anzusehen sind, wären die Bestandtheile dieses Brunnens: Kohlengesäuertes Gas, kohlengesäuertes Mineral-Laugensalz, kohlengesäuerte Magnesie, sehr wenig kohlengesäuerte Kalkerde, etwas Eisen, schwefelsaure Sode und Kochsalz; wenn anders der Silbervitriol deutlich reagirt.

Der Verfasser dieses Untersuchungsberichtes folgert, daß dieser Brunnen alle die Bestandtheile hat, die der Cudower besitzt, freilich nur in etwas andern Verhältnissen. Der Cudower scheint ihm etwas mehr kohlengesäuertes Gas und Eisen zu enthalten, worin auch der Grund liegen mag, daß dieser Brunnen angenehmer schmeckt.

Da dieser Brunnen bei allen den Krankheiten anwendbar seyn soll, gegen die der Cudower und Reinerzer bisher gebraucht worden sind, so sind schon Anstalten für Trink- und Badelustige getroffen worden. Der Brunnen wird auch in Kisten, deren Flaschen in verschiedenen Volumen sind, damit man von kleinern Portionen zu den großern allmählig aufsteigen kann, welches bei größern Flaschen sich nicht gut thun läßt, von dem Inhaber der Glatzer Apotheke verschickt.

Der Nieder-Langenauer Brunnen.

Von diesem Brunnen, der gewöhnlich Sauerbrunnen genannt wird, sagt H. Dr. Mogalla *): „Sowohl der Gehalt an Kohlensäure als Eisen ist beträchtlich, und die Reagentien auf Schwefel- und Salzsäure machen keine geringe Aenderung. Die Temperatur des Brunnens bei der äußern ist von 20° nur 7°."

*) Schles. Provinzialbl. 1797. Mon. Julius. S. 40.

Zweiter Abschnitt.

Manufacturen und Fabriken.

Die wichtigsten Manufacturen in der Grafschaft sind unstreitig die Tuch- und Leinwand-Manufactur. Man verfertigt alle Sorten von Tuch, feines, mittleres und grobes, jedoch werden die beiden letztern Sorten am meisten gemacht. Ein Theil wird in der Grafschaft und in Schlesien abgesetzt, und ein Theil geht außer Landes. Das meiste Tuch wird in Glatz, Habelschwerdt, Reinerz, Wünschelburg und Neurode gemacht. Zum Behuf dieser Manufactur sind Walken:

In Glatz. 1.
- Thalheim, Nieder-, 1.
- Schwedeldorf, Nieder-, 1.

In Habelschwerdt. 1.
- Reinerz. 2.
- Wünschelburg. 2.
- Neurode. 2.

Wollene Zeuge und Mesolane verfertigt man: in Glatz, Habelschwerdt, Landeck, Lewien, Neurode, Ebersdorf Neuroder Districts, Schlegel, Tschuntschendorf, Neudorf und Volpersdorf.

Strumpfwirker sind in Neurode, Mittelwalde und Habelschwerdt. An etlichen Orten sind auch Strumpfstricker.

In Glatz verfertigt der Hutmacher Kaÿßler feine Hüte aus Schliffel- und Maulwurfs-Haaren *).

*) Dieser industriöse Mann machte den ersten Versuch mit der Syrischen Seide (Asclepias Syriaca Lin.) Allein der Versuch wollte ihm, auch mit Beimischung von $\frac{1}{3}$ anderer Materialien, nicht gelingen: sie gab weder einen festen Filz, noch schönes Haar; sie nahm auch nicht die gehörige Schwärze an. Er fand aber jedoch, daß man $\frac{1}{10}$ oder $\frac{1}{12}$ davon zu Hasenhaaren oder Lämmerwolle nehmen könne, ohne daß die Güte und Schönheit des Hutes etwas verliert. Den zweiten Versuch machte er mit der wilden Wiesenwolle (Eriophorum polystachion Lin.) Auch dieser zweite Versuch wollte ihm anfänglich nicht glücken, endlich fand er aber doch, daß sich diese Wiesenwolle gut mit Hasenhaaren und Lämmerwolle vermenge, daß sie ziemlich gewalkt werden könne, und daß sie so gut, wie Hasenhaare, die Farbe annehme. Er fiel endlich, als er in einem Garten einige Schliffel (Mus terrestris Lin.) fand, auf den Gedanken: ob nicht die Haare dieser Thiere zu Verfertigung der Hüte tauglich seyn könnten: er versuchte und fand, daß sie ganz den Hasen- und Biberhaaren gleich kommen. Er machte zuerst aus den Haaren von 20 Schliffeln und $\frac{1}{3}$ Hasenhaaren ein kleines Kinderhütchen, das sehr fein und schön ausfiel. Nun sammelte er 400 Schliffel- und Maulwurffelle, und verfertigte aus den Haaren derselben einen dreieckig gestutzten Hut, der den Beifall der Kriegs- und Domänen-Kammer so sehr erhielt, daß Se. Excellenz des dirigierenden Ministers Grafen von Hoym den Kaÿßler nicht nur mit einem Belobungsschreiben beehrten, sondern ihm auch ein Geschenk von 40 Rthlr. aus der Haupt-Manufactur-Casse auszahlen ließen. Kaÿßler gab sich nun Mühe, dergleichen Felle in Menge zu erhalten. So schwer dieses nun auch hielt, weil sich viele mit dem Abziehen dieser Thiere nicht gern abgeben, so bekam er doch endlich, binnen drei Monathen von fünf Männern 1600 dieser Felle. „Wenn er den Umkreis, worauf diese Thiere gefangen worden waren, mit der Fläche der Grafschaft verglich (sagt die Glatzer Monathschrift B. 1. St. 3. S. 164.), so glaubte er annehmen zu dürfen, daß in der Grafschaft jährlich 20,000 solcher Thiere gefangen werden

In Glatz und Habelschwerdt sind Leder-Fabriken. Der Leder-Fabrikant Gerhard in Glatz verfertigt schönes geschmeidiges sehr haltbares Leder, das nie hart und brüchig, und von keiner Feuchtigkeit durchdrungen wird. Er giebt diesem Leder eine solche Politur und Schönheit, daß es dem Englischen nicht nachzustehen scheint. Er hat es anfänglich mit thierischen Fettigkeiten getränkt. Nun aber hat er ein dazu taugliches Materiale aus dem Pflanzen- und Mineralreiche erfunden, das in keiner Gärberei gebräuchlich ist. Noch behält er es als Geheimniß bei sich.

---

können. Weit ergiebiger möchte dieser Fang in Schlesien und in andern fruchtbarern Ebenen seyn" (Aber könnten nicht diese Thiere, wenn sie ohne Hinsicht auf die Zeit ihrer Fortpflanzung ohne Schonung gefangen werden, nach und nach, wo nicht ganz ausgetilgt, doch so verringert werden, daß das Aufbringen mehrerer Felle sehr schwer hielte?)

„Zum Abscheren der Haare können Kinder gebraucht werden. Kayßlers beide Töchter, in einem 5 bis 7jährigen Alter, scheren neben ihren nothwendigen Erhohlungen täglich 50 Stück ab. Aus den haarlosen Fellen wird dann ein zur Hutverfertigung sehr guter Leim gekocht."

„Da die Haare der Maulwürfe und Schliffel die Biberhaare an Feinheit übertreffen, so ists Schade, daß so viele Tausende dieser Thiere ungenützt weggeworfen, und unnöthig so viele Gelder für Biberfelle ins Ausland geschickt werden. Kayßler hat seit kurzem 60 Rthlr durch Verarbeitung der Maulwurfshaare erspart, die er sonst, weil es im Lande fast keine Biber mehr giebt, hätte ins Ausland schicken müssen."

Ich setze noch zwei Bemerkungen her. Der Hr. Graf von Burghauß auf Laasen sammelte 120 Loth Winterhaare oder Wolle von Pferden, die rein gemacht 90 Loth wogen, 30 Loth Schafwolle dazu genommen gaben $9\frac{1}{2}$ Elle $\frac{6}{4}$ breiten dauerhaften Zeug,

Lederwalken sind: in Glatz zwei, in Habelschwerdt zwei, in Reinerz eine.

Man mahlt hier auch viel Schafleder zu Geld- und Tobacksbeuteln, zu **Mannsmützen**, zu **Pantoffeln** und **Frauenzimmerschuhen**.

In Albendorf und Habelschwerdt sind **Wachsbleichen**.

In Glatz wird Plüsche verfertigt.

Die Leinwand-Manufactur ist, wie ich schon oben gesagt habe, einer der größesten Zweige der Glatzer Industrie. Ich schweige vom Anbaue und der Zubereitung des Flachses, so wie vom Spinnen, da ich Th. 1. S. 82. f. f. weitläufig, so wohl hiervon als von der Leinwand-Manufactur selbst und den dahin gehörigen Polizeianstalten das Nöthige gesagt habe.

---

davon das Werft leinen, der Eintrag aber dieses aus Pferdehaaren und Schafwolle gemengte Gespinnst war.

Eben derselbe hat von der feinen Winterwolle der Ziegen mit Zusatz von Hasenhaaren verschiedene Hute verfertigen lassen, desgleichen gewirkte und gestrickte Handschuhe. Nähere Nachricht geben die Provinzialblätter. Jahrg. 1798. 12. St. S. 583 f. f.

Warum macht man denn bei uns keine Versuche mit der wilden Wiesenwolle, die so häufig auf nassen Wiesen wächst. Ich habe in Bayern Zeuge gesehen, die mit Beimischung von Schaf- und Baumwolle daraus verfertigt werden; desgleichen ein Paar Strümpfe. Man kann sie auch zu Papier zum Ausstopfen der Sophas und der Stühle, so gar zu Betten gebrauchen. Sie könnte von Kindern gesammlet werden. Eben so könnte man auch die Wolle von der Baumwollenweide (Salix pentandra Lin.), der schwarzen Pappel (Populus nigra L.), des haarigen und schmalblätterigen Weidrichs (Epilobium hirsutum und angustifolium Lin.), so wie die Schwalbenwurzel (Asclepias Vincetoxicum Lin.) besser nützen.

Die meiste Leinwand wird jedoch von Schlesischen und Glatzer Einkäufern (Leinwandhändlern), besonders Mittwochs, auf dem wöchentlichen Leinwandmarkte in Lewien und Dienstags zu Reinerz aufgekauft, und nach Schlesien an die dortigen Handlungshäuser geliefert, doch werden auch in Glatz, Langenau, Gellenau und Mittelwalde von einigen Häusern Geschäfte außer Landes gemacht.

Die Sorten Leinwand, die in der Grafschaft verfertigt werden, sind $\frac{7}{4}$ breite Stücke, 72 Ellen lang; beinahe $\frac{6}{4}$ breite Schocke zu 60 Ellen.

In den Dörfern um Neurode macht man $\frac{8}{4}$ breite Stücke, 84 Ellen lang. Diese Art wird auch um Mittelwalde, jedoch etwas weniger, als $\frac{8}{4}$ breit gemacht. $5\frac{1}{2}$ Viertel breite Schocke zu 60 Ellen, ebenfalls in der Gegend um Mittelwalde.

In der Gegend um Mittelwalde und Lewien wird eine Sorte Leinwand gemacht, $4\frac{1}{2}$ Viertel breit, 70 bis 72 Ellen lang. Von dieser letztern wird viel nach Italien versendet; sie wird **Butzelleinwand** genannt.

Die meiste Leinwand liefern die Dörfer:

A. **Im Habelschwerdter District.** Mittelwalde, Bobischau, Ebersdorf, Freiwalde, Glasendorf, Grafenort, Gränzendorf, Herzogswalde, Ober- und Nieder-Langenau, Langenbrück, Marienthal, Michaelsthal, Neisbach, Neundorf, Rosenthal, Schönau, Schönfeld, Schönthal, Schreibendorf, Seitendorf, Thanndorf, Verlorenwasser, Wölfelsdorf, Wölfelsgrund.

B. **Im Hummler District.** Reinerz, Lewien, Biebersdorf, Brzesowie, Cudowa, Dörnickau, Friedersdorf,

Gellenau, Groß- und Klein-Georgsdorf, Hallatsch, Hartau, Jarker, Jauernick, Kaltwasser, Kessel, Keulendorf, Kuttel, Leschnei, Nerbotin, Rückerts, Sakisch, Schlaney, Tanz, Tassau, Deutsch-Tscherbenei, Tschischnei.

C. Im Wünschelburger District. Wünschelburg, Carlsberg, Crainsdorf, Nauseney, Passendorf, Ober- und Nieder-Rathen, Seifersdorf.

D. Im Neuroder District. Beuthengrund, Biehals, Buchau, Eckersdorf, Eule-Ludwigsdorf, Eule-Mölke, Eulenburg, Falkenberg, Ober- und Nieder-Hausdorf, Hayn, Herrngrund, Josephsthal, Königswalde, Kohlendorf, Kunzendorf, Ludwigsdorf, Markgrund, Mölke, Schlögel, Vierhöfe, Volpersdorf, Wenzelshayn.

Anstalten zum Bleichen und zur Appretur der Leinwand.

	Bleichen.	Walken	Trocknenhäuser.	Wassermangeln.	Pferdemangeln.
A. Im Glatzer District:					
Glatz	—	—	—	—	1
Schwedeldorf . . .	1	1	—	—	—
Wallisfurth	1	1	—		—
B. Im Habelschwerdter District:					
Habelschwerdt . . .	—	—	—	—	1
Brand	1	1	—	—	—
Latus	3	3	—	—	2

	Bleichen.	Walken.	Trocknenhäus.	Wassermang.	Pferdemang.
Transport	3	3	—	—	2
Mittelwalde	5	1	1	1	2
Glasendorf Althan . .	3	2	—	—	—
Kieslingswalde . . .	1	1	—	1	—
Langenau, Ober- . . .	4	2	—	—	—
Marienthal	1	1	—	—	—
Rosenthal	2	1	—	—	—
Lauterbach	2	1	—	1	—
Lichtenwalde	1	1	—	—	—
Weistritz, Alt-	2	2	—	—	—
C. Im Hummler District.					
Reinerz	1	1	—	—	—
Lewien	—	—	—	—	2
Rückerts	1	1	—	—	—
Gläsendorf	1	1	—	—	—
Gellenau	3	1	1	1	—
D. Im Wünschelburger District:					
Wünschelburg	1	1	—	—	—
Scharfeneck *)	1	1	—	1	—
E. Im Neuroder District:					
Hausdorf Ober- . .	1	1	—	—	—
Hausdorf Nieder- . .	2	1	—	—	—
Königswalde	1	1	—	—	—
Ludwigsdorf	1	1	—	—	—
Mölke	5	2	—	—	—
Schlögel	5	3	—	—	—
Summa	47	30	2	5	6

*) Hier wird auch viele Leinwand für auswärtige Häuser gänzlich appretiert und versendet.

Damastleinwand wird in Glatz, Landeck, Habelschwerdt, Mittelwalde, Albendorf und Rückerts verfertiget.

In Glatz ist eine **Leinwanddruckerei.**

Zu Reinerz sind zwei **Papiermühlen**, wo sehr gute Sorten Papiere gemacht werden. Beide gehören einem Besitzer.

Oehlschlägereien sind:

A. **Im Glatzer District**: zu Glatz, Rauschwitz, Wallisfurth, Ullersdorf.

B. **Im Landecker District**: zu Conradswalde, Alt-Gerschdorf, Gompersdorf, Johannisberg, Schreckendorf, Ober- und Nieder-Thalheim.

C. **Im Habelschwerdter District**: zu Habelschwerdt, Bobischau, Ebersdorf, Freiwalde, Brand, Ober-Langenau, Langenbrück, Lauterbach, Lichtenwalde, Lomnitz, Marienthal, Plomnitz, Rosenthal, Schreibendorf, Seitendorf, Verlorenwasser, Alt- und Neu-Weistritz, Wölfelsdorf.

D. **Im Hummler District**: zu Hartau.

E. **Im Wünschelburger District**: zu Ober-Rathen.

F. **Im Neuroder District**: zu Ober-Hannsdorf.

Theeröfen sind zu Nieder-Hausdorf, Ludwigsdörfel, Wallisfurth.

Pottaschesiedereien sind:

A. **Im Glatzer District**: zu Ober-Schwedeldorf und Wallisfurth.

B. **Im Landecker District**: zu Landeck: sie gehört der Kämmerei.

C. **Im Habelschwerdter District**: zu Freiwalde und zu Friedrichsgrund.

D. Im Hummler District: zu Gellenau, Gränzendorf, Deutsch-Tscherbeney.

E. Im Neuroder District: zu Königswalde.

Kraftmehl (weiße Stärke) wird gemacht:

A. Im Glatzer District: zu Glatz, Alt-Heide, Königshayn, Ober-Schwedeldorf.

B. Im Habelschwerdter District: zu Habelschwerdt, Ebersdorf, Rosenthal.

C. Im Hummler District: zu Gellenau.

D. Im Wünschelburger District: zu Wünschelburg, Albendorf, Mittel-Steine.

E. Im Neuroder District: zu Schlögel.

Rosarien werden in Glatz verfertiget.

Bei Alt-Weistritz ist eine Pulvermühle.

In Glatz ist eine Buchdruckerei.

Holzarbeiten werden zu Glatz, Habelschwerdt, Wilhelmsthal, Conradswalde, Johannisburg, Klessengrund, Dürr-Kunzendorf, Kunzendorf, Neundorf, Thanndorf gemacht.

Bildhauer und Bildschnitzer sind: zu Bobischau, Buchau, Landeck, Glatz, Mittelwalde, Thanndorf und Grafenort.

Musikalische Instrumente werden zu Wölfelsdorf und Mittelwalde verfertiget.

Zu Bobischau, Lauterbach und Mittelwalde macht man Schlaguhren.

Zu Mittelwalde, Ullersdorf und Volpersdorf bereiten so genannte Laboranten verschiedene Arzeneien.

Glashütten sind: zu Friedrichsgrund, Kaiserswalde und Hausdorf.

Zu Rückerts, Schlegel und Weißbrod sind Salpetersiedereien, in welchen jährlich gegen 200 Zentner gewonnen werden.

Zu Habelschwerdt und Friedrichsgrund sind **Schleifmühlen**.

Zu Glatz und Habelschwerdt wohnen **Roth- und Gelbgießer**.

Zu Habelschwerdt und Mittel-Steine findet man **Steinschleifer und Steinschneider**, und zu Landeck, Schreckendorf und Lewien **Glasschleifer und Glasschneider**.

Zu Cudowa ist ein **hoher Ofen zum Schmelzen** der Keulendorfer und Jauernicker Eisenerze, ein **Frischfeuer und ein Eisenhammer**.

In Glatz verfertigt die Ehegattinn des Unterofficiers Wendel äußerst feine auf Papier oder Leinwand aufgelegte Stroharbeiten, die jene Arbeit, die ehedem die Heukingische Fabrik lieferte, weit übertrifft. Sie giebt dem Stroh alle mögliche haltbare Farben, wechselt mit Schatten und Licht. Sie weiß Blumen und Blätter so darauf zu legen, oder unter zu legen, daß man es kaum gewahr wird, was auf- oder untergelegt ist. Sie macht z. B. Stuben-Bordüren, auf deren schwarzem Grunde sich zwischen vielfarbigen Perlenkränzen, Eichenzweige mit Eicheln und Blättern winden; Weinreben, die mit natürlichen Blättern auf schwarzem Grunde sich hinranken -- und andere, wie man sie verlangt. Dergleichen Bordüren können abgenommen, abgekehrt und gesäubert werden. Sie macht allerlei Hüte, Casques à la Minerve und Strohstickungen, wo die Blätter eingelegt, die Blumen untergelegt und die Stängel gestickt sind. Ja sie macht sogar Kupferstich ähnliche Arbeiten.

Dritter Abschnitt.
Politische Verfassung.

Gränzen.

Die Grafschaft Glatz gränzt gegen Morgen mit Schlesien, und zwar mit den Fürstenthümern Münsterberg und Neiße; gegen Mittag mit Mähren; gegen Abend mit Böhmen; gegen Mitternacht mit dem Schlesischen Fürstenthume Schweidnitz.

Größe.

Zimmermann und die Schlesischen Provinzialblätter *) geben die Größe der Grafschaft auf 31 Quadrat-Meilen an. Nach Scheibels Berechnung enthält sie 26½ und nach Sack 29½ Quadrat-Meilen **). Man rechnet auf ihre Länge 8 und auf ihre größte Breite 5 (nach Zimmermann nur 4) Meilen.

Kreise.

Die Grafschaft Glatz macht nur einen einzigen landräthlichen Kreis aus, der aber wieder in sechs Districte eingetheilt wird, die nach dem Hauptorte eines jeden Districtes benennet werden. Diese Districte sind daher:

*) Schles. Provinzial-Blätter, Jahrg. 1791. Mon. Jan. S. 19.

**) Zimmermann allgemeine Nachrichten von Schles. S. 5.

1) Der Glatzer.
2) Der Landecker.
3) Der Habelschwerdter.
4) Der Hummler, der seinen Nahmen von dem alten in Ruinen liegenden Hummelschlosse *) hat, und unmittelbar unter der Breslauer Krieges- und Domainen-Kammer steht.
5) Der Wünschelburger.
6) Der Neuroder, der ehedem zu dem Wünschelburger Districte gehörte, in den neuern Zeiten aber davon getrennt worden ist.

Volksmenge.

In den Jahren 1791, *) 93, 94, 95 und 96 lebten:

	1791.	1793.	1794.	1795.	1796.
A. In den Städten:					
1) Glatz . . .	7882	8625	9525	6302	6481
2) Landeck . .	982	1014	1010	1003	1002
3) Habelschwerdt	2973	2637	2643	2632	2481
4) Mittelwalde .	1111	1238	1280	1252	1264
5) Wilhelmsthal	381	359	363	375	385
6) Reinerz . .	1462	1564	1551	1487	1477
7) Lewien . . .	1029	1070	1120	1018	1048
8) Wünschelburg	1221	1281	1298	1270	1294
9) Neurode . .	2358	2531	2573	2552	2589
B. In den Dörfern .	73922	75339	74772	75235	75585
Summa	93321	95658	96135	93126	93606

*) Sieh oben S. 72. f.

**) Das Jahr 1792 kann ich aus Mangel an Nachrichten nicht angeben.

Nach Angabe der Glatzer Monathsschrift (Bd. 2. St. 4. S. 546., St. 5. S. 634.) lebten nach kirchlichen Acten im Jahre 1799 in der Grafschaft Glatz, außer dem diensthuenden Militair und den Protestanten

A. In den Städten:

Männliche	17,103
Weibliche	19,196
Summa	36,299 Personen.

B. Auf dem Lande:

Männliche	30,010
Weibliche	32,053
Summa	62,063 Personen.

In den Städten:	36,299
Auf dem Lande:	62,064
Summa	98,362 Personen.

In den Städten und auf dem Lande waren

Männliche	47,113
Weibliche	51,249
Summa	98,362 Personen.

Nach Civil-Acten lebten im genannten Jahre, auf den Dörfern der Grafschaft mit Ausschluß der unter der Fix-Accise stehenden Menschen und der Urlauber:

Männliche	37,277
Weibliche	40,901
Summa	78,178 Personen.

Nach der letztern Angabe wären also 16,115 Personen mehr als nach den kirchlichen Acten. „Es wäre doch, sagt Hr. Past. Pohle im letztern Aufsatze, auf einen großen Verfall der Religion und Sittlichkeit hindeutend, wenn man vermuthen müßte, daß auf 15,000 Menschen auf dem Lande sich allem Gottesdienste und folglich der Kenntniß ihrer Geistlichen entziehen könnten." – Nimmt man nach Zimmermann 31 Quadrat-Meilen an, so kommen auf jede Meile 3172 Menschen: nach Sack 3391, und nach Scheibel 3783.

Sprache.

Man spricht durchgehends Deutsch, nur in Deutsch-Tscherbenei wird nebst dem Deutschen auch Böhmisch geredet.

Aeußere Verfassung.

Die Grafschaft Glatz steht, in Ansehung der Justiz, unter der Breslauischen Ober-Amtsregierung, und in Ansehung der Steuer und Contribution unter der Kriegs- und Domainen-Kammer zu Breslau. Die Grafschaft macht ein eigenes steuerräthliches Departement aus, das in Glatz seinen Sitz hat. In Ansehung der Vieh-Assecuranz gehört sie zur zweiten Societät. In Ansehung des Zoll- und Accise-Wesens steht sie unter der Direction zu Breslau.

Die Grafschaft Glatz gehört zu Salzfactorei Glatz, zu welcher auch der Frankensteinische Kreis gehört.

Der Adel macht mit dem des Fürstenthums Münsterberg ein System aus.

Ein in Glatz stehendes Infanterie-Regiment (jetzt Favrat) hat in der Grafschaft seinen Canton.

In Absicht des Bergbaues steht die Grafschaft unter dem Bergamte zu Reichenstein, von welchem ein Mitglied zu Schlegel wohnt.

Aeußere kirchliche Verfassung.

Die Einwohner bekennen sich durchgängig zur katholischen Religion, und der kleinste Theil zur protestantischen. Letztere haben zwei eigene Kirchen. In Glatz die Garnison-Kirche, in welcher zugleich die Civil-Gemeine ihre Gottesverehrungen hält, wenn die der Militär-Gemeine geendigt sind. Bei der letztern verrichten die Feldprediger der beiden hier garnisonirenden Infanterie-Regimenter die kirchlichen Handlungen, bei der Civil-Gemeine hingegen der Civil-Geistliche, der zugleich der Prediger der ganzen Grafschaft ist, und von der Königlichen Kammer besoldet wird. Er bereiset von Zeit zu Zeit die Städte der Grafschaft, wo Lutheraner leben, und hält ihnen Communion und Predigt, entweder auf dem Rathhause oder in einem Privat-Hause. Nur in Reinerz können die Lutheraner, mit Erlaubniß des erzbischöflichen Consistorii zu Prag, auf den Antrag des Breslauischen Ober-Consistorii, so oft der ev. luth. Prediger aus Glatz dorten Communion hält, seit dem 30sten August 1789 sich der dasigen Kreuzkirche zu ihrer Gottesverehrung bedienen. Die Reversalien, die sie deshalb auszustellen hatten, sind:

1) So oft die Lutheraner in der Kreuzkirche zu Reinerz ihren Gottesdienst halten wollen, ist es dem katholischen Pfarrer, als Vorsteher der Kirche, bei Zeiten zu melden, ob der evangelische Gottesdienst an dem

gewählten Sonntage ohne die geringste Störung des katholischen und der daselbst eingeführten Brüderschaftsübungen gehalten werden könne.

2) Zu jedesmahliger Haltung ihres Gottesdienstes haben sie sich die Schlüssel der Kirche von dem katholischen Stadtpfarrer geziemend auszubitten, und nach geendigtem Gottesdienste wieder zu behändigen.

3) Daß sie auf das Eigenthum der Kirche niemahls einen rechtlichen Anspruch machen, keine Bauordnung in oder mit derselben vornehmen, auch sonst keine Aenderung in Betreff der darin üblichen geistlichen Verrichtungen und katholischen Gebräuche einführen wollen, indem alles in der Kirche in statu quo bleiben müsse, und von der evangelischen Gemeine nichts weggeschaffet, aber auch nichts (ausgenommen was sie zu ihrem Gottesdienste nöthig haben) eigenmächtig und ohne Vorwissen und Bewilligung des Kirchenvorstehers angeschafft werden könne.

4) Daß die Evangelischen die Katholischen in ihren Religionsübungen nicht im geringsten stören oder hindern wollen. In dieser Absicht würden von ihren Lehrern in ihren Predigten alle Ausdrücke vermieden werden, wodurch die katholische Gemeine gekränkt oder beleidigt, und das gute Vernehmen beider Theile gekränkt werden könnte.

Die zweite evangelische Kirche, zu welcher sich eine kleine zerstreuete Böhmische Gemeine hält, ist mit Vergünstigung und sehr thätiger Unterstützung des gegenwärtigen Besitzers von Cudowa, des Herrn Grafen von Stillfried, auf einem Berge bei Deutsch-Tscherbenei, durch die Bemühungen und Sammlungen des gegenwärtigen Predigers der Evangelisch-Böhmischen Gemeine zu Münsterberg (Demuth), der zugleich die geistlichen Verrichtungen dieser Gemeine mit zu besorgen hat, erbauet, und den 20sten October 1799 eingeweihet worden *). Die evangelischen Kirchen und Schulen stehen unter der Kirchen-Inspection Schweidnitz.

Den Reformierten vom Civil-Stande hält der Böhmisch-reformierte Prediger in Strehlen, und den Militär-Personen ein Stabsfeldprediger von Zeit zu Zeit Gottesdienst.

Die katholischen Kirchen und Geistlichen stehen unter dem Erzbischof zu Prag, der, unter dem Nahmen Dechant, beständig einen Commissarium delegatum in der Grafschaft hält, der die Kirchen und Schulen in derselben visitiert, die anzusetzenden Pfarrer und Capelläne examiniert und installiert, letztere ansetzen und versetzen kann, und die kleinern Zwistigkeiten der Geistlichen, Kirchen- und Schulbedienten schlichtet.

Die Verordnungen, die Schlesische Kirchen- und Schulsachen betreffen, werden dem Dechant von der König-

---

*) Ich glaube es verdient hier bemerkt zu werden, daß die Frau Gräfinn von Magnis, eine Katholikinn, dieser Gemeine einen silbernen, stark vergoldeten Kelch, die Böhmische Gemeine ein Positiv, und die Schweidnitzer und Reichenbacher Gemeinen jede eine Altarbekleidung geschenkt haben. Noch lebt in Schlesien religiöser Sinn — freilich nicht bei allen.

Königlichen Kriegs- und Domänen-Kammer zu Breslau zugeschickt. Die höhere Gerichtsbarkeit hingegen, z. B. Versiegelungen bei Todesfällen der Geistlichen, Regulierung ihrer Verlassenschaft rc. übt das Breslauische Oberamt durch den Justiz-Rath der Grafschaft aus.

Die Pfarreien und Capellaneien werden meistentheils mit Glatzischen Landeskindern, die immer vorhanden sind, besetzt, äußerst selten mit einem Schlesier, und mit einem Ausländer niemahls. Alle müssen in Breslau studieren, und auch da die Ordines von dem Weihbischofe erhalten, jedoch aber von dem Prager Erzbischofe sich die Erlaubniß nachsuchen.

Folgende Tabelle zeigt die Zahl der Kirchen und Klöster.

Nahmen der Districte.	Kirchen. In den Städten.	Kirchen. Auf dem Lande: Mutterkirchen.	Kirchen. Auf dem Lande: Filialkirchen	Klöster. Mönchs-	Klöster. Nonnen-	Einsiedeleien.
Glatzer District . . .	2	9	5	2	—	1
Landecker District . .	4	6	4	—	—	—
Habelschwerdter District	4	9	9	—	—	—
Hummler District . .	3	2	2	—	—	1
Wünschelburger District	2	3	3	—	—	—
Neuroder District . .	3	4	5	—	—	3
Summa	18	33	28	2	—	5

Außer diesen Kirchen sind in der Grafschaft noch 50 Capellen, davon sind 9 in den Städten, die übrigen 41 aber auf dem Lande.

Noch sind die zwei Wallfahrtsorte zu bemerken *): nähmlich **Alt-Wilmsdorf** und **Albendorf**. Der letztere Ort wird jedoch am fleißigsten besucht. Man rechnet, daß jährlich gegen 60,000 Menschen aus Schlesien, Böhmen und Mähren dahin wallfahrten.

Albendorf liegt im Wünschelburger Districte, etwa eine halbe Meile von **Wünschelburg**, zwischen Bergen, in einer angenehmen Gegend, und ist eines der schönsten und volkreichsten Dörfer in der Grafschaft. Der Platz um die auf einer Anhöhe, die der **Berg Zion** genannt wird, stehende Kirche, und die sämmtlichen Anlagen herum sind nach einigen von Bethlehem und Jerusalem hergenommenen Verhältnissen eingerichtet; die Kirche ist nach dem Tempel Salomons gebauet. — Gassen haben ihren Nahmen von Gassen jener Orte — ein Thor heißt das **Brunnenthor**, ein anderes das **Wasserthor** rc.

Das Dach, der in einem guten Styl gebaueten Kirche ist flach, nach morgenländischer Art, nur daß sich in der Mitte ein kleiner Thurm befindet, und auf beiden Seiten ein Giebelfeld hervorspringt. Durch eine herumgehende Gallerie bekommt es das Ansehen, als könne man auf demselben herumgehen. Die Kirche hat zwei Seitenflügel, und an der Vorderseite mehrere Pilaster, die ihr mit der Stuckaturarbeit und den übrigen Verzierungen ein prächtiges, das Auge festhaltendes Ansehen geben. Die zu ihr führende Treppe, die bei

*) Die Capelle auf dem spitzigen Berge (sieh oben S. 70.) ist kein Wallfahrtsort.

nahe so breit, wie die ganze Fronte ist, verschönert das Ganze noch mehr. Sie hat nach den Lebensjahren Jesu drei und dreißig Stufen, auf welchen die Wallfahrter knieend hinaufrutschen und meist jede Stufe küssen. Oben an der Treppe ist ein eisernes Gitterwerk, in welchem sich einige Blumenrabatten befinden. Innerhalb der äußern Mauern befinden sich vier gleich lange Hallen, die rings um die eigentliche Kirche herumgehen. Diese ist ein schönes Oval mit acht an den Seiten herumstehenden Pfeilern, zwischen denen das Chor und die Bühnen (Emporkirchen) vertheilt sind. Die hochgewölbte Decke ist mit Gemählden nicht überladen. Auf den aus den Oval hinausgerückten Hochaltar fällt das Licht durch eine ovale schöne Kuppel. An den Hallen sind einige Capellen angebracht, in welchen man Vorstellungen aus der Lebensgeschichte Jesu findet. An dem größern Theil der Kirche hängt noch ein kleinerer, der von jenem größern durch ein Gitter abgesondert ist: er stellt das Allerheiligste vor. Hier steht das wunderthätige Marienbild auf einem Altare. Wenn die Wallfahrter ihre Andacht in der Kirche geendigt haben, so geht die Wallfahrt außer derselben an. Sie besuchen zuerst die Capelle, in welcher die Taufe Jesu vorgestellt ist, und dann weiter von Capelle zu Capelle über den Bach Kidron, auf dem so genannten **Wege der Gefangenschaft** nach dem **Oehlberge**, auf dem **Wege des Kreuzes** nach dem **Calvari-Berge**, auf dem sich sehr viele Capellen, Kreuze und eine Einsiedlerwohnung befinden, und auf dem **Berge Quarantana**. Bei jeder Capelle und Vorstellung aus dem Leben Jesu beten die Pilger einige Gebete. Wenn die Wallfahrt mit allen Krümmungen und Rückwegen vollendet ist, so haben die Wallfahrter einen Weg von 5423 Schritten zurückgelegt, und dieses soll gerade so weit seyn, als Jesus in der Leidensnacht und an seinem Todestage gegangen seyn soll. Vom Oehlberge bis zum Hannas, zu Caiphas, Pilatus und Herodes sollen 4605 und von dem Hause des Pilatus bis nach Golgatha 818 Schritte seyn. Man rechnet die Zahl der Capellen auf etliche neunzig.

Dieser Wallfahrtsort, dessen Entstehung in viele Wunder eingehüllet ist, ist sehr alt, und wurde schon, ehe noch eine Kirche erbauet war, fleißig besucht *).

*) Die Geschichte der Entstehung dieses Wallfahrtsortes wird so erzählt. Auf dem Platze, wo die Kirche steht, stand eine große Linde. Im dreizehnten Jahrhunderte wohnte hier ein blinder Mann, Nahmens Jack. Dieser Mann gieng öfter zu dieser Linde, um da um die Wiedererlangung seines Gesichtes zu beten. Als er einst von seinem Gebete aufgestanden war, um wieder nach Hause zu gehen, stieß er sich sehr hart an die Linde, worauf er dann noch flehentlicher um die Wiedererlangung seines Gesichtes zu Gott flehte. Indem er noch betete, fühlte er eine so starke Erschütterung, daß er zu Boden fiel, und indem dieses geschah, öffneten sich seine Augen. Voll inniger Freude sah er in die Höhe, und erblickte in der Linde ein Marienbild, mit dreifach glänzenden Strahlen um das Haupt, und einem Christuskinde auf dem Arme. Vor diesem Bilde blieb er nun so lange knien und betete, bis er von den Seinigen gefunden und nach Hause geführt wurde. Dieses ist das Bild, welches in dem Allerheiligsten der Kirche steht. Ehe eine Kirche gebauet ward, befand sich unter der Linde ein steinerner Altar mit der Jahrzahl 1216 und zwei steinernen Leuchtern. Man erzählt noch mehrere Wunder von dem Gepräge jener Zeit, die ich, um nicht zu weitläufig zu werden, übergehe.

Die erste Kirche, die von dem Bischofe von Olmütz 1263 zu Ehren Mariä Heimsuchung eingeweihet worden ist, hat ein damahliger Besitzer von Albendorf, Ludwig von Pannewitz auf Lomnitz erbauet. Die jetzige Kirche wurde, da die alte zu klein und baufällig (sie stand jetzt 467 Jahre) war, von dem damahligen Gutsbesitzer, Franz Anton Reichsgrafen von Götzen, 1730 auf eigene Kosten erbauet. Die übrigen Anlagen aber rühren von einem Daniel Paschasius von Osterberg, der gegen das Ende des siebzehnten Jahrhunderts lebte, her. Er ist selbst dreimahl nach Jerusalem gereiset, um alles in Augenschein zu nehmen und auszumessen. Eine weitläufigere Beschreibung findet man in dem Archive der Zeit.

Das Wapen der Grafschaft besteht aus drei gebogenen Streifen. Diese drei Streifen sollen die drei in der Grafschaft entspringenden Flüsse, die **Neiße, Morawa** und **Erlitz** anzeigen.

I. Städte der Grafschaft Glatz.

A. Immediatstädte.

1. Glatz *),

die Hauptstadt der Grafschaft, soll vom Kaiser **Heinrich dem Vogler**, zum Andenken eines Sieges, den er hier über die Ungarn erfochten hat, gegründet worden seyn, und wäre demnach eine sehr alte Stadt. Sie liegt am

*) In alten Urkunden Glotz. Henel in Silesiographia nennt sie Clodsium, Böhmisch Kladcko, Mährisch und Polnisch Klodcko.

westlichen Ufer der Neiße, ungefähr 40 Fuß über derselben, und nach der Messung des Hrn. von Gersdorf 907 Par. Fuß über der Meeresfläche *), zwischen zwei befestigten Bergen, bergan. Der untere gegen die Neiße liegende Theil ist nur mit einer einfachen, der obere hingegen mit einer doppelten Mauer umgeben. Die innere mit Basteien und Thürmen versehene Mauer ist sehr dick und hoch, und ein tiefer Wallgraben umgiebt die Stadt, die außer 4 Thoren (das Frankensteinische, das Böhmische, das Pfaffenthor und die sogenannte steinerne Brücke) noch 3 Pforten (die Bader= Wasser= und Mühlpforte) hat. Sie zählt:

I. An Königlichen Gebäuden 78. Diese sind:

1) 10 Schloß= und Amtsgebäude, davon der Commendant einen Theil bewohnt.
2) 46 Casernen und andere zum Militär gehörige Gebäude.
3) 3 zum Proviantwesen gehörige Gebäude.
4) 7 Accise= und Zollhäuser.
5) Die Salzfactorei und Niederlage.
6) Das Zeughaus.
7) Das Lazareth.
8) 9 Wachhäuser.

**) Nach einer von dem Hrn. Obersten von Lindner in Schweidnitz mir gütigst mitgetheilten Nachricht liegt die Neiße bei Glatz über Schweidnitz 200,77 Par. Fuß. Der Roßmarkt, Vorstadt von Glatz, über Schweidnitz 214,00 Par. Fuß. Das Jesuiten=Kloster zu Glatz, oberster Stock über Schweidnitz 264,5 Par. Fuß.

II. An kirchlichen Gebäuden:

1) Die katholische Pfarrkirche, an der ein Pfarrer und zwei Capelläne stehen, und zu welcher außer der Stadt, den Vorstädten und herumliegenden Vorwerken noch eingepfarrt sind die Dörfer: Coritau, Ober- und Nieder Halbendorf, Hassitz, Hollenau, Labitsch, Morischau, Mügwitz, Neudeck (ein Antheil), Poditau, Roschwitz, Scheibe, Soritsch, Steinivitz, ein Theil von Wiese und Neu-Schwedeldorf, wo jedoch eine Filial-Kirche ist.

2) Die Begräbnißkirche.

3) Die Capelle St. Sebastian, die auf dem Ringe (Marktplatze) steht.

4) Das Franciscaner-Kloster (16 Geistliche) mit der Kirche.

5) Das Minoriten-Kloster (10 Geistliche) mit der Kirche.

6) Die evangelische Kirche, in der die Civil- und Militär-Gemeinen ihre Gottesverehrungen halten.

7) Die Hospitalkirche.

8) 8 Pfarr- und Schulgebäude *).

III. An städtischen Gebäuden:

1) Das Rathhaus.

2) 4 Raths- und Officianten-Häuser.

3) Das Hospital.

4) Das Stockhaus.

---

*) Ein Theil des ehemahligen Jesuiten-Klosters wird jetzt zum Aufbewahren der Montierungen gebraucht.

5) Zwei Brauhäuser.

6) Die Wasserkunst, durch welche gutes Wasser aus der Neiße in die Stadt geleitet wird, weil das der Brunnen schlecht ist.

IV. Bürgerhäuser:

In der Stadt 258.

In der Vorstadt 393, mit Einschl. von 41 Vorwerken.

651 *). Darunter sind

10 Mahl- und Walkmühlen.

Zur Stadt gehören noch die Dörfer Hasengraben, Halbendorf, Steinwitz, die als Vorstädte angesehen werden, und Fix-Accise geben, und 124 Scheunen.

Die hier befindlichen Königlichen Aemter sind:

Das Steueramt.

Das Rentamt.

Das Accise- und Zollamt. Zu dem letztern gehören als subordinierte noch die Zollämter zu Gabersdorf, Neudeck und Droschkau.

Das Postamt.

Das Salzamt.

Das Proviantamt.

Die bürgerlichen Nahrungszweige sind: der **Ackerbau**, der aber meist nur von den Vorstädtern betrieben wird; das **Bierbrauen**, dazu die Gerechtigkeit auf 222 Häusern haftet (5 Kretschame in den Vorstädten und 28 auf den Dörfern müssen Stadtbier schenken); das erlernte **Handwerk** oder **Kunst**, die **Handlung**,

*) Zimmermann giebt in den allgemeinen Nachrichten von Schlesien S. 11. 107 öffentliche und 780 Privat-Gebäude an.

die von etlichen Häusern mit Leinwand und Leder en gros und von andern mit Spezereien, Schnittwaaren und andern Lebensbedürfnissen en Detail getrieben wird. Die zwei Leder-Manufacturen sind von ansehnlichem Belange.

Donnerstags und Sonnabends ist Wochen- Garn- und Leinwandmarkt, am erstern Tage auch Getreidemarkt.

Jährlich sind 4 Jahrmärkte: 1) am Sonntage Septuagesimä; 2) am dritten Pfingstfeiertage; 3) an Bartholomäi; 4) an Simonis und Judä.

Die Besatzung besteht aus zwei Infanterie-Regimentern Nr. 33 und 47. P., 1 Compagnie Garnison-Artillerie und 1 Compagnie Mineurs.

Das Stadtwapen ist ein weißer Löwe mit doppeltem Schwanze und einer goldenen Krone auf dem Kopfe, in rothem Felde.

Von den beiden Festungen, zwischen denen die Stadt Glatz liegt, und die nicht nur einen großen Strich der Grafschaft, sondern auch den Warthaer Paß bestreichen, kann ich weiter nichts sagen, als daß sie zu **Friedrichs des Einzigen** großen Werken gehören; daß die neue auf dem Schäferberge am jenseitigen Neißufer liegt, und eine Vervollkommung älterer Anlagen ist, und der alten Festung an Höhe beinahe gleich kommt; daß die alte, deren Wälle über die Stadt hervorragen, auf einem aus dichtem Sandstein bestehenden Berge liegt, in den Sandsteinfelsen zum Theil hineingehauen, und man nur da, wo die Sache es erforderte, mit Mauerwerk zu Hülfe gekommen ist; daß die Minen durchaus in Stein gehauen und ein Meisterstück der Befestigungskunst seyn sollen; daß nach dem siebenjährigen Kriege noch mehrere Werke angelegt worden sind; daß auf dem so genannten Schlosse mitten in den Werken ein runder Thurm ist, auf welchem St. Johannes Nepomuk *), das Geucht gegen Böhmen, steht: daß auf diesem Thurme eine Scheibe befindlich ist, auf welcher vom Mittelpuncte aus, nach der Richtung, in welcher die Städte und Dörfer im Umkreise liegen, Linien gezogen sind. Ueber jeder Linie stehen die Nahmen der Orte, welche in dieser Richtung entweder zu sehen sind, oder hinter Bergen liegen. Durch diese Scheibe kann man sogleich erfahren, an welchem Orte ein Feuer ausgebrochen ist, oder wenn im Kriege eine Lärmstange angezündet wird, wohin man zu Hülfe kommen soll; daß sie 1742 durch eine Blockade an die Preußen übergieng, und daß sie 1760, den 20sten Julius, durch ein unverzeihliches Versehen des Commendanten D'O **) mit Sturm, den einige Freiwillige der Oest=

*) Bei Umschaffung der Festung fand man zwei Statuen von Heiligen, den Florian und Nepomuk. Bei der nächsten Anwesenheit Friedrichs in Glatz, da man Ihn fragte: was man damit machen solle? antwortete Er: „Der Florian ist fürs Feuer gut, indessen mich geht er nichts an; aber den Schutzpatron von Böhmen müssen wir in Ehren halten. Es soll auf dem Schlosse ein Thurm gebauet, und der heilige Nepomuk darauf gestellt werden.“ Dieß geschah. Bei der nächsten Anwesenheit sah der König den auf dem Thurm stehenden Heiligen mit lächelnder Miene an und sagte: „Es ist nicht recht, daß er das Gesicht nach Schlesien kehrt. Hier hat er nichts zu thun.“ Er mußte umgedreht werden, so daß er das Gesicht nun nach Böhmen wendet. Man will behaupten, daß die Aufstellung dieses Heiligen dem Könige viel Liebe bei den Einwohnern der Grafschaft erworben habe.

**) Schummels Reise durch Schlesien S. 234. f.

reicher am hellen Mittage wagten, an die Oestreicher übergieng, und bis zum Hubertsburger Frieden 1763 in ihren Händen blieb.

Glatz hat in den Jahren 1701, 1703, 1712, 1736, 1760, 1775, 1777, 1779, 1780, 1783 Ueberschwemmungen gehabt, aber eine der fürchterlichsten die zweite im letztgedachten Jahre. Die erstere ereignete sich den 20sten Mai, die letzte und fürchterlichste den 20sten Junius. Das Andenken davon zu erhalten, setze ich die Beschreibung her, wie sie die Glatzer Monathsschrift (B. 1. St. 2. S. 69. f. f.) giebt:

„Der Monath Junius war in der Grafschaft mehrentheils naß, und voll schwerer Gewitter; vorzüglich aber regnete es in der Mitte dieses Monaths ununterbrochen. Schon dadurch wuchsen die Gewässer an, und manche kleine Bäche im Gebirge, über die man sonst zu schreiten pflegt, konnten schon nicht mit einem Pferde übersprungen werden. Am 21sten Junius, an einem Sonnabende, entstanden verschiedene sehr starke Gewitter, besonders in der Gegend von Seitenberg und dem Schneeberge, welche mit heftigen Regengüssen begleitet waren. Da sie sehr niedrig standen, und aus der Gebirgskette nicht herauskonnten, sondern sich an den hohen Bergen anlegten und zurückgetrieben wurden, so dauerten sie die ganze folgende Nacht fort. Schon am 22sten früh war die Neiße sehr angeschwollen, und hatte sich weit über ihre Ufer ausgebreitet. Bei einem immerfort währenden starken Regen, sah man den Anwuchs der Neiße mit jeder Minute zunehmen; dieß geschah so schnell, daß um 9 Uhr des Morgens die gar zu niedrige

Gegend um Glatz 6 Fuß unter Wasser stand. Nun erhob sich der Strom mit Gewalt, und um 12 Uhr standen sämmtliche Häuser der Herrengasse, die Jesuiten-Häuser, die Königshainer Vorstadt, die Häuser an der Bleiche und die sämmtlichen Häuser am Mühlgraben nach der Ober- und Niedermühle, wie auch die Häuser auf dem Holzplane und auf dem Roßmarkte, theils bis an den Forst, theils bis an die Fenster des zweiten Stockwerks im Wasser, so daß die Wasserhöhe einige 20 Fuß über den gewöhnlichen Stand betrug. Einige Einwohner der erstern Häuser, von der Fluth überrascht, deren schreckliche Höhe sie nicht vermuthet hatten, hatten sich auf die Hohlsteine der Dächer geflüchtet, und saßen im Wasser. Die Einwohner der letztern Häuser waren auf den Böden zusammengekommen, und erwarteten unter Zittern das Ende der Fluth. Unter dem fürchterlichsten Getöse drängte sich das Wasser zwischen den Häusern hindurch, und nahm mit, was ihm nicht Widerstand leisten konnte. Unter mehrern ganz weggenommenen Gebäuden und Brücken, waren vorzüglich, theils wegen ihrer Solidität, theils wegen der guten Bauart, merkwürdig: die so genannte Jungfernschanze, ein Tete de Pont von der Brücke der Neiße, welche vom Roßmarkte nach der Herrengasse führt. Diese Schanze wurde so beschädigt, daß sie neu aufgeführt werden mußte. Die mit einem Dache versehene Brücke, ein vortreffliches Hängewerk, wurde, nachdem die Spannbalken derselben aus ihren gemauerten Pfeilern herausgerissen worden waren, gänzlich nach der Schleuse fortgeführt. Hier riß sie die auf den starken gemauerten Pfeilern sehr befestigte Brücke mit fort, stürzte sich über dieselbe hinunter, und wurde mit entsetzlichem Krachen zertrümmert. Ein großer, auf gemauertem Grunde aufgeführter hölzerner Schuppen, der auf dem Melzplan stand, worin sämmtliche Jahrmarktsbuden, nebst noch andern, der Kämmerei gehörigen Bau = Materialien und Geräthschaften aufbewahret wurden, ward von seiner Grundlage aufgehoben, nach der Schleuse, gleich der vorbeschriebenen Brücke, geführt, und dort beim Ueberstürzen über die Pfeiler zertrümmert. Das ganze Dach des Hauses eines Gärtners wurde von der Mauer losgehoben, und, gleich den vorigen, nach der Schleuse getrieben. Die schon bejahrte Frau des Gärtners, die noch einiges retten wollte, wurde nebst einem Hunde mit fortgeführt. Das Ganze schwamm, wie ein Schiff auf der See, und wurde ein Spiel der Fluth. Es wendete sich einige Mahle, und die längst dem Wasser, auf dem Wege beim Proviantamte, mit langen Stangen, an welchen Hacken befestigt waren, versehenen Menschen, glaubten schon, daß das Dach desselben ans Ufer anstoßen, daß sie solches festhalten und die Frau dadurch retten würden: allein in dem Augenblicke wurde es von neuem von der Fluth ergriffen und über die Pfeiler von der Schleuse hinabgestürzt. Man fand nachher, da das Wasser abgelaufen war, die Frau bei Labitsch. Zwischen der Niedermühle und zwischen dem Hause eines Zimmermanns befindet sich ein Holzschuppen mit einem Boden. Auf diesen Boden ließ der Zimmermeister einen großen Theil seiner Meublen bringen, um sie in die Mühle zu schaffen, weil er seinem Hause nicht hinlänglichen Wider=

stand zutrauete. Indem die Magd mit einem Knechte einen Tisch aus der Thür nach dem Boden des Schuppens tragen wollte, und die Magd schon über die Schwelle treten will, wird der Schuppen zwischen beiden Gebäuden heraus gerissen. Der Knecht, der solches gewahr wird, zieht sogleich den Tisch nach sich, und die Magd stürzt in die Stube zurück. Zwei Zimmerleute, die auf dem Boden waren, retteten sich dadurch, daß sie, indem der Schuppen an einem starken Birnbaum in einem Garten vorbeischwamm, mit ihren Aexten hinein hieben und auf den Baum sprangen, von welchem sie hernach herab geholt wurden. Der Zimmermann verlor alle seine Meublen und seine silberne Uhr, die hernach bei Vergrößerung der Schleuse, wo das Wasser auf der einen Seite abgezogen worden, von einem Mineur wieder gefunden und dem Eigenthümer wieder zugestellt worden ist."

Der hohe, so genannte Königshainer Steg wurde auch mit fortgerissen, und nebst noch andern Gebäuden nach der Schleuse getrieben. Diese Masse starker Materialien, die Menge aus Dörfern herbeigeführter Brükken, Stege und Ställe rc., das sämmtliche Brennholz des Holzplans der Stadt, wurde von der Gewalt des Wassers unaufhaltsam fortgetrieben, und an die große steinerne, ehedem von den Landständen erbauete Brücke, die vorher zur Haupt-Passage nach Schlesien gedient hatte, so heftig herangestürzt, daß diese Brücke der immer zunehmenden Gewalt wich, und gänzlich, bis auf einige Eckpfeiler, die stehen blieben, zerstört wurde. Ein Officier von der Garnison, Freiherr von Buttlar, war eben über diese Brücke geritten, und kaum zehn Schritte auf festem Lande, als die Brücke hinter ihm zusammenstürzte, auf welcher sich gerade drei Wallfahrende befanden, die aus Albendorf zurückkamen, und in ihre Heimath nach Schlesien zurückkehren wollten. Sie wurden von der Fluth verschlungen. Ihre Körper wurden bei Labitsch wiedergefunden.

Die große Rentamts-Zeugscheune auf dem Holzplane, ward von Grund aus aufgehoben, und an der festen massiven, im Jahre 1102 erbaueten Brücke, am Brückenthore, zertrümmert. Dadurch wurde der Lauf des Wassers im Mühlgraben gehemmt und zum weitern Austreten gezwungen. Das Wirthschaftsgebäude eines Vorwerks in der Herrengasse ward vom Grunde aufgehoben und, gleich einem Schiffe, fortgeführt. Der Besitzer des Vorwerks war auf seinem Boden, und glaubte im Vorbeischwimmen bei den noch stehenden Häusern gar nicht, daß er mit seinem Hause flott sei, sondern daß die andern Häuser bei dem seinigen vorbeigetrieben würden. In diesem Wahne blieb er, bis er an ein Haus in der Königshainer Vorstadt anstieß. Der Eigenthümer dieses Hauses war ebenfalls auf seinem Boden und rief dem Vorwerksbesitzer zu, sich zu retten. Durch einen Sprung kam er auf den Hausboden des letztern, und in dem Augenblicke sank das flotte Haus zusammen.

So stürzten noch mehrere Gebäude zusammen. Ihre Anzahl belief sich auf hundert ein und vierzig. Da die Schleuse zu derselben Zeit nur sechs Oeffnungen hatte, und die Wassermasse nicht Raum genug fand, sich hindurch zu drängen, ob sie gleich vier bis fünf Fuß über die Pfeiler hinweg gieng; obgleich auch die Pfeiler sehr solide gebauet waren, um dem Drucke des Wassers und der Gewalt der angetriebenen Gebäude zu widerstehen: so suchte sich die Fluth noch einen Durchgang zu verschaffen, und unterspühlte hinter dem Eckpfeiler, nach dem Schäferberge zu, wo kein Fels ist, die Erde, wodurch sie ein Loch von einigen dreißig Schritten machte. Dadurch wurde nun alle Communication der Grafschaft Glatz mit Schlesien gänzlich abgeschnitten, indem schon keine Brücke und kein Steg, weder über die Neiße noch über die Steine, mehr vorhanden war.

Auch das Salz-Magazin wurde sehr beschädigt. Es mußte weggerissen und an einer andern Stelle neu aufgebauet werden. Der Schade an Salz war sehr beträchtlich. Ballwaaren von Steinsalz zu fünf bis sechs Zentnern wogen nach der Wasserfluth zwei auch wohl nur einen Zentner. Die Gewalt der Fluth war außerordentlich. Einem Schmiede in der Königshainer Vorstadt ward alles Schmiedegeräthe, sogar zwei Amboſſe auf die Straße gewälzt. Das Königshainer Wasser war bei dem Hause, die goldne Krone genannt, von zertrümmerten Wagen, Stroh, Heu und Geräthschaften versperret, wodurch das Austreten und Anschwellen desselben noch vermehrt, und wodurch der Einsturz der letzten Häuser in dieser Vorstadt befördert wurde.

Zur Rettung der sich in Noth befindenden Einwohner wurde alles Mögliche gethan. Viele von dem Roßmarkte retteten sich dadurch, daß sie von Dach zu Dach

bis

bis an das Brückenthor kletterten. Einige aus den Häusern an der Niedermühle wurden von den Böden, auf mit Brettern belegten Leitern, vermöge starker Seile, nach der Stadtmauer, bei der Artillerie-Caserne, herüber gezogen. Ein großer Theil von den auf der Herrengasse wohnenden Einwohnern wurden nebst ihrem Geräthe von drei Musketieren des damahligen Regiments von Thadden mit Lebensgefahr gerettet. Diese braven Männer bemüheten sich, einen kleinen Fischerkahn zu bekommen, mit welchem sie, fast vom grünen Thore an, einen Weg nach der Herrengasse suchten, um nicht an einen Baum oder an die unter Wasser stehenden Gebäude anzustoßen und umzuschlagen. Sie legten an den Dächern der Häuser an, nahmen so viel Menschen, als der Kahn fassen konnte, darin auf, und fuhren solche nach dem Ochsenberge oder Angel. Diese gefahrvolle Reise hatten sie schon 4 bis 5 mahl vollendet, als die letzte unternommen wurde. Sie nahmen zwei Musketiere, einen Zollbereiter aus Mittelwalde, einen kleinen Knaben, einige Stücke Betten und andere Sachen auf, und stießen ab. Schon hatten sie sich zwischen den Häusern durchgewunden, als sie in einem Garten durch einen unter Wasser gehenden starken Balken umgestürzt wurden. Der eine Musketier, Nahmens Cannacker, kam im Fallen auf einen Balken, und hatte so viel Besonnenheit, sich an denselben festzuhalten und forttreiben zu lassen. Er kam damit an ein Haus und wurde gerettet. Der Knabe ward, da er bei einem Dache vorbeischwamm, bei den Haaren herausgezogen und gerettet. Die andern alle fanden in der Fluth ihren Tod. Nachdem das Wasser am 24sten so abgelaufen war, daß man zu Fuß gehen konnte, fand man die Körper der drei Musketiere in dem Garten, unweit der Stelle, wo sie umgestürzt waren. Zwei davon waren in den Aesten zweier Bäume eingeklemmt, ihr Ruder noch fest in den Händen haltend, der dritte lag auf der Erde. Die Körper der übrigen Aufgenommenen wurden in der Königshainer Vorstadt gefunden.

2. Landeck.

berühmt wegen der heilsamen Bäder, ist ein offenes sehr altes Städtchen, das nach dem Brande 1739, wo es gänzlich eingeäschert wurde, viel besser und angenehmer wieder erbauet ist, und durch das die Biele fließt. Man zählt hier:

I. **An städtischen Gebäuden:**

1) Das Rathhaus.

2) Ein Hospital.

3) Zwei Brau- und Malzhäuser.

4) Ein Schlachthaus.

5) Zwölf Backhäuser.

II. **An Kirchen- und Schulgebäuden:**

1) Die katholische Pfarrkirche, an der ein Pfarrer und zwei Capelläne die gottesdienstlichen Handlungen besorgen. Außer der Stadt sind noch eingepfarrt die Dörfer: Ober- und Nieder-Thalheim, Olbersdorf, Leuthen, Vogtsdorf, Karpenstein, Heidelberg und Winkeldorf.

2) Die Begräbniß- oder Hospitalkirche.

3) Die St. Georgenkirche im alten Bade.
4) Ein Pfarrhaus.
5) Zwei Schulhäuser.

III. **Privat- oder Bürgerhäuser:**

In der Stadt 78.
In der Vorstadt 103.

181, und 39 Scheunen.

Außer dem Accise- und Zollamte ist hier kein Königliches Amt. Als untergeordnete Zollämter gehören hierher, die zu Schönau und Neu-Gersdorf.

Die Stadtkämmerei besitzt die Dörfer: Ober- und Nieder-Thalheim, Leuthen, Vogtsdorf, Heidelberg, Olbersdorf und Karpenstein.

Die Bürger nähren sich vom **Ackerbau**, den ein großer Theil betreibt, vom **Bierbrauen**, dazu die Gerechtigkeit auf 77 Häusern haftet, von dem erlernten Handwerke oder Kunst und einigem Consumtions-Handel.

Donnerstags ist Wochenmarkt. Jährlich sind 4 Jahrmärkte: 1) an Lichtmeß; 2) Misericordias Domini; 3) Jacobi; 4) Mariä Geburt.

Das Städtchen ist ohne Garnison.

3. Habelschwerdt *).

ist eine auf einer Anhöhe, zwischen Bergen, an der Neiße, in die hier die Weistritz fällt, liegende, mit einer doppelten Mauer und Wallgraben umgebene Stadt, die drei, mit starken Thürmen überbauete, Thore (das neue Thor, das Glatzer- und Wasserthor) hat. Sie enthält:

*) Böhmisch Bistrize.

I. An städtischen Gebäuden:

1) Das Rathhaus.

2) Drei Officianten-Häuser.

3) Drei Accise-Häuser.

4) Das Brauhaus.

5) Die Wasserleitung.

6) Das Hospital St. Antonii, des Abts.

II. An Kirchen- und Schulgebäuden:

1) Die katholische Pfarrkirche, an der ein Parochus und drei Capelläne dem Gottesdienste vorstehen. Außer der Stadt und den Vorstädten sind noch eingepfarrt die Dörfer: Brand, Hammer, Hohndorf, Krotenpfuhl, Nieder-Langenau, Spöttenwalde, Verlorenwasser, Vogtsdorf, Alt- und Neu-Waltersdorf, Weisbrod, Alt- und Neu-Weistritz.

2) Die Hospital- oder Begräbnißkirche, vor der Stadt.

3) Die dem heiligen Florian gewidmete Capelle, auf dem Hopfenberge.

4) Das Pfarrhaus.

5) Vier Wohnungen für Schullehrer und Kirchenbediente.

III. Privathäuser:

In der Stadt .	116.
In der Vorstadt	208.
	324 *), 38 Scheunen und eine Mühle.

*) Zimmermann giebt in seinen Beiträgen diese Summe an, und in den allgemeinen Nachrichten S. 11. mit Einschluß der Vorstädte 505 Privat-Gebäude.

An Königlichen Aemtern sind hier:

Das Accise- und Zollamt. Zu dem letztern gehören die Nebenzollämter: zu Peuken, Langenbrück und Kaiserswalde.

Das Postwärteramt.

Die Stadtkämmerei besitzt die Dörfer: Alt-Weistritz, Krotenpfuhl, Neu-Weistritz, Brand, Friedrichsgrund, einen Antheil von Alt-Waltersdorf und einen Antheil von Nieder-Langenau.

Die Bürger nähren sich größtentheils vom **Ackerbau**, der **Viehzucht**, dem **Bierbrauen**, dazu die Gerechtigkeit auf 113 Stellen haftet (20 Dörfer müssen ihr Bier hier hohlen), dem **Branntweinbrennen**, das jeder Bürger treiben kann, dem erlernten Handwerke und einem kleinen Consumtions-Handel. Unter den Handwerkern sind vorzüglich viel Schuhmacher und Tuchmacher. Die Leder- Tuch- und Zeug-Manufacturen sind von Beträchtlichkeit.

Sonnabends ist Wochen- Garn- und Leinwandmarkt. Den Sonntag nach Ostern, am Tage Petri und Pauli, am Michaelistage und am Thomastage ist Jahrmarkt.

Die Garnison besteht aus zwei Invaliden-Compagnien.

Habelschwerdt hat mit Glatz einerlei Stadtwapen, einen weißen Löwen mit doppeltem Schwanze in rothem Felde.

Schon in ältern Zeiten hat Habelschwerdt in Kriegen und durch Brand viel Ungemach erlitten, auch in dem siebenjährigen Kriege ist es nicht frei davon geblieben. Am meisten aber litt diese Stadt im Bayerischen Successions-Kriege. Der Kaiserliche General Wurmser überfiel den 18ten Januar 1779 in der Nacht das unter Commando des Prinzen von Hessen-Philipsthal hier im Winterquartiere stehende Preußische Regiment von Luck, und seine Truppen plünderten und mißhandelten die Bürger.

1783 litt auch diese Stadt durch die oben bei Glatz erzählte Ueberschwemmung der Neiße, dazu hier noch die der Weistritz sich gesellte.

1475, 1605, 1703 brannte Habelschwerdt ganz ab. Eben dieses Unglück ereignete sich den 20sten August 1800. Das Feuer brach Abends um halb 11 Uhr aus, und zündete bald ein gegen über stehendes Haus an, wodurch alle Communication mit dem Wasser gehemmt wurde, und die städtischen Wasserbehälter, die, bei den von der vorhergehenden Dürre ausgetrockneten Gewässern, wenig Zufluß erhielten, waren bald ausgeleert. Der Sturmwind, der ein während des Feuers vorbeiziehendes Gewitter begleitete, zerstreuete die Flamme über die Häuser der Stadt, und in wenig Minuten standen alle, von der vorhergegangenen Hitze ausgedorrten, Schindeldächer in Flammen. Das Rathhaus ist bis auf den eingestürzten Thurm unbeschädigt geblieben. Die Kirche und das Pfarrhaus haben nur an den Dächern gelitten; die Schule und die andern Kirchengebäude sind ganz nieder gebrannt. In der Stadt sind nur 4 Häuser stehen geblieben, und in 24 sind einzelne Gewölbe und Stuben erhalten worden; alle übrige sind in Schutthaufen verwandelt.

4. Reinerz *).

Diese offene Immediat-Stadt, die ihren Ursprung dem ehemahligen hier umgehenden Bergbau, Eisenhämmern und andern Eisenarbeitern zu verdanken haben soll, liegt im **Hummler District**, zwischen hohen Bergen (der Hirtenberg, der Hummel, der Ratschenberg) in einem angenehmen Thale, an der Weistritz, nur eine Meile von der Böhmischen Gränze. Sie enthält:

I. **An städtischen Gebäuden:**

1) Das Rathhaus.

2) Die Taberne.

3) Das Brau- und

4) das Malzhaus.

5) Das Hospital.

6) Das Rathsdienerhaus mit einigen Gefängnissen.

7) Das Schießhaus.

8) Ein Zollhaus.

9) Die Gemeinscheune.

II. **An Kirchen- und Schulgebäuden:**

1) Die katholische Pfarrkirche St. Peter und Paul, an der ein Pfarrer und zwei Capelläne die gottesdienstlichen Handlungen verrichten. Die Kanzel stellt (eine sonderbare Idee des Baumeisters)

*) Böhmisch Dusnick.

einen Wallfisch vor, da hingegen die Statüen in der den 14 Nothhelfern gewidmeten Todten-Capelle ein Meisterstück der Bildhauerkunst seyn sollen. Eingepfarrt sind die Dörfer: Biebersdorf, Gränzendorf, Grunwald, Hermsdorf, Hummel, Hummelwitz, Keulendorf, Kohlau, Ratschenberg, Reinerzkron, Roms, Steinbruch, die Filialkirche zu Friedersdorf mit den dahin eingepfarrten Dörfern: Friedrichsberg, Johannsthal, Kessel und Tschischney.

2) Die Kreuz- oder Nieder-Kirche, die als Begräbnißkirche gebraucht wird, in welcher auch die Lutheraner jährlich etliche Mahle ihre Gottesverehrungen halten. Sieh oben äußerliche kirchliche Verfassung Seite 190 u. s. f.

3) Die Capelle zur heiligen Dreifaltigkeit, vor der Stadt auf einem Berge, bei welcher eine Einsiedelei ist.

4) Die Anna-Capelle, in der Stadt, die von einem Tuchfabrikanten 1763 erbauet worden ist.

5) Das Pfarrhaus.

6) Die Schule.

III. **Bürgerliche Häuser werden gezählet:**

In der Stadt	203
In der Vorstadt	20
	223 *).

*) Nach Zimmermanns allgemeinen Nachrichten von Schlesien S. 11. 269 Häuser.

Darunter sind zwei Mahl-, zwei Papier-, eine Brettmühle, vier Leinwand- Tuch- und Lederwalken, eine Bleiche und drei Vorwerke.

Außer dem Accise- und Zollamte ist hier kein Königliches Amt.

Die Kämmerei besitzt die Dörfer Roms und Hermsdorf, und die Colonien Reinerzkron, Hummelwitz und Ratschenberg.

Die Bürger nähren sich vom Ackerbau, der **Viehzucht**, dem **Bierbrauen**, das auf 103 Häusern haftet (9 Dörfer sind dem Bierzwange unterworfen), der **Leinwand- und Tuch-Manufactur**, andern **Handwerken** und der **Handlung**, die von einigen Häusern en gros und von einigen mit Spezereien und Schnittwaaren en Detail getrieben wird. Die Tuch-Manufactur, die zwar jetzt nicht ganz unbeträchtlich ist, war vor etwa 30 Jahren noch von größerm Belange. Das hier verfertigte Papier ist von vorzüglicher Güte und Schönheit.

Dienstags ist Wochen- Leinwand- und Garn-Markt.

An den vier Jahrmärkten (1) Sonntag nach dem neuen Jahre; 2) Sonntag nach Walpurgis; 3) Sonntag nach Peter Paul; 4) Sonntag vor Michaelis) ist der Abschnitt von Tüchern und Flanellen das meiste Verkehr.

Ehedem bestand die Garnison aus einer Compagnie Invaliden, die aber wieder weggezogen worden, so daß jetzt keine Besatzung hier ist.

Die Stadt führt in ihrem Wapen das Bildniß des Apostels Petri.

Von den unweit der Stadt befindlichen Sauerbrunnen siehe oben S. 167 — 171.

5. Lewien *)

ein auf Hügeln und ins Thal gebauetes, offenes, nahe an der Böhmischen Gränze im Hummler District liegendes Städtchen enthält:

I. An städtischen Gebäuden:

1) Das Rathhaus.
2) Eine städtische Officianten-Wohnung.
3) Ein Hospital.
4) Ein Brauhaus.

II. An Kirchen und Schulgebäuden:

1) Die katholische Pfarrkirche St. Michael, an der ein Pfarrer und zwei Capelläne stehen.
2) Die Capelle St. Johann von der Stadt.
3) Das Pfarrhaus.
4) Die Schule.

III. **Privat-Häuser** 166 nebst 23 Scheunen.

Das Accise- und Zollamt, zu dem noch die zu Schlaney und Deutsch-Tscherbeney als untergeordnete gehören, ist das einzige Königliche Amt.

Die Kämmerei besitzt die Dörfer Krzischney und Kuttel.

Die bürgerlichen Nahrungszweige sind: **Ackerbau, Bierbrauen**, dazu 53 Häuser das Recht besitzen (zwei Dörfer stehen unter dem Bierzwange), die **Handlung**

*) Der Nahme soll von den vielen hölzernen Löffelmachern, die ehedem hier gewohnt haben, herkommen.

mit Garn und Leinwand, und das Handwerk. Die Leinweber machen unter den Einwohnern bei weitem die größeste Zahl aus, so daß man ⅔ annehmen kann.

Mittwochs ist Garn- und Leinwandmarkt, der sehr ansehnlich ist. Außerdem sind hier noch vier Jahrmärkte: 1) Sonntags vor Lichtmeß; 2) am Oster-Dienstage; 3) Sonntags vor Laurentius; 4) Sonntags vor dem St. Gallustage.

Die ehemahls zur Besatzung hier liegende Invaliden-Compagnie ist wieder weggezogen worden.

6. Wünschelburg*)

liegt nahe an dem Berge, die Heuscheune, in einem angenehmen Thale, gehört unter die ältern Städte der Grafschaft, ist mit einer Mauer umgeben, hat drei Thore, zwei Vorstädte, und enthält:

I. An städtischen Gebäuden:

1) Das Rathhaus.

2) Das Hospital.

3) Das Brauhaus.

4) Drei Accise-Häuser.

II. An Kirchen und Schulgebäuden:

1) Die katholische Pfarrkirche St. Dorothea, die zwar von den Evangelischen erbauet (1580) wurde, aber 1624 den Katholischen eingeräumt werden mußte. Ein Pfarrer und zwei Capelläne stehen

---

*) Böhmisch Hradeck, Radeck, Hrodku, welches eine kleine Burg bedeutet.

den gottesdienstlichen Handlungen vor. Eingepfarrt sind, außer der Stadt und den Vorstädten, die Dörfer Alt- und Neu-Scheibe, Siebenhuben, Hayn, Ober-Rathen, Reichenforst, Louisenhain, Passendorf, Karlsberg und Brunnkresse.

2) Die Begräbnißkirche St. Bartholomäi, vor dem Breslauer Thore.

3) Das Pfarrhaus.

4) Das Schulhaus.

III. Privat-Häuser sind:

In der Stadt	89
In den Vorstädten	60
	149 *) und 39 Scheunen.

Das Accise- und Zollamt, dem noch die Zollämter zu Karlsberg und Tschuntschendorf untergeordnet sind, ist das einzige hier befindliche Königliche Amt.

Das erlernte **Handwerk**, der **Ackerbau**, das **Bierbrauen**, dazu die Gerechtigkeit auf 85 Stellen haftet (11 Kretschame stehen unter dem Bierzwange), und ein kleiner **Consumtions-Handel** sind die Nahrungszweige der Bürger, unter denen sich viele Leinweber und Tuchmacher befinden.

Donnerstags ist Wochen- und Garnmarkt. Die vier Jahrmärkte werden 1) am Sonntage Estomihi;

---

*) Zimmermann giebt in den allgemeinen Nachrichten von Schlesien S. 11. 237 Privat-Häuser an. Er rechnet aber wahrscheinlich die 88 Feuerstellen der Stadtdörfer Siebenhuben, Scheibe und Hain dazu.

2) am Himmelfahrtstage; 3) am St. Matthäus- und 4) Andreastage gehalten.

Die Stadt ist ohne Garnison.

In dem Stadtwapen sind 3 Thürme und ein Fallgatter.

B. Mediat-Städte.

7. Neurode.

Diese Stadt soll ihren Nahmen von Roden erhalten haben, weil auf der Stelle, wo sie steht, sonst ein großer Wald gestanden. Sie ist schon seit beinahe dreihundert Jahren in der Freiherrlichen Familie von Stillfried. Sie hat zwar keine Mauern, aber doch drei Thore, und wird von der Walditz bewässert. Sie enthält (außer der herrschaftlichen Wohnung):

I. **An städtischen Gebäuden:**

1) Das Rathhaus.
2) Zwei städtische Officianten-Häuser.
3) Ein Hospital.
4) Ein Brauhaus.
5) Drei Zoll- und Accise-Häuser.

II. **An Kirchen- und Schulgebäuden:**

1) Die katholische Pfarrkirche, an der ein Pfarrer und zwei Capelläne stehen.
2) Zwei Begräbnißkirchen.
3) Eine Capelle, bei welcher eine Einsiedelei ist.
4) Drei Pfarr- und Schulhäuser.

III. **Privat- oder Bürgerhäuser** sind 344, darunter eine Mahl- und zwei Walkmühlen, außerdem noch 7 Scheunen.

Das einzige Königliche Amt ist das Accise- und Zollamt, dem noch die zu Neudorf und Königswalde untergeordnet sind.

Die Kämmerei besitzt einen Antheil von dem Dorfe Buchau.

Außer der **Tuch- und wollenen Zeug-Manufactur**, die bei weitem mehr als die Hälfte der Einwohner beschäftigt, nähren sich die Bürger vom **Ackerbau**, dem **Brauurbar**, dazu 228 Häuser die Gerechtigkeit haben (15 Dorfwirthshäuser müssen Stadtbier schenken), und dem erlernten Handwerke. Etliche Häuser betreiben die Handlung en gros, und verschiedene andere den Consumtions-Handel en Detail.

Freitags ist Wochenmarkt. Die Jahrmärkte sind: 1) am Drei-Königstage; 2) am Sonntage Jubilate; 3) am Tage Bartholomäi; 4) am Tage Allerheiligen.

Die Stadt führt in ihrem Wappen einen Rodestock, vermuthlich zum Andenken ihrer Entstehung.

8. Mittelwalde*),

der Hauptort der Gräflich von Althanschen Majorats-Herrschaft dieses Nahmens, liegt in einer angenehmen und fruchtbaren Gegend an der Neiße, ungefähr ½ Meile

*) Der Nahme Mittelwalde soll ihr bei ihrer Erbauung deswegen gegeben worden seyn, weil der Anfang dazu mitten im Walde gemacht worden ist Diese Stadt soll vor dem Hussitenkriege viel größer gewesen, in diesem Kriege aber zerstört worden, und nachdem sie über ein halbes Jahrhundert wüst gelegen, erst wieder erbauet worden seyn.

von der Mährischen Gränze, hat keine Mauern, und enthält:

I. An städtischen Gebäuden:

1) Das Rathhaus.
2) Eine städtische Officianten-Wohnung.
3) Ein Hospital.
4) Ein Magazin.
5) Das Kaufhaus.
6) Ein Zollhaus.
7) Das Stockhaus.
8) Die Wasserleitung.

II. An Kirchen- und Schulgebäuden:

1) Die katholische Pfarrkirche.
2) Vier Begräbniß-Capellen.
3) Ein Pfarrhaus.
4) Die Schule.

III. Privat-Häuser:

In der Stadt und den Vorstädten 193 und 39 Scheunen.

Es sind hier fünf Bleichen, eine Walkmühle, zwei Pferde- und ein Wassermangel.

Das Accise- und Zollamt sind die einzigen hier befindlichen Königlichen Aemter. Dem letztern sind noch die zu Marienthal und Freiwalde untergeordnet. Die Einwohner nähren sich außer andern Handwerken und Künsten vom Ackerbau, der Leinwand- und Zeug-Manufactur und der Appretur der Leinwand, mit welcher von hier auswärtige Geschäfte gemacht werden.

Jahrmärkte sind: 1) den 26sten Januar; 2) den 1sten Mai; 3) den 9ten Julius; 4) den 15ten October.

Das Städtchen ist ohne Garnison.

9. Wilhelmsthal,

(Neustädtel)

ein offenes Städtchen, am Fuße des **Schneeberges**, wurde von Bergleuten erbauet, und 1581 zu einer Bergstadt erhoben. Es enthält außer der katholischen Pfarrkirche, dem Pfarr- und Schul- und Brauhause, 69 Bürgerhäuser.

Die Einwohner treiben **Handwerke**, **Ackerbau**, und haben einen kleinen Vortheil vom Bierbrauen, dazu die Gerechtigkeit auf 65 Stellen haftet.

An Königlichen Aemtern ist hier nur das Accise- und Zollamt.

Jahrmärkte sind: 1) am Sonntage vor Fastnacht 2) am Sonntage vor Pfingsten; 3) am Sonntage vor Bartholomäi.

Das Städtchen ist ohne Garnison.

II. Dörfer in der Grafschaft Glatz.

In der Grafschaft Glatz allein kommen Besitzungen auf dem Lande vor, die in Schlesien sonst nirgends vorkommen. Sie sind ehedem Scholtiseien, gleich den rittermäßigen Scholtiseien im Fürstenthume Neiße, gewesen, und machten einen eigenen Stand aus, verloren aber diese eigene Standesmäßigkeit durch ihre Theilnahme an den Böhmischen Unruhen 1619. Zum

Theil

Theil erhielten sie jedoch solche wieder. Ihre Gerechtsame sind: 1) sie sind keinem Dominio unterworfen; 2) sie haben die Niedergerichte über ihre Unterthanen; 3) die Jagd auf Füchse, Hasen und Vögel; 4) die Fischerei auf ihrem Territorio; 5) das Recht Schankhäuser zu halten, Branntwein zu brennen, und nur einige den Brauurbar; 6) das Recht, auch an den Orten, wo eine Kirche oder noch ein anderes Dominium ist, Handwerker anzusetzen; sie müssen sich jedoch über jede Art Handwerk durch ihr Privilegium ausweisen.

Die meisten dieser Freirichtergüter sind aber gegenwärtig Besitzungen der Dominien oder der Städte, und so sind auch die Gerechtigkeiten derselben an die Dominien gekommen, so daß die Besitzer der letztern nun thun können, was sie sonst als Dominial-Besitzer nicht thun durften.

Diese Freirichtergüter stehen entweder unter der Jurisdiction der Ober-Amts-Regierung oder der Königlichen Kammer, oder der Städte, oder des Dominii.

Nahmen der Dörfer.	Antheile.	Öffentliche Gebäude.				Herrschaftl. Schlösser und Wohnhäuser.	Vorwerke.	Försterhäuser.	Freirichtergüter.	Freibauern.	Bauern.	Gärtner u. Häusler.
		Kath. Kirchen.	Pfarrhäuser	Schulen	Gemeinhäuser.							
Albendorf	1	1	1	1	—	1	3	—	1 D.O.	—	21	155
Annaberg	—	—	—	—	—	—	—	—	—	—	—	4
Aspenau	1	—	—	—	—	—	—	—	—	—	—	18
Batzdorf { Alt=	1	1	1	1	—	—	1	—	—	—	16	52
Batzdorf { Neu=	1	—	—	—	—	—	1	—	—	—	9	42
Beinlich	—	—	—	—	—	—	1	—	—	—	—	
Beuthengrund	1	—	—	—	—	—	—	—	—	—	—	55
Biebersdorf	1	—	—	—	—	—	—	1	—	—	—	34
Biehals	1	—	—	—	—	—	—	—	—	—	—	34
Biehals, Neu=	—	—	—	—	—	—	—	—	—	—	—	
Bielendorf	1	—	—	—	—	—	—	1	—	—	—	
Blaschewey	—	—	—	—	—	—	—	—	—	—	—	
Bobischau	1	Cap.		1	—	—	—	—	—	—	43	8
Böhmische Wald	—	—	—	—	—	—	1	—	—	—	—	
Böhmische Winkel	—	—	—	—	—	—	1	—	—	—	5	3
Brand	1	—	—	—	—	—	—	—	—	1	—	
Brunnkresse	—	—	—	—	—	—	—	—	1 O.	—	—	
Brzesowie	—	—	—	1	—	—	—	—	—	—	4	4
Buchau	1	—	—	—	—	—	2	—	—	—	5	5
	2	—	—	—	—	—	—	—	—	—	—	
	3	—	—	—	—	—	—	—	—	—	—	
	4	—	—	—	—	1	3	—	—	—	—	
Buckowine	—	—	—	—	—	—	—	—	—	—	—	
Bürkwitz	1	—	—	—	—	—	2	—	—	—	9	
Camitz	1	—	—	—	—	—	1	—	—	—	10	
Camnitz	1	—	—	—	—	—	—	—	—	—	—	
Carlsberg	1	—	—	—	—	—	—	1	—	—	—	
Conradswalde	1	1	1	1	—	1	1	—	1 D.O.	—	33	
Coritau	—	—	—	—	—	1	3	—	—	—	4	
Crainsdorf	1	1	1	1	—	—	—	—	1 D.R.	—	13	
Cudowa	1	—	—	—	—	—	—	—	—	—	—	
Dörnickau	1	—	—	—	—	—	—	1	—	—	—	
Dreyhöfe	—	—	—	—	—	—	1	—	—	—	—	
Droschkau	—	—	—	—	—	—	—	—	1	1	2	
Ebersdorf	1	1	1	1	—	—	—	—	—	—	64	19
	2	—	—	—	—	—	—	—	1 D.	—	—	2
Ebersdorf	1	1	1	1	—	1	1	—	1 O.	—	19	12

NB. 1) G. bedeutet unter der Rubrik District: Glatzer District. L. Landecker Distr. Hb. Habelschwerdter Distr. H. Hummler Distr. W. Wünschelburger Distr. N. Neuroder Distr. 2) Wo in der Rubrik Freirichtergüter bei der Zahl O. steht, bedeutet es, daß es unter der Ober-Amtsregierung, wo K. steht, daß es unter der Kammer, wo St. steht, daß es unter einer Stadt, wo R steht, daß es unter dem Rentamte steht; wo ein D. ist, daß es mit dem Dominio vereiniget ist.

Mühlen. Wassermühlen.	Windmühlen.	Walkmühlen.	Brettmühlen.	Papiermühlen.	Bleichen.	District.	Herrschaft.	Anmerk. u. Merkwürdigk.
2	—	—	—	—	—	W.	Adelig.	
—	—	—	—	—	—	H.	desgl.	
—	—	—	—	—	—	G.	Rentamt Glatz.	
—	—	—	—	—	—	G.	Adelig.	
2	—	—	—	—	—	Hb.	Majorat Grafenort.	
—	—	—	—		—	G.	Gehört zu Scheibe.	
—	—	—	—	—	—	N.	Zur Herrsch. Neurode.	
1	—	—	—	—	—	H.	Rentamt Glatz.	
—	—	—	—	—	—	N.	Adelig.	Hierher gehört Täuber und
—	—	—	—	—	—	W.	Geh z. Mittel-Steine.	Friedrichsbau.
—	—	—	1	—	—	L.	Zur Herrs. Seitenberg.	
—	—	—	—	—	—	H.	Geh. z. Gr. Georgsdorf.	
1	—	—	—	—	—	Hb.	Majorat Mittelwalde.	Eine Oehlschlägerei.
—	—	—	—	—	—	G.	Geh. zu Gabersdorf.	
—	—	—	—	—	—	W.	Geh. zu Nieder-Steine.	
1	—	1	—	—	1	Hb.	Kämm Habelschwerdt.	Das Freibauergut steht un-
—	—	—	—	—	—	W.	Geh. zu Bassendorf.	ter dem Rentamte Glatz.
3	—	—	—	—	—	H.	Kämm. zu Nachod.	Eine Oehlschlägerei.
2	—	—	—	—	—	N.	Herrsch. Neurode.	
—	—	—	—	—	—	—	Rentamt Glatz.	
—	—	—	—	—	—	—	Kämm. Neurode.	
—	—	—	—	—	—	—	Herrsch. Neurode.	
—	—	—	—	—	—	H.	Geh. zu Straußeney.	
1	—	—	—	—	—	G.	Adelig.	
—	—	—	—	—	—	G.	Herrsch. Coritau.	
—	—	—	—	—	—	L.	Herrsch. Seitenberg.	
1	—	—	—	—	—	W.	Rentamt Glatz.	
2	—	—	—	—	—	L.	Adelig.	Eine Oehlschlägerei.
—	—	—	—	—	—	G.	desgl.	
1	—	—	—	—	—	W.	desgl.	
1	—	—	—	—	—	H.	Zur Herrs. Tscherbeney.	Hier ist ein Gesundbrunnen,
—	—	—	—	—	—	H.	Rentamt Glatz.	ein hoher Ofen, ein Frisch-
—	—	—	—	—	—	Hb.	Geh zu Mittelwalde.	feuer u. ein Eisenhammer.
1	—	—	—	—	—	G.	Rentamt Glatz.	
2	—	—	—	—	—	Hb.	Adelig.	Eine Oehlschlägerei.
1	—	—	—	—	—	—	Der Besitzer steht unter d. Jurisd. d. Dominii.	
1	1	—	—	—	—	N.	Adelig.	Hier werden Zeuge und Mesolane gemacht.

Nahmen der Dörfer.	Antheile.	Oeffentliche Gebäude. Kath. Kirchen.	Pfarrhäuser.	Schulen.	Gemeinhäuser.	Herrschaftl. Schlösser und Wohnhäuser.	Vorwerke.	Försterhäuser.	Freirichtergüter.	Freibauern.	Bauern.	Gärtner u. Häusler.
Eckersdorf	1	1	2	1	—	1	4	—	—	—	24	11
Eisersdorf.	1	—	—	—	—	—	—	—	—	—	14	4
	2	—	—	—	—	—	2	—	—	-	7	4
	3	—	—	—	—	—	—	—	1	—	4	20
	4	1	1	1	—	—	—	—	—	—	—	1
	5	—	—	—	—	—	—	—	—	1	—	2
Endegut	—	—	—	—	—	—	—	—	—	—	—	10
Eule	1	—	—	—	—	—	—	—	—	—	—	4
	2	—	—	—	—	—	—	—	—	—	—	
Eule, Colonie	—	—	—	—	—	—	—	—	—	—	—	1
Eulenburg, Colonie	—	—	—	—	—	—	—	—	—	—	—	3
Falkenberg	1	—	—	—	—	—	—	—	—	—	—	7
Falkenhayn	1	1	—	—	—	—	—	—	—	—	—	1
Feldhäuser	—	—	—	—	—	—	—	—	—	—	—	
Fichtig	—	—	—	—	—	—	—	—	—	—	—	2
Finkenhübel	—	—	—	—	—	—	—	—	—	—	—	1
Freiwalde	1	—	—	—	—	—	—	—	—	—	—	4
	2	—	—	—	—	—	—	—	1 D.	—	—	
Friedersdorf	1	1	—	1	—	—	1	—	—	1	25	7
Friedrichsbau, Colonie	—	—	—	—	—	—	—	—	—	—	—	
Friedrichsberg, Colonie	—	—	—	—	—	—	1	—	—	—	—	
Friedrichsgrund	—	—	—	—	—	—	—	—	—	—	—	1
Friedrichsgrund, Colonie	—	—	—	—	—	—	—	—	—	—	—	2
Friedrichswarthe, Colonie	—	—	—	—	—	—	1	—	—	—	—	2
Gäbersdorf	1	1	1	1	—	1	3	—	—	—	32	13
Gellenau	1	1	—	—	—	1	3	—	—	—	8	63
Georgsdorf { Groß-	1	1	—	—	—	—	—	—	—	—	10	16
Georgsdorf { Klein-	1	—	—	—	—	—	—	—	—	—	2	11
Gerschdorf { Alt-	1	—	—	1	—	—	—	—	1 D.O.	—	55	69
Gerschdorf { Neu-	1	1	1	1	—	—	—	—	—	—	—	71
Glasegrund	1	—	—	—	—	—	—	—	—	—	—	15
Glasehütte	—	—	—	—	—	—	—	—	—	—	—	9
Glasendorf	1	—	—	1	—	1	—	—	—	—	21	14
Gläsendorf	1	—	—	—	—	—	—	—	—	—	8	13
Glasendorf	—	—	—	—	—	—	—	—	—	—	—	14

Mühlen.								
Wassermühlen.	Windmühlen	Walkmühlen.	Brettmühlen.	Papiermühlen.	Bleichen.	District.	Herrschaft.	Anmerkungen und Merkwürdigkeiten.
2	—	—	—	—	—	N.	Adelig.	Hier ist eine Einsiedelei.
1	—	—	—	—	—	G.	desgl.	
1	—	—	—	—	—	—	desgl.	
1	—	—	—	—	—	—	Rentamt Glatz.	
—	—	—	—	—	—	—	Der Pfarrer.	
—	—	—	—	—	—	—	Der Freibauer.	
—	—	—	—	—	—	W.	Geh. z. Tschuntschendorf	
1	—	—	—	—	—	N.	Geh. zu Ludwigsdorf.	
—	—	—	—	—	—	—	Kämm. Neurode.	
—	—	—	—	—	—	N.	Gehört zu Mölke	
1	—	—	—	—	—	N.	Zur Herrsch. Neurode.	
1	—	—	—	—	—	N.	desgl.	
—	—	—	—	—	—	G.	Adelig.	
—	—	—	—	—	—	G.	Geh zu Gäbersdorf.	
—	—	—	—	—	—	N.	Geh. zu Vierhöfe.	
—	—	—	—	—	—	W.	Geh. z. Dürr-Kunzend.	
1	—	—	—	—	—	Hb.	Adelig.	Hier ist eine Pottaschsiederei und Oehlschlägerei.
—	—	—	—	—	—	—		
1	—	—	—	—	—	H.	Adelig.	Hierher geh. Friedrichsberg, Annaberg, Johannsthal.
—	—	—	—	—	—	N.	Geh. zu Biehals.	
—	—	—	—	—	—	H.	Geh. z. Friedersdorf.	
1	—	—	—	—	—	H.	Königlich	Hier ist eine Glashütte und Pottaschsiederei.
1	—	—	—	—	—	Hb.	Kämm. Habelschwerdt.	
—	—	—	—	—	—	G.	Adelig.	
2	—	—	—	—	—	G.	desgl.	Dazu gehören der Böhmische Wald, Neuhof, Feldhäuser, Wiltschhäuser.
2	—	1	—	—	3	H.	desgl.	Hier ist ein Gesundbrunnen, eine Wassermangel und eine Pottaschsiederei.
—	—	—	—	—	—	H.	Zur Herrsch. Gellenau.	Hierher geh. Blaschewey.
—	—	—	—	—	—	H.	desgl.	
1	—	—	—	—	—	L.	Adelig.	Eine Oehlschlägerei.
2	—	—	—	—	—	L.	desgl.	
—	—	—	—	—	—	Hb.	Zur Herrsch. Plomnitz.	
—	—	—	—	—	—	N.	Geh. zu Volpersdorf.	
1	—	1	—	—	3	Hb.	Zum Major. Schönfeld.	
—	—	—	—	—	1	Hb.	Zum Maj. Grafenort.	
—	—	1	—	—	1	N.	Geh. zu Hartau.	

Nahmen der Dörfer.	Antheile.	Oeffentliche Gebäude. Kath. Kirchen.	Oeffentliche Gebäude. Pfarrhäuser.	Oeffentliche Gebäude. Schulen.	Oeffentliche Gebäude. Gemeinhäuser.	Herrschaftl. Schlösser und Wohnhäuser.	Vorwerke.	Försterhäuser.	Freirichtergüter.	Freibauern.	Bauern.	Gärtner u. Häusler.
Gompersdorf	1	—	—	—	—	—	—	—	—	—	32	46
	2	—	—	—	—	—	1	—	1 D.	—	—	8
Grafenort	1	1	1	1	—	1	6	—	—	1	31	154
Grenzendorf	1	—	—	—	—	—	—	—	—	—	—	33
Grenzendorf	1	—	—	—	—	—	—	—	—	—	—	18
Grunwald	1	—	—	—	—	—	—	—	—	—	—	50
Haasengraben, Vorst. v. Glatz	—	—	—	—	—	—	—	—	—	—	—	—
Halbendorf, desgl.	—	—	—	—	—	—	—	—	—	—	—	—
Hallatsch	—	—	—	—	—	—	—	—	—	—	—	38
Hammer	—	—	—	—	—	—	—	—	—	—	—	27
Hannsdorf, Nieder- . .	1	1	1	1	—	1	4	—	1 D.O.	—	42	16
	2	—	—	—	—	—	—	—	1 D.O.	—	—	1
Hannsdorf, Neu- . . .	—	—	—	—	—	—	—	—	—	—	—	1
Hannsdorf, Ober- . .	1	1	2	1	—	—	1	—	—	—	48	14
	2	—	—	—	—	—	—	—	—	1	—	1
	3	—	—		—	—	—	—	—	1	—	1
	4	—	—	—	—	—	—	—	—	1	—	
	5	—		—	—	—	—	—	—	1	—	
	6	—	—	—	—	—	—	—	—	—	2	
Hartau	1	—	—		—	—	—	—	—	1	10	4
Harte	—	—	—	—		—	—	—	—	—	—	—
Hastitz	1	—	—	1	—	1	—	—	—	—	2	13
Hausdorf Nieder . .	1	1	1	1	—	—	1	—	—	—	8	6
Hausdorf Ober- . .	1		—	—	—	1	2	—	1 D.O.	—	15	112
Hayn	—	—	—	—	—	—	1	—	—	—	—	2
Hayn	1	—	—	—	—	—	—	—	—	—	9	16
Hayn, Colonie		—	—	—	—	—	—	—	—	—	—	6
Hayn.	—	—		—	—	—	1	—	—	—	—	5
Hayn	—		—	—	—	—	—	—	—	—	—	16
Hayn.	—	—	—	—	—	—	1	—	—	—	—	9
Hayn	—	—	—	—	—	—	1	—	—	—	—	—
Hayndorf	—	—	—	—	—	—	—	—	—	—	—	11
Heide, Alt-	1	—	—	—	—	1	1	—	—	—	4	13
	2	—	—	—	—	—	—	—	—	—	6	21
	3	—	—	—	—	—	—	—	—	—	—	2
	4	—	—	—	—	—	—	—	—	—	—	1

Mühlen. Wassermühlen.	Windmühlen.	Walkmühlen.	Brettmühlen.	Papiermühlen.	Bleichen.	District.	Herrschaft.	Anmerkungen und Merkwürdigkeiten.
1	—	—	—	—	—	L.	Zur Herrs. Seitenberg.	Eine Oehlschlägerei.
1	—	—	—	—	—	—	— —	
2	—	—	—	—	—	Hb.	Maj. der Gräfl. Famil. Herberst‹in›.	Hier ist ein Gesundbrunnen.
1	—	—	—	—	—	—	Zur Herrs. Mittelwalde	
—	—	—	—	—	—	H.	Rentamt Glatz.	Eine Pottaschsiederei.
1	—	—	—	—	—	H.	desgl.	Dazu gehört Königswalde.
—	—	—	—	—	—	G.	Kämm. Glatz.	
—	—	—	—	—	—	G.	desgl.	
2	—	—	—	—	—	H.	Zur Herrsch. Rückerts.	
—	—	—	—	—	—	Hb.	Zur Herrsch. Rosenthal	
3	—	—	—	—	—	G.	Adelig.	
—	—	—	—	—	—	—	desgl.	
—	—	—	—	—	—	—	Geh. zum vorigen.	
4	—	—	—	—	—	—	Adelig.	Hieh. geh. Hayn u. Krohenhäuser.
—	—	—	—	—	—	—	— —	
—	—	—	—	—	—	—	— —	Eine Oehlschlägerei.
—	—	—	—	—	—	—	— —	
—	—	—	—	—	—	—	— —	
—	—	—	—	—	—	—	Hospital zu Glatz.	
1	—	—	—	—	—	H.	Zur Herrsch. Rückerts.	Hierher gehört Glasendorf.
—	—	—	—	—	—	—	Gehört zu Mölke.	Eine Oehlschlägerei. Ein
—	—	—	—	—	—	G.	Adelig.	Gesundbrunnen
1	—	1	—	—	2	N.	Zur Herrsch. Neurode.	Hier ist ein Theerofen.
2	—	1	—	—	1	N.	desgl.	Hier ist eine Steinkohlengrube. Hierher geh. auch Wenzelshayn.
—	—	—	—	—	—	—	Geh. zu Ob. Hannsdorf 1 Antheil.	
1	—	—	—	—	—	Hb.	Zum Maj. Schönfeld.	
—	—	—	—	—	—	W.	Geh. zu Wünschelburg.	
—	—	—	—	—	—	L.	Geh. zu Kunzendorf.	
—	—	—	—	—	—	N.	Geh. zu Mölke.	
—	—	—	—	—	—	G.	Geh. zu Neudeck.	
—	—	—	—	—	—	N.	Geh. zu Neudorf.	
—	—	—	—	—	—	W.	Geh z. Tschuntschendorf	
1	—	—	—	—	—	G.	Adelig.	Hier ist ein Gesundbrunnen.
—	—	—	—	—	—	—	Glatzer Hospital.	
—	—	—	—	—	—	—	Adelig.	
—	—	—	—	—	—	—	Der Ober-Schwedeldorfer Parochus.	

Nahmen der Dörfer.	Antheile.	Oeffentliche Gebäude. Kath. Kirchen.	Oeffentliche Gebäude. Pfarrhäuser.	Oeffentliche Gebäude. Schulen.	Oeffentliche Gebäude. Gemeinhäuser.	Herrschaftl. Schlösser und Wohnhäuser.	Vorwerke.	Försterhäuser.	Freirichtergüter.	Freibauern.	Bauern.	Gärtner u. Häusler.
Heide, Neu-	1	—	—	—	—	1	—	—	—	—	—	33
Heidelberg	1	—	—	—	—	—	—	—	1	—	—	26
Heidenberg	—	—	—	—	—	—	—	—	1 D.	—	—	11
Heinzendorf	1	1	1	1	—	—	2	—	—	—	12	78
Hermsdorf	1	—	—	—	—	—	—	—	1 St.	1	2	6
Herrnsdorf	1	—	—	—	—	—	—	—	1 D.	—	—	18
Herrnsdorf	—	—	—	—	—	—	1	—	—	—	—	9
Herrngrund	1	—	—	—	—	—	—	—	—	—	—	25
	2	—	—	—	—	—	—	—	—	—	—	3
Herzogswalde	1	—	—	—	—	—	1	—	—	—	19	47
Heudorf	1	—	—	—	—	—	—	—	—	—	—	43
Hirschzunge	—	—	—	—	—	—	—	—	—	—	—	12
Hochrosen, Colonie	—	—	—	—	—	—	—	—	—	—	—	
Hohberg	—	—	—	—	—	—	1	—	—	—	—	
Hohndorf	1	—	—	—	—	—	1	—	—	—	12	4
Hollenau	1	—	—	—	—	—	—	—	—	—	11	2
Hummelwitz, Colonie.	Unbekannt.											
Hüttengrund	—	—	—	—	—	—	—	—	—	—	—	
Jacubowitz	1	—	—	—	—	—	—	—	—	—	2	1
Jarker	1	—	—	—	—	—	—	—	—	—	4	21
Jauernik	1	—	—	—	—	—	—	—	—	—	—	31
Johannisberg	1	—	1	—	—	—	—	—	—	—	—	28
Johannsthal	—	—	—	—	—	—	—	—	—	—	—	12
Josephsthal	—	—	—	—	—	—	—	—	—	—	—	10
Josephsthal	—	—	—	—	—	—	—	—	—	—	—	15
Kaltenbrunn	—	—	—	—	—	—	—	1	—	—	—	—
Kaltwasser	1	—	—	—	—	—	—	—	—	—	—	26
Karpenstein	1	—	—	—	—	—	—	—	—	—	—	15
Kaiserswalde	1	—	—	—	—	—	1	—	—	—	—	28
Kessel	1	—	—	—	—	—	—	—	—	—	—	15
Keulendorf	1	—	—	—	—	—	—	—	—	—	—	26
Kieslingswalde	1	1	1	1	—	—	5	—	—	—	30	136
Klessengrund	1	—	—	—	—	—	—	—	—	—	—	32
Königshayn	1	1	1	1	—	—	—	—	—	—	39	113
	2	—	—	—	—	—	—	—	—	—	1	4
	3	—	—	—	—	—	—	—	1 D.	—	—	18
	4	—	—	—	—	—	—	—	—	1	—	1
Königswalde	1	1	1	1	—	—	—	—	—	—	33	99
Königswalde	—	—	—	—	—	—	—	—	—	—	—	2

Mühlen.								
Wassermühlen.	Windmühlen.	Walkmühlen.	Brettmühlen.	Papiermühlen.	Bleichen.	District.	Herrschaft.	Anmerkungen und Merkwürdigkeiten.
1	—	—	—	—	—	G.	Rentamt Glatz.	
1	—	—	—	—	—	L.	Kämm. Landeck.	
—	—	—	—	—	—	N.	Geh. zu Königswalde.	
2	—	—	—	—	—	L.	Adelig.	
—	—	—	—	—	—	H.	Stadt Reinerz.	
—	—	—	—	—	—	Hb.	Adelig.	
—	—	—	—	—	—	Hb.	Geh. zu Mellnik.	
1	—	—	—	—	—	Hb.	} Geh. zu Ludwigsdorf.	
—	—	—	—	—	—	—		
1	—	—	—	—	—	Hb.	Zum Maj. Mittelwalde.	
1	—	—	—	—	—	L.	Zur Herrs. Seitenberg.	
—	—	—	—	—	—	W.	Geh. zu Albendorf.	
—	—	—	—	—	—	G.	Geh. zu Scheibe.	
—	—	—	—	—	—	G.	Geh. zu Schwenz.	
1	—	—	—	—	—	Hb.	Zur Herrsch. Grafenort.	
—	—	—	—	—	—	Gl.	Zur Herrsch. Coritau.	
—	—	—	—	—	—	Hb.	Geh. zu Sauerbrunn.	
—	—	—	—	—	—	H.	Zur Herrs. Tscherbeney.	
1	—	—	—	—	—	H.	Zur Herrsch. Gellenau.	
1	—	—	—	—	—	H.	Zur Herrsch. Rückerts.	
1	—	—	—	—	—	L.	Zur Herrs. Seitenberg.	Eine Oehlschlägerei.
—	—	—	—	—	—	H.	Geh. zu Friedersdorf.	
—	—	—	—	—	—	G.	Geh. zu Königswalde.	
—	—	—	—	—	—	N.	Geh. zu Mölke.	
—	—	—	—	—	—	W.	Geh. zu Albendorf.	
—	—	—	—	—	—	H.	Rentamt Glatz.	
—	—	—	—	—	—	L.	Kämmerei Landeck.	
—	—	—	—	—	—	Hb.	Zur Herrsch. Plomnitz.	
1	—	—	—	—	—	H.	Zur Herrsch. Rückerts.	
—	—	—	—	—	—	H.	desgl.	
4	—	1	—	—	1	Hb.	Zur Herrsch. Plomnitz.	
—	—	—	—	—	—	L.	Zur Herrs. Seitenberg.	
1	—	—	—	—	—	G.	Adelig.	} Hierher gehört Josephsthal.
—	—	—	—	—	—	—	desgl.	
—	—	—	—	—	—	—	Zum 1sten Antheil.	
—	—	—	—	—	—	—	— —	
2	—	1	—	—	1	N.	Zur Herrsch. Neurode.	Hierh. geh. Heidenberg.
3	—	—	—	—	—	H.	Geh. zu Grunwalde.	Eine Pottaschsiederei.

Nahmen der Dörfer.	Antheile.	Oeffentliche Gebäude. Kath. Kirchen.	Pfarrhäuser.	Schulen.	Gemeindehäuser.	Herrschaftl. Schlösser und Wohnhäuser.	Vorwerke.	Försterhäuser.	Freirichtergüter.	Freibauern.	Bauern.	Gärtner u. Häusler.
Köpernick	—	—	—	—	—	—	—	—	—	—	—	11
Kohlau	3	—	—	—	—	—	—	—	2	—	—	—
Kohlendorf, Colonie	—	—	—	—	—	—	—	—	—	—	—	33
Krohenhäuser	—	—	—	—	—	—	—	—	—	—	—	2
Krotenphul	—	—	—	—	—	—	—	—	—	—	—	32
Krzischney	1	—	—	—	—	—	—	—	—	—	3	14
Kunzendorf, Dürr-	1	—	—	—	—	—	1	—	—	—	3	30
	2	—	—	—	—	—	—	—	—	—	8	14
Kunzendorf	1	1	1	1	—	1	4	—	—	—	37	171
Kunzendorf	1	—	—	—	—	2	2	—	—	—	20	67
	2	—	—	—	—	—	—	—	1 R.	—	—	30
Kuttel	1	—	—	—	—	—	—	—	—	—	—	17
Labitsch	1	—	—	—	—	—	1	—	—	—	20	30
Langenau, Nieder-	1	1	1	1	—	—	1	—	—	—	8	35
	2	—	—	—	—	—	—	—	—	—	7	17
(Sauerbrunn)	3	—	—	—	—	—	—	—	—	—	—	10
Langenau, Ober-	1	1	1	1	—	—	—	—	—	—	29	88
	2	—	—	—	—	—	—	—	1 D.	—	—	25
	3	—	—	—	—	—	—	—	—	1	—	13
Langenbrück	1	1	1	1	—	—	—	—	—	—	—	66
Lauterbach	1	1	1	1	—	—	—	—	—	—	—	75
	2	—	—	—	—	—	—	—	—	1	—	15
Leuthen	1	—	—	1	—	—	—	—	—	—	10	28
	2	Cap.		—	—	—	—	—	1 St.	—	—	2
Leschney	1	—	—	—	—	—	—	—	—	—	—	12
Lichtenwalde	1	1	1	1	—	—	—	—	—	—	43	65
	2	—	—	—	—	—	—	—	1 D.	—	—	13
Lomnitz, Alt-	1	1	1	1	—	—	1	—	—	—	8	43
	2	—	—	—	—	1	1	—	1	—	6	42
	3	—	—	—	—	1	1	—	—	—	3	30
	4	—	—	—	—	—	—	—	—	—	4	5
	5	—	—	—	—	—	—	—	—	10	—	3
Lomnitz, Neu-	1	—	—	—	—	—	—	—	—	—	10	40
Louisenhayn, Colonie	—	—	—	—	—	—	—	—	—	—	—	—
Ludwigsdorf	1	1	2	1	—	1	1	—	—	—	—	39
	2	—	—	—	—	—	—	—	1 R.	—	—	13
Ludwigsdörfel, Colonie	—	—	—	—	—	—	—	—	—	—	—	22

Mühlen. Wassermühlen.	Windmühlen	Walkmühlen.	Bretmühlen.	Papiermühlen	Bleichen.	District.	Herrschaft.	Anmerkungen und Merkwürdigkeiten.
—	—	—	—	—	—	W.	Geh zu Volpersdorf.	
—	—	—	—	—	—	H.	Kämmerei Reinerz.	
—	—	—	—	—	—	N.	Adelig.	
—	—	—	—	—	—	G.	Geh z. Ob. Hannsdorf.	
—	—	—	—	—	—	Hb	Vorst v. Habelschwerdt.	
—	—	—	—	—	—	H.	Kämmerei zu Lewien.	
—	—	—	—	—	—	W.	Adelig	
—	—	—	—	—	—	—	desgl.	Hierher geh. Finkenhübel.
3	—	—	—	—	—	L.	desgl.	Hierher gehört Hayn.
2	—	—	—	—	—	N.	Zur Herrsch. Neu-	
1	—	—	—	—	—	—	rode.	
—	—	—	—	—	—	H	Kämmerei Lewien.	
—	—	—	—	—	—	G	Adelig.	
1	—	—	—	—	—	Hb.	Zum Maj. Grafenort.	
—	—	—	—	—	—	—		
—	—	—	—	—	—	—	Kämm. Habelschwerdt.	Hier ist ein Gesundbrunnen.
—	—	—	—	—	—	—	Adelig.	
1	—	1	—	—	1	—	— —	Eine Oehlschlägerei.
—	—	—	—	—	—	—	— —	
1	—	—	—	—	—	Hb.	Z. Herrs Schnallenstein.	Eine Oehlschlägerei.
1	—	—	—	2	1	Hb.	Zur Herrsch. Schönfeld.	
1	—	—	—	—	—	Hb.	— —	Hier ist eine Wassermangel.
—	—	—	—	—	—	L.	Kämmerei Landeck.	Eine Oehlschlägerei.
1	—	—	—	—	—	—	— —	
—	—	1	—	—	1	H.	Zur Herrsch. Rückerts.	
—	—	—	—	—	—	Hb.	Zur H. Schnallenstein.	Eine Oehlschlägerei.
2	—	—	—	—	—	—	— —	
2	—	—	—	—	—	Hb.	Zum Major. Grafenort.	
1	—	—	—	—	—	—	Adelig.	
—	—	—	—	—	—	—	desgl.	Eine Oehlschlägerei.
—	—	—	—	—	—	—	desgl.	
—	—	—	—	—	—	—	desgl.	Hierh. geh. auch die Neue Welt u. Ranserberg.
—	—	—	—	—	—	Hb.	Zum Major. Grafenort.	Hierher gehört Ransern.
—	—	—	—	—	—	N.	Adelig.	
2	—	1	—	—	1	N.	desgl.	
—	—	—	—	—	—	—	— —	Hierh. geh. Eule und Herrngrund.
1	—	—	—	—	—	G.	Zur Herrsch. Coritau.	Hier ist ein Theerofen.

Nahmen der Dörfer.	Antheile.	Oeffentliche Gebäude. Kath. Kirchen.	Pfarrhäuser.	Schulen.	Gemeinhäuser.	Herrschaftl. Schlösser und Wohnhäuser.	Vorwerke.	Försterhäuser.	Freirichtergüter.	Freibauern.	Bauern.	Gärtner u. Häusler.
Markgrund, Colonie . .	—	—	—	—	—	—	—	—	—	—	—	18
Marienthal.	1	1	—	1	—	—	—	—	—	—	—	85
	2	—	—	—	—	—	—	—	1	—	—	19
Martinsberg.	1	—	—	1	—	—	—	—	—	—	11	46
	2	—	—	—	—	—	—	—	—	—	—	1
	3	—	—	—	—	—	—	—	1 D.	—	—	18
Mölke und Harte . . .	1	—	—	—	—	—	—	—	—	—	—	40
Melten.	1	—	—	—	—	—	1	—	—	—	3	31
	2	—	—	—	—	—	—	—	—	—	—	5
Mellnick	1	—	—	—	—	—	—	—	—	—	5	23
	2	—	—	—	—	—	—	—	1 R.	—	—	5
Merzdorf	1	—	—	—	—	—	1	—	—	—	2	33
	2	—	—	—	—	—	—	—	1 D.	—	—	5
Michaelsthal, Colonie .	—	—	—	—	—	—	—	—	—	—	—	33
Mittelwalde	1	—	—	—	—	1	1	—	—	—	—	8
Mohrau { Alt	1	—	—	—	—	—	1	—	—	—	—	23
Mohrau { Neu	1	—	—	—	—	—	—	—	—	—	—	32
Morischau	1	—	—	—	—	—	—	—	—	—	7	9
Mügwitz	1	—	—	—	—	—	—	—	—	—	6	4
Mühlbach	1	—	—	—	—	—	—	—	—	—	—	22
Mühldorf	1	—	—	—	—	—	1	—	—	—	—	4
	2	—	—	—	—	—	—	—	—	—	—	2
	3	—	—	—	—	—	—	—	1 D.	—	—	5
Nauseney	—	—	—	—	—	—	—	—	—	—	—	14
Neißbach { Alt	1	—	—	—	—	—	—	—	—	—	—	26
Neißbach { Neu, Colonie	—	—	—	—	—	—	—	—	—	—	—	45
Nerbotin	1	—	—	—	—	—	—	—	—	—	—	20
Nesselgrund	—	—	—	—	—	—	—	1	—	—	—	18
Neudeck	1	—	—	—	—	1	1	—	—	—	7	30
Neudorf	1	—	—	—	—	—	—	—	—	—	12	55
	2	—	—	—	—	—	—	—	—	—	—	7
	3	—	—	—	—	—	—	—	1 R.	—	—	15
Neue Welt, Colonie . .	—	—	—	—	—	—	—	—	—	—	—	6
Neuhof	1	—	—	—	—	—	1	—	—	—	—	8
Neuland. Vorstadt von Glatz.	—	—	—	—	—	—	—	—	—	—	—	—
Neundorf	1	1	1	1	—	—	1	—	—	—	13	71
Neustift	—	—	—	—	—	—	—	—	—	—	—	6
Olbersdorf	1	—	—	—	—	—	—	—	—	—	—	22

Mühlen.								
Wassermühlen.	Windmühlen.	Walkmühlen.	Brettmühlen.	Papiermühlen.	Bleichen.	District.	Herrschaft.	Anmerkungen und Merkwürdigkeiten.
—	—	—	—	—	—	N.	Adelig.	
—	—	—	—	—	—	Hb.	desgl.	Eine Oehlschlägerei.
1	—	1	—	—	1	—	— —	
—	—	—	—	—	—	Hb.	Adelig.	
—	—	—	—	—	—	—	desgl.	
1	—	—	—	—	—	—	desgl.	Hier wurde ehedem auf Silber und Blei gebauet.
1	—	2	—	—	5	N.	Zur Herrsch. Neurode.	Hierher geh. die Colon. Eule, Hayn u. Josephsthal.
1	—	—	—	—	—	G.	Adelig.	
—	—	—	—	—	—	—	— —	
—	—	—	—	—	—	Hb.	Zum Major. Grafenort.	
—	—	—	—	—	—	—	Rentamt Glatz.	Hierh. geh. noch Herrnsdorf.
1	—	—	—	—	—	G.	Adelig.	
—	—	—	—	—	—	—	— —	
—	—	—	—	—	—	Hb.	Zum Maj. Schönfeld.	
—	—	—	—	—	—	Hb.	desgl.	Hierher gehört Dreyhof.
1	—	—	—	—	—	L.	Zur Herrs. Seitenberg.	
—	—	—	—	—	—	—	desgl.	
—	—	—	—	—	—	G.	Adelig.	
—	—	—	—	—	—	G.	desgl.	
1	—	—	—	—	—	L.	Zur Herrs. Seitenberg.	Hierher geh. Pfaffensteig.
1	—	—	—	—	—	G.	Adelig.	
—	—	—	—	—	—	—	Rentamt Glatz.	
—	—	—	—	—	—	—	Adelig.	
1	—	—	—	—	—	W.	Geh. zu Passendorf.	
—	—	—	—	—	—	Hb.	Zum Maj. Schönfeld.	
—	—	—	—	—	—	Hb.	desgl.	
—	—	—	—	—	—	Hb.	Zur Herrsch. Rückerts.	
—	—	—	—	—	—	H.	Geh. zu Pohldorf.	
1	—	—	—	—	—	G.	Adelig.	Hierher geh. Hayn u. Kaltvorwerk.
—	—	—	—	—	—	N.	Rentamt Glatz.	
—	—	—	—	—	—	—	desgl.	
1	—	—	—	—	—		— —	Hierher gehört Hayn.
—	—	—	—	—	—	Hb.	Geh. zu Alt-Lomnitz.	
—	—	—	—	—	—	G.	Geh. zu Gäbersdorf.	
—	—	—	—	—	—	—	— —	
1	—	—	1	—	—	H.	Zum Maj. Schönfeld.	
—	—	—	—	—	—	L.	Adelig.	Ist mit Reyersdorf verbunden.
—	—	—	—	—	—	L.	Kämm. Landeck.	

Nahmen der Dörfer.	Antheile.	Oeffentliche Gebäude. Kath. Kirchen	Pfarrhäuser.	Schulen.	Gemeinhäuser.	Herrschaftl. Schlösser und Wohnhäuser.	Vorwerke.	Försterhäuser.	Freirichtergüter.	Freibauern.	Bauern.	Gärtner u. Häusler.
Passendorf	1	1	—	—	—	—	—	—	—	—	14	34
Petersdorf	1	—	—	—	—	—	—	—	1	—	—	9
Peuker	1	—	—	—	—	—	—	—	—	—	—	35
	2	—	—	—	—	—	—	—	1 D.	—	—	7
Pfaffensteig	—	—	—	—	—	—	—	—	—	—	—	9
Piltsch	1	—	—	—	—	—	—	—	—	—	7	5
Pischkowitz (Bischwitz) .	1	1	1	1	—	1	2	—	—	—	2	23
Plomnitz	1	—	—	1	—	1	2	—	1 O.	—	20	81
Poditau	1	—	—	—	—	—	1	—	—	—	—	21
Pohldorf	1	—	—	—	—	—	—	—	—	—	—	22
	2	—	—	—	—	—	—	—	1 R.	—	—	14
Protendorf	—	—	—	—	—	—	—	—	1	—	—	—
Ranserberg	—	—	—	—	—	—	—	—	—	—	—	8
Ransern	—	—	—	—	—	—	1	—	—	—	—	7
Rathen { Nieder- . . .	1	—	—	—	—	1	3	—	—	—	17	66
Rathen { Ober- . . .	1	—	—	—	—	—	—	—	1 O.	—	15	58
Raumnitz	1	—	—	—	—	—	1	—	—	—	—	14
	2	—	—	—	—	—	—	—	—	—	—	7
	3	—	—	—	—	—	—	—	—	2	—	—
Ratschenburg, Colonie, Vorstadt von Reinerz . .	—	—	—	—	—	—	—	—	—	—	—	—
Rauschwitz	1	—	—	—	—	—	1	—	—	—	14	39
Reichenau	1	1	—	—	—	—	1	—	—	—	11	40
	2	—	—	—	—	—	—	—	—	—	2	5
	3	—	1	1	—	—	—	—	—	—	—	2
Reichenforst	1	—	—	—	—	—	1	—	—	—	—	20
Reinerzkrone, Colonie, Vorstadt von Reinerz . .	—	—	—	—	—	—	—	—	—	—	—	—
Rengersdorf	1	—	—	—	—	—	—	—	—	—	10	30
	2	—	—	—	—	1	2	—	—	—	—	44
	3	—	—	—	—	1	1	—	—	—	6	25
	4	—	—	—	—	1	2	—	—	—	1	31
	5	—	—	—	—	1	1	—	—	—	—	21
	6	1	2	1	—	—	—	—	—	—	1	11
Reversdorf	1	1	1	1	—	1	3	—	1 D.O.	—	20	102
Rohrbach	—	—	—	—	—	—	—	—	—	—	—	9
Roms	1	—	—	—	—	—	—	—	—	1	9	27

Mühlen. Wassermühlen.	Windmühlen.	Walkmühlen.	Bretmühlen.	Papiermühlen.	Teichen.	District.	Herrschaft.	Anmerkungen und Merkwürdigkeiten.
—	—	—	—	—	—	W.	Bürgerl. Besitzung.	Hier ist ein Mühlsteinbruch.
1	—	—	—	—	—	Hb.	desgl.	Hierh. geh. Nauseney und
—	—	—	—	—	—	Hb.	Adelig.	Brunnkresse.
1	—	—	—	—	—	—	— —	
—	—	—	—	—	—	—	Geh. zu Mühlbach.	
—	—	—	—	—	—	—	Rentamt Glatz.	
1	—	—	—	—	—	G.	Adelig.	Hier ist eine Fasanerie.
2	—	—	—	—	—	Hb.	desgl.	Eine Oehlschlägerei.
—	—	—	—	—	—	G.	desgl.	
—	—	—	—	—	—	Hb.	Rentamt Glatz.	
2	—	—	—	—	—	—	— —	Hierher geh. Stubengrund und Nesselgrund.
—	—	—	—	—	—	—	— —	Gehört zu Kohlau.
—	—	—	—	—	—	Hb.	Rentamt Glatz.	Ist mit Alt-Lomnitz verbund.
—	—	—	—	—	—	Hb.	Adelig.	Gehört zu Neu-Lomnitz.
1	—	—	—	—	—	W.	desgl.	
—	—	—	—	—	—	W.	desgl.	Eine Oehlschlägerei.
1	—	—	—	—	—	G.	desgl.	} Ist mit Ullersdorf verbunden.
—	—	—	—	—	—	—	desgl.	
—	—	—	—	—	—	—	Bürgerlich.	
—	—	—	—	—	—	H.	Kämm. Reinerz.	
—	—	—	—	—	—	G.	Zur Herrs. Pischkowitz	Eine Oehlschlägerei.
1	—	—	—	—	—	G.	Zur Herrsch. Coritau.	
—	—	—	—	—	—	G.	Adelig.	
—	—	—	—	—	—	—	Der Parochus zu Ober-Schwedeldorf.	
—	—	—	—	—	—	W.	Zur Herrsch. Albendorf.	
—	—	—	—	—	—	H.	Kämm. Reinerz.	
—	—	—	—	—	—	G.	Adelig.	
1	—	—	—	—	—	—	desgl.	
1	—	—	—	—	—	—	desgl.	Hier ist ein Wetzsteinbruch.
1	—	—	—	—	—	—	desgl.	
—	—	—	—	—	—	—	desgl.	
—	—	—	—	—	—	—	Der jedesm. Parochus.	
2	—	—	—	—	—	L.	Adelig.	Hierher gehört Neustift und Rohrbach.
—	—	—	—	—	—	L.	Zur Herrs. Seitenberg.	
—	—	—	—	—	—	H.	Kämm. Reinerz.	

Nahmen der Dörfer.	Antheile.	Oeffentliche Gebäude. Kath. Kirchen.	Pfarrhäuser.	Schulen.	Gemeinhäuser.	Herrschaftl. Schlösser und Wohnhäuser.	Vorwerke.	Försterhäuser.	Freirichtergüter.	Freibauern.	Bauern.	Gärtner u. Häusler.
Roschwitz	1	—	—	—	—	—	—	—	—	—	15	36
Rosenthal	1	1	1	1	—	1	1	—	—	—	31	101
	2	—	—	—	—	—	—	—	1 D.	—	—	11
	3	—	—	—	—	—	—	—	—	—	—	5
Rothflößel	1	—	—	—	—	—	—	—	—	—	—	18
Rudelsdorf	—	—	—	—	—	—	1	—	—	—	—	19
Rückerts	1	1	1	1	—	1	2	—	—	—	14	86
Sackisch	1	1	—	1	—	—	—	—	—	—	11	46
Sauerbrunn	1	—	—	—	—	—	—	—	—	—	—	27
Scharfeneck	1	—	—	—	—	1	1	—	—	—	—	6
Scheibe	1	—	—	—	—	1	1	—	1 D.	—	—	21
Scheibe, Neu-	Unbekannt.					—	—	—	—	—	—	—
Scheidewinkel	1	—	—	—	—	1	—	—	—	—	2	12
Schlaney	1	—	—	—	—	1	1	—	—	—	10	70
Schlegel	1	1	1	1	—	1	2	—	—	—	22	189
	2	—	—	—	—	—	—	—	—	—	2	—
	3	—	—	—	—	—	—	—	—	—	—	1
Schönau	1	1	—	1	—	1	2	—	—	—	25	62
Schönau	1	—	—	—	—	—	1	—	—	—	16	64
Schönfeld	1	1	1	1	—	1	1	—	—	—	22	94
Schönthal	1	—	—	—	—	—	—	—	—	—	—	35
Schreibendorf	1	—	—	1	—	—	—	—	—	—	35	60
Schreckendorf	1	1	1	1	—	—	—	—	—	—	23	66
Schwedeldorf { Nieder- .	1	1	1	1	—	1	1	—	—	—	30	104
Schwedeldorf { Ober- .	1	—	—	—	—	—	—	—	—	1	12	26
	2	—	—	—	—	—	—	—	—	—	7	10
	3	—	—	—	—	—	2	—	—	—	—	12
	4	—	—	—	—	—	1	—	—	—	7	24
	5	—	—	—	—	—	—	—	—	—	—	18
	6	1	1	1	—	—	—	—	—	—	—	11
	7	—	—	—	—	—	2	—	—	—	—	5
	8	—	—	—	—	—	—	—	—	—	—	—
Schwenz	1	—	—	—	—	—	1	—	—	—	4	29
	2	—	—	—	—	—	1	—	—	—	2	11
Seifersdorf	1	1	1	1	—	—	1	—	—	—	10	66
Seitenbach. Vorstadt von Wünschelburg. . . .	—	—	—	—	—	—	—	—	—	—	—	—
Seitenberg	1	1	1	1	—	1	1	—	1 D.	—	41	81

Mühlen.								
Wassermühlen.	Windmühlen.	Walkmühlen.	Brettmühlen.	Papiermühlen.	Bleichen.	District.	Herrschaft.	Anmerkungen und Merkwürdigkeiten.
—	—	—	—	—	—	G.	Adelig.	
—	—	1	—	—		Hb.	desgl.	
2	—	—	—	—	—	—	desgl.	Eine Oehlschlägerei.
—	-	—	—	—	—	—	desgl.	
—	—	—	—	—	—	Hb	Maiorat Mittelwalde.	
—	—	—	—	—	—	W.	Geh zu Tschuntschend.	
1	—	1	—	—	1	W.	Adelig.	Eine Salpetersiederei.
1	-	—	—	—	—	H	desgl.	
1	—	—	—	—	—	Hb.	Zum Maj. Grafenort.	Hierher geh. Hüttengrund.
—	—	1	—	—	1	W	Adelig.	Hier ist eine Wassermangel.
—	—	—	-	—	—	G.	desgl.	Hier ist 1 Einsiedelei. Hierh.
—	—	—	—	—	—	W.	Kämm. Wünschelburg	geh. Beinich, ochrosen.
—	—	—	-	—	—	W	Adelig	Ist mit Tschuntschendorf ver-
2	—	—	—	—	—	H.	Stadt Nachod.	bunden.
2	—	3	—	—	5	N	Adelig	Hier ist eine Steinkohlen-
1	—	—	—	—	—	—	Geh zu Ebersdorf.	grube. Eine Salpetersie-
—		—	—	—	—	—	Die Kirche des Dorfs.	derei.
2	—	—	—	—	—	L.	Adelig.	
1	—	—	—	—	—	Hb.	Zum Maj. Mittelwalde	
—	—	—	—	—	—	Hb.	Adelig	
—	.	—	—	—	—	Hb.	Zum Maj. Mittelwalde.	
1	—	—	—	—	—	Hb.	desgl.	Eine Oehlschlägerei.
1	—	—	—	—	—	L.	Adelig.	Hier ist eine Glashütte. Eine Oehlschlägerei.
1	—	1	—	—	1	G.	desgl.	Hier ist ein Gesundbrunnen.
—	—	—	—	—	—	G.	desgl.	Hier ist eine Pottaschsieder.
—	—	—	—	—	—	—	Glatzer Hospital.	
—	—	—	—	—	—	—	Adelig.	
1	—	—	—	—	—	—	desgl.	
	—	—	—	—	—	—	desgl.	
—	—	—	—	—	—	—	desgl.	
1	—	—	—	—	—	—	desgl.	
-	—	—	—	—	—	—	Kämm. Glatz.	Ein Kretscham.
—	—	—	—	—	—	G	Zur Herrsch. Coritau.	
—	—	—	—	—	—	—	Adelig.	Zur Gemeine gehören Hohberg und Waldhof.
—	—	—	—	—	—	W.	desgl.	
—	..	—	—	—	—	W.	Kämm. Wünschelburg	
2	—	—	—	—	—	L.	Adelig.	

Nahmen der Dörfer.	Antheile.	Oeffentliche Gebäude. Kath. Kirchen.	Pfarrhäuser.	Schulen.	Gemeinhäuser.	Herrschaftl. Schlösser und Wohnhäuser.	Vorwerke.	Försterhäuser.	Freirichtergüter.	Freibauern.	Bauern.	Gärtner u. Häusler.
Seitendorf	1	—	—	1	—	—	—	—	—	—	17	54
	2	—	—	—	—	—	—	—	1 D.	—	—	12
Siebenhuben, Vorstadt von Wünschelburg	—	—	—	—	—	—	—	—	—	—	—	—
Soritsch	1	—	—	—	—	—	—	—	—	—	5	9
Spätenwalde	1	—	—	1	—	—	—	—	—	—	13	42
	2	—	—	—	—	—	—	—	1 R.	—	—	—
Spitzige Berg	—	—	—	—	—	—	—	—	—	—	—	3
Steinbach	1	—	—	1	—	—	—	—	—	—	—	70
Steinmetz	Unbekannt.					—	—	—	—	—	—	—
Steinwitz. Vorst. von Glatz.												
Steinwitz, Neu- Col. desgl.												
Steine, Mittel-	1	1	1	1	—	1	2	—	1 O.	—	8	69
	2	—	—	—	—	—	—	—	—	—	3	[illegible]
	3	—	—	—	—	1	1	—	—	—	4	50
Steine, Nieder-	1	1	1	1	—	1	4	—	—	—	33	160
Steine, Alt-	1	—	—	—	—	—	—	—	1 O.	—	2	2
	2	—	—	—	—	—	1	—	—	—	22	87
Stolzenau	1	—	—	—	—	—	2	—	—	—	8	72
Straußeney	1	—	—	—	—	—	—	—	—	—	5	21
Stubengrund	—	—	—	—	—	—	—	—	—	—	—	35
Stuhlseifen	1	—	—	1	—	—	—	—	—	—	—	63
	2	—	—	—	—	—	—	—	1 D.	—	—	5
Thalheim Nieder-	1	—	—	—	—	—	—	—	—	—	33	52
Thalheim Ober-	1	—	—	—	—	—	—	—	—	—	—	46
Thanndorf	1	1	1	1	—	—	—	—	—	—	13	106
Tanz	1	—	—	—	—	—	—	—	—	—	8	26
Taßau	1	—	—	—	—	—	—	—	—	—	11	26
Tscherbeney, Deutsch-	1	1	1	1	—	1	1	—	—	—	9	108
Tschischney	—	—	—	—	—	—	—	—	—	—	—	17
Tschuntschendorf	1	1	—	—	—	—	3	—	1 O.	—	—	27
	2	—	—	1	—	—	—	—	—	—	16	53
	3	—	—	—	—	1	1	—	—	—	2	6
Ueberschaar	—	—	—	—	—	—	—	—	—	—	2	—

Mühlen.								
Wassermühlen.	Windmühlen.	Walkmühlen.	Bretmühlen.	Papiermühlen.	Bleichen.	District.	Herrschaft.	Anmerkungen und Merkwürdigkeiten.
—	—	—	—	—	—	Hb	Adelig.	Hier ist eine Oehlschlägerei.
2	—	—	—	—	—	—	— —	
—	—	—	—	—	—	W.	Kämm. Wünschelburg.	
—	—	—	—	—	—	G	Adelig.	
1	—	—	—	—	—	Hb.	Rentamt Glatz.	
—	—	—	—	—	—	—	desgl.	
—	—	—	—	—	—	Hb.	Geh zu Wölfelsdorf.	
1	—	—	—	—	—	Hb.	Zum Maj. Mittelwalde.	
—	—	—	—	—	—	G.	Kämm. zu Glatz.	
1	—	—	—	—	—	W.	Adelig.	
—	—	—	—	—	—	—	desgl.	
1	—	—	—	—	—	—	desgl.	Mit diesem Dorfe ist Neu-Biehals verbunden.
2	—	—	—	—	—	—	desgl.	Hierher gehört der Böhmische Winkel.
—	—	—	—	—	—	—	desgl.	Steht mit Alt-Steine in Verbindung.
1	—	—	—	—	—	—	desgl.	
2	—	—	—	—	—	G.	Zur Herrs. Wallisfurth.	
—	—	—	—	—	—	H.	Zur Herrs. Tscherbeney.	Hierher gehört Buckowine.
—	—	—	—	—	—	Hb.	Rentamt Glatz.	
—	—	—	—	—	—	Hb.	Adelig.	
—	—	—	—	—	—	—	— —	
—	—	1	—	—	—	L.	Kämmerei Landeck.	Eine Oehlschlägerei.
1	—	—	—	—	—	L.	desgl.	Hier ist das neue Bad. Eine Oehlschlägerei.
1	—	—	—	—	—	Hb.	Zum Maj. Schönfeld.	
1	—	—	—	—	—	H.	Zur Herrsch. Gellenau.	
1	—	—	—	—	—	H	desgl.	
2	—	—	—	—	—	H.	Adelig.	Hier ist eine Luth. Böhm. Kirche u. Pottaschsiederei.
—	—	—	—	—	—	N.	Zur Herrsch. Buchau.	
2	—	—	—	—	—	W.	Adelig.	
1	—	—	—	—	—	—	Zur Herrs. Scharfeneck.	
—	—	—	—	—	—	—	Adelig.	Hierher gehören Hayndorf und Rudelsdorf.
—	—	—	—	—	—	L.	Gehört zu Leuthen.	

Nahmen der Dörfer.	Antheile.	Öffentliche Gebäude. Kath. Kirchen.	Pfarrhäuser.	Schulen.	Gemeinhäuser.	Herrschaftl. Schlösser und Wohnhäuser.	Vorwerke.	Försterhäuser.	Freirichtergüter.	Freibauern.	Bauern.	Gärtner u. Häusler.
Ullersdorf	1	1	1	1	—	1	3	—	—	2	26	119
	2		—		—	—	1	–	—		5	18
	3	—	—	—	—	—	–	—	1 O.	—	2	9
	4	—		—	—	—	—	—	—	1	—	2
Urnitz und Urnitzberg . .	1	—	-	—	—	—	1	—	—	—	17	43
Urschendorf	1	—	–	—	-	—	—	—	—	1	6	29
Verlorenwasser . . .	1	–	—	—			—		—	—	15	80
	2	–	—	—	—	—	—	—	1 D.	—	–	24
Vierhöfe	1	—	—			—	—	–		—	–	47
Vogtsdorf	1	1	—	1	·	—	—	1	—	—	15	45
	2	-	—	—	—	—	—	–	1 R.	—	–	7
Vogtsdorf	1		—	—	—	—	—	–	–	—		29
Volpersdorf	1	1	1	1	–	2	3	–	1 D.O.	—	24	123
Waldgründe	—	—	–	—	–	—	—	—	—	—	–	16
Waldhof	—	–	—	—	–	—	1	1	—	–	...	—
Walditz	1			—		1	3	—	—	—	14	64
Wallisfurth	1	–	—	—	—	2	2	–	—	—	12	78
Waltersdorf, Alt- . . .	1	1	1	1	—	—	3	—	1 D.	1	21	88
	2		—		—	—	—	—	—	—	8	36
	3	–	—	–	—	—	—	—	—	-	1	2
	4	—	—	–	—	—	—	—	—	-	—	3
	5	—	..	—	—	—	—	—	—	—	2	3
Waltersdorf, Neu- . .	1	1	1	1	—	1	1	—	1 D.	—	30	146
Waltersdorf, Roth- . .	1	1	—	1	—	—	3	—	1 D	—	19	69
Weisbrod	1	—	—	—	—	—	1	–	—	—	—	16
Weistritz, Alt-	1	–	—	—	—	—	—	—	1 R	—	—	89
Weistritz, Neu	1	–	–	1	—	—	—	—	—	—	19	64
	2	—	—	—	–	—	—	—	1 St.	—	–	5
	3	—	–		—	—	—		—	1	—	2
Weiswasser	1	—	—	—	—	—	—	—	1	—	—	17
Wenzeshayn, Colonie .	—	-	—	—	—	—	—	—	—	—	–	19
Werdeck	1	—		—	—	—	—	—	—	—	4	9
Wiesau	1	—	–	–	—	—	2	—	—	–	6	54
Wilhelmsdorf, (Wilmsdorf) Alt-	1	1	1	1	-	—	2	—	—	—	30	121
	2	-	–	—	—	—	–	—	—	—	–	8
Wilhelmsdorf, (Wilmsdorf) Neu-	1	–	—	-	-	—	—	—	—	–	6	47

Mühlen.								
Wassermühlen.	Windmühlen.	Walkmühlen.	Brettmühlen.	Papiermühlen.	Bleichen.	District.	Herrschaft.	Anmerkungen und Merkwürdigkeiten.
2	—	—	—	—	—	G	Adelig.	Eine Oehlschlägerei.
—	—	—	—	—	—	—	desgl.	
—	—	—	—	—	—	—	desgl.	
—	—	—	—	—	—	—	desgl.	
2	—	—	—	—	—	Hb.	Zum Maj. Wölfelsdorf.	
—	—	—	—	—	—	H.	Adelig.	
1	—	—	—	—	—	Hb.	desgl.	Eine Oehlschlägerei.
1	—	—	—	—	—	—	desgl.	
—	—	—	—	—	—	N.	Zur Herrsch. Neurode.	Hierher gehört Fichtig.
1	—	—	—	—	—	Hb.	Rentamt Glatz.	
—	—	—	—	—	—	—	desgl.	
1	—	—	—	—	—	L.	Kämmerei Landeck.	
1	—	—	—	—	—	N.	Adelig.	Hierher geh. Waldgründe, Köpenick u. Glasehütte.
—	—	—	—	—	—	N.	Gehört zum vorigen.	
—	—	—	—	—	—	G.	Gehört zu Schwenz.	
2	—	—	—	—	—	N.	Zur Herrsch. Neurode.	Hier ist eine Fasanerie.
2	—	1	—	—	1	G.	Adelig.	Hier sind Theeröfen, eine Pottaschsiederei, eine Oehlschlägerei und ein Gesundbrunnen.
4	—	—	—	—	—	Hb.	desgl.	
1	—	—	—	—	—	—	desgl.	
—	—	—	—	—	—	—	Kämm. Habelschwerdt.	
—	—	—	—	—	—	—	Der Parochus.	
—	—	—	—	—	—	—	Majorat Grafenort.	
2	—	—	—	—	—	Hb.	desgl.	
3	—	—	—	—	—	N.	Adelig.	
—	—	—	—	—	—	Hb.	Zur Herrsch. Plomnitz.	Eine Salpetersiederei.
—	—	2	—	—	2	Hb.	Kämm. Habelschwerdt.	86 Stellen sind Vorstadt. Eine Oehlschlägerei.
1	—	—	—	—	—	Hb.	desgl.	Eine Oehlschlägerei u. ein Gesundbrunnen.
—	—	—	—	—	—	—	desgl.	
—	—	—	—	—	—	—	desgl.	
1	—	—	—	—	—	Hb.	Zur Herrs. Kunzendorf.	
—	—	—	—	—	—	N.	Geh. zu Ober-Hausdorf.	
—	—	—	—	—	—	G.	Adelig.	
1	—	—	—	—	—	G.	desgl.	
1	—	—	—	—	—	G.	desgl.	Ist ein Wallfahrtsort. Ein Gesundbrunnen.
—	—	—	—	—	—	—	Der Parochus.	
—	—	—	—	—	—	Hb.	Zum Maj. Grafenort.	

Nahmen der Dörfer.	Antheile.	Oeffentliche Gebäude. Kath. Kirchen.	Oeffentliche Gebäude. Pfarrhäuser.	Oeffentliche Gebäude. Schulen.	Oeffentliche Gebäude. Gemeinhäuser.	Herrschaftl. Schlösser und Wohnhäuser.	Meyerhöfe.	Försterhäuser.	Freirichtergüter.	Freibauern	Bauern.	Gärtner u. Häusler.
Wiltsch	1	—	—	—	—	—	—	—	—	—	6	17
	2	—	—	—	—	—	—	—	1 R.	—	—	3
Wiltschhäuser	—	—	—	—	—	—	—	—	—	—	—	2
Winkeldorf	1	1	—	1	—	—	—	—	—	—	11	5[illegible]
	2	—	—	—	—	—	—	—	1 D.	—	—	9
Wölfelsdorf	1	1	1	1	—	1	2	—	—	1	7	17[illegible]
Wölfelsgrund	1	—	—	1	—	—	—	—	—	—	—	61
	2	—	—	—	—	—	—	—	1 D.	—	—	1
Wolmsdorf	1	—	—	—	—	—	—	—	—	—	—	17
	2	—	—	—	—	—	—	—	1 D.	—	—	7
Wüstung	—	—	—	—	—	—	1	—	—	—	—	4
Zaughals	1	—	—	—	—	—	—	—	—	—	—	31

Mühlen.								
Wassermühlen.	Windmühlen.	Walkmühlen.	Brettmühlen.	Papiermühlen	Bleichen.	District.	Herrschaft.	Anmerkungen und Merkwürdigkeiten.
—	—	—	—	—	—	G.	Adelig.	
1	—	—	—	—	—	—	desgl.	
—	—	—	—	—	—	G.	Geh. zu Gäbersdorf.	
—	—	—	—	—	—	L.	Adelig.	
1	—	—	—	—	—	—	desgl.	
3	—	—	—	—		Hb.	desgl.	Majorat. Hierher gehört der Spitzige Berg. Eine Oehlschlägerei.
—	—	—	1	—	—	Hb.	desgl.	
1	—	—	—	—	—	—	desgl.	
—	—	—	—	—	—	L.	desgl.	
1	—	—	—	—	—	—	desgl.	
—	—	—	—	—	—	N.	Geh. zu Roth-Waltersd.	
—	—	—	—	—	—	N.	Zur Herrsch. Neurode.	

Register.

A.

B.

G.

N.

O.

Sphagnum

U.

V.

X.

Z.

FSC
www.fsc.org
MIX
Papier | Fördert gute Waldnutzung
FSC® C083411

Zeitfracht Medien GmbH
Ferdinand-Jühlke-Straße 7
99095 Erfurt, Deutschland
produktsicherheit@kolibri360.de